la ville d'une seule planète

Hans Widmer
Avec la collaboration de Panayotis Antoniadis,
Dorothee Spuhler, Michael Baumgartner

LA VILLE D'UNE SEULE PLANÈTE

Un modèle de transformation écologique des territoires

Traduit de l'anglais par Olivier Petitjean

Préface de Matthieu Calame

ÉDITIONS Charles Léopold Mayer

38 rue Saint-Sabin 75011 Paris/France
www.eclm.fr

Maison d'édition de la **Fondation Charles Léopold Mayer pour le Progrès de l'Homme** (FPH), les Éditions Charles Léopold Mayer (ECLM) publient des ouvrages sur la transition écologique, économique et sociale. Elles accompagnent les acteurs de la transition afin qu'ils puissent développer, mettre en forme et diffuser leur plaidoyer par l'intermédiaire du livre. Association française à but non lucratif, les ECLM existent depuis 1995 et disposent de plus de 400 titres à leur catalogue. Elles publient aujourd'hui une dizaine de titres par an.

Les ECLM sont membres de la Coredem (communauté de sites ressources pour une démocratie mondiale : www. coredem.info) et de l'Alliance internationale des éditeurs indépendants (www.alliance-editeurs.org).

Les schémas de ce livre sont disponibles en couleurs sur la fiche ouvrage du livre du site www.eclm.fr

Les auteurs
Hans Widmer est docteur en littérature et linguistique. Son livre le plus connu est *bolo'bolo* (sous le pseudonyme de P.M.), qui est paru dans une dizaine de langues. Il est actif dans le mouvement des coopératives de logement à Zurich.
Panayotis Antoniadis est un chercheur qui s'intéresse aux écosystèmes ainsi qu'aux sujets liés à Internet et à la communication.
Dorothee Spuhler est docteur en ingénierie environnementale. Elle s'intéresse particulièrement aux systèmes d'assainissement circulaire et aux problématiques liées à l'eau.
Michael Baumgartner est éthicien, spécialisé dans le *self-empowerment*, le nouveau leadership, le design social et la construction de la démocratie.

Ce livre a été initialement rédigé en langue allemande et est ici traduit de l'anglais par **Olivier Petitjean**, journaliste et militant, impliqué dans de nombreux réseaux français et européens dédiés aux biens communs et à la démocratie économique.

Essai n° 255
ISBN : 978-2-84377-238-2

Mise en page : Émilie Boismoreau
Conception graphique : Nicolas Pruvost

Paru en allemand en février 2022 aux Éditions Volles Haus sous le titre *Auf den Boden Kommen*.

La première partie de ce livre est rédigée par Hans Widmer.
Dans la deuxième partie :
Le chapitre 6 est rédigé par Panayotis Antoniadis.
Le chapitre 7 est rédigé par Dorothee Spuhler.
Le chapitre 8 est rédigé par Michael Baumgartner.
Le chapitre 9 est rédigé par Hans Widmer.

Organisation associée à la diffusion et la promotion :

Le collectif **Neustart Schweiz**, fondé en 2010, est composé de chercheur·euses, d'activistes urbains et de pionnier·ères de coopératives de logement et d'agriculture. Il mène des recherches et organise des conférences et des discussions sur des thèmes écologiques, urbanistiques et économiques. Il a publié des livres, des brochures et contenus numériques pour inspirer les discussions locales et globales sur une société post-croissance et fondée sur les communs.

APRÈS, le réseau romand de l'économie sociale et solidaire (ESS), s'engage pour la promotion et la reconnaissance de l'ESS. **APRÈS-GE** travaille dans la région genevoise. Sa mission : contribuer à faire de l'économie un levier majeur de transition vers une société respectueuse de l'humain et de la biosphère. Né en 2004, APRÈS-GE compte aujourd'hui près de 900 membres, dont 450 entreprises et organisations actives dans tous les domaines d'activités, employant 6 000 personnes et générant 600 millions de chiffre d'affaires annuel.
APRÈS-GE accompagne des développeurs de quartiers, publics comme privés, à mettre en place concrètement des « quartiers une seule planète » en travaillant à une vision et une programmation des activités économiques des rez-de-chaussée. Parallèlement, APRÈS-GE incube et fait essaimer des entreprises et commerces afin de remplir ces arcades d'activités en proposant des biens et services qui répondent aux besoins de la population, créent du lien social et réduisent significativement l'empreinte écologique des habitant·es.
www.apres-ge.ch

SOMMAIRE

**« Pour changer un paradigme en place, il ne faut pas lutter
pour essayer de transformer le modèle problématique.
Il faut créer un nouveau modèle et rendre l'ancien obsolète. »**

Richard Buckminster Fuller

Préface

Par Matthieu Calame

La transition écologique, à défaut d'être sérieusement engagée par des élites politiques chez lesquelles, il faut s'y résoudre désormais, l'incompétence le dispute à l'égoïsme, a suscité de nombreux travaux, qu'il s'agisse des modes de production, de consommation, de construction ou de transport. Très peu cependant se sont penchés sur la question plus générale et particulièrement délicate de la répartition des populations sur le territoire. Cette question est cruciale et explique sans doute en grande partie les difficultés de mise en œuvre de la transition.

L'accès à une énergie surabondante, en modifiant fondamentalement les capacités de transport des personnes et des biens, a bouleversé les territoires. Métropolisation, littoralisation, notre manière d'occuper l'espace est directement issue de l'extraction d'une biomasse fossile (charbon, pétrole) vieille de millions d'années. L'homme, si longtemps tributaire des ressources locales, s'est affranchi de l'espace à un niveau inimaginable autrefois. Ce dernier a perdu sa viscosité et tout devient comme liquide : biens manufacturés, énergie, population, déchets, informations. Une sorte de pompe permanente maintient les flux nécessaires aux métabolismes des agglomérations, une pompe de camions, de trains, de navires, d'entrepôts frigorifiques, de lignes à haute tension et de *data centers*, gourmands en énergie. Si ce grand cœur s'arrête que se passera-t-il ? Que deviendront ces organes hypertrophiés privés des flux qui les font vivre ?

Une expérience de pensée qui se projetterait dans un monde ayant renoncé, *volens nolens*, à la biomasse fossile arriverait rapidement à la conclusion que, de même que le charbon et le pétrole ont produit les territoires actuels, leur absence, en recréant un faisceau de contraintes, engendrera une nouvelle occupation de l'espace. C'est le mérite des travaux de Hans Widmer de nous inviter à cet exercice, en s'efforçant d'esquisser la trame des territoires écologiques. Ses conclusions sont roboratives, mais pas sans précédents. À l'aube du XIXe siècle, Von Thünen avait entrepris des travaux similaires, moins d'ailleurs pour imaginer l'avenir que pour expliquer la répartition des populations sur les territoires qu'il avait sous les yeux, des territoires de l'avant-charbon. Il n'est guère étonnant que ces travaux se fassent écho : ils répondent à leur manière à un faisceau de contraintes similaires.

Utopie antimoderne que cette démétropolisation écologique ? Dystopie ? Ce ne serait pas voir que la réelle dystopie est déjà présente et se produit sous nos yeux. Elle est dans le déplacement de la capitale indonésienne de Jakarta sur l'île de Java à Nusantara sur l'île de Bornéo, qui laissera sur place, dans une mégapole bientôt invivable au sens propre du terme, 30 millions d'Indonésiens pauvres. Elle est dans ces villes futuristes des pétromonarchies réservées aux privilégiés, elle est dans tous les bidonvilles, favelas ou quartiers populaires délabrés menacés par les canicules, la montée des eaux, les épidémies, la dégradation des infrastructures publiques et qui sont en train de devenir autant de pièges pour leurs habitants.

Face à cette dystopie, l'ouvrage de Hans Widmer, qui s'appuie sur de solides considérations techniques, nous offre donc une perspective humaniste qui, après tout, fait écho à l'aspiration de mieux en mieux documentée de nos contemporains à retrouver une qualité de vie dans des agglomérations à plus petite échelle. Le philosophe de l'architecture Sébastien Marot a coutume de poser la question « Qu'est-ce qu'un monde ? » Et de répondre : « C'est un endroit où l'on peut concevoir de passer toute sa vie. » Le Candide ne conclut-il pas par une maxime : « Cultivons notre jardin » ? Merci à Hans Widmer de nous offrir un monde en perspective.

Prologue

Je vois Yumi me faire signe depuis une table à la terrasse du café de l'ABC. Nous nous voyons toutes les deux ou trois semaines. Yumi habite ici dans le quartier de Dodoan et je viens le voir depuis celui de Bao Li, à seulement un quart d'heure à pied. Ou parfois c'est l'inverse.

C'est l'une des premières journées douces du printemps. La place est pleine de gens. La plupart sont pieds nus. Après nos salutations habituelles, je lui demande : « Alors, quoi de neuf ? – Rien d'inhabituel. Pat a fini par déménager, mais un couple sympathique d'Australiens l'a remplacé. Nous sommes désormais treize. Aucun problème. »

Il y a quelques années, je vivais avec Yumi dans un habitat partagé de la coopérative de voisinage Emma. Nous sommes restés en contact – nous avons tous les deux un emploi à temps partiel au sein du centre d'innovation et de coopération, au centre-ville. La plupart des gens ont maintenant des emplois à horaires réduits de 30 à 50 % environ et consacrent le reste de leur temps à des activités dans le quartier ou dans la communauté de voisinage. Dans le cas de Yumi, cela signifie quatre jours par an à l'agro-base Emma, à 10 kilomètres de la ville. Il est également membre du conseil des ateliers du quartier, où il aide à organiser et à coordonner différents services publics et industriels. Les équipes associent des employés rémunérés et des bénévoles militants. Le centre d'activités est situé juste à côté du café de l'ABC. Il fait partie du centre de quartier, dont les bâtiments entourent la place centrale. Si vous cherchez quelque chose d'utile ou d'agréable à faire ou si vous avez besoin d'aide, leurs portes sont toujours ouvertes.

Si les coopératives de voisinage de 500 membres, comme Emma pour Yumi ou Kalomi pour moi, satisfont tous les besoins de la vie quotidienne – le logement, la nourriture, les vêtements, le contact humain –, les quartiers d'environ 20 000 habitants se chargent des services additionnels, comme les écoles, un centre de santé, l'eau, l'énergie ou les médias. Les agro-bases ne produisant que des aliments locaux, le globex, situé de l'autre côté de la place, une sorte de dépôt de denrées alimentaires mondiales, propose des produits du commerce équitable venus de la planète entière : thé, café, cacao, alcool, fruits secs, épices, tabac, fromages, conserves. Le globex est aussi grand que l'étaient naguère les supermarchés (4 000 m^2), avant qu'ils ne s'effondrent lors de la grande crise. Il m'arrive moi-même de travailler dans le globex de Bao Li.

L'ABC est le centre social et politique du quartier. Où que vous viviez, vous rendre à pied à la place centrale ne vous prendra que cinq minutes. Les débats politiques et les réunions se tiennent dans un grand hall qui sert également de restaurant et qui peut être divisé en niches et en salles plus petites pour d'autres usages. Le groupe de contes Ali Baba se réunit dans le coin des médias. Dans une salle au premier étage est organisé un stage pour personnes divorcées. Dans une autre niche, Ili Kotumba et Duni O'Hara sont en train de planifier une série de dîners irlando-congolais. Il y a aussi le club des plus de 65 ans qui organise des ateliers cuisine, des cours de tai-chi ultralent, des sessions autour d'un café à l'ancienne ou des excursions dans des musées.

Tous les ABC du monde sont reliés entre eux par Internet. Ils ont tous un « mur du monde » où l'on projette des vidéos en direct des autres ABC. Ainsi, le centre de quartier est aussi le centre du monde.

« Quelles nouvelles de l'initiative Fab City ? je demande à Yumi après que l'on m'a servi mon cappuccino.

– Nous sommes en train de relier tous les centres d'innovation et de coopération avec tous les centres des ateliers. Il y a encore beaucoup de transport matériel, mais l'objectif ultime – que toute la production industrielle soit localisée dans les 7 200 grandes villes de la planète et que les seuls flux entrants et sortants soient des flux de données – est à portée de main. »

Tous les toits de nos villes sont soit couverts de panneaux solaires, soit peints en blanc. Mis à part les aliments, une partie de l'eau et les matériaux rares, la grande ville de 500 000 habitants est devenue le site d'un mode de vie relocalisé. Nous utilisons moins de choses et nous vivons sur 20 m² par personne ou moins, mais nous avons accès à énormément d'espaces communs : 1 500 m² dans chaque communauté de voisinage, 9 000 m² pour le quartier. La ville entière est devenue notre espace à nous.

« Mais les gens continuent à se déplacer », je plaisante.

De fait, un groupe de théâtre de rue est en train d'installer une scène improvisée sur la place. Des jongleurs, des danseurs et des musiciens du monde entier utilisent les places comme lieux de spectacle publics. Cela peut devenir une voie royale vers la célébrité.

Il y a toujours des gens qui séjournent dans l'hôtel communal au-dessus du hall de l'ABC : des artistes, des écrivains, des philosophes, des hommes et femmes politiques de passage, des personnes comme vous et moi. Il y a toujours une raison d'aller au centre communal. Il est ouvert en permanence.

Première partie

LE MODÈLE DE LA VILLE D'UNE SEULE PLANÈTE

CHAPITRE 1
REPENSER NOS MODES DE VIE

Le changement climatique et la pauvreté sont les deux grands défis de notre époque. Pour sauver la planète, nous devons vivre en deçà de ses limites écologiques, et pour mettre fin à la pauvreté, nous devons établir un ordre social fondé sur l'égalité qui satisfasse les besoins essentiels de tous les humains. Une justice climatique mondiale nous est nécessaire.

Limites écologiques

Figure 1 : Impact écologique de la ville de Zurich, 2019 ; Gabor Doka*

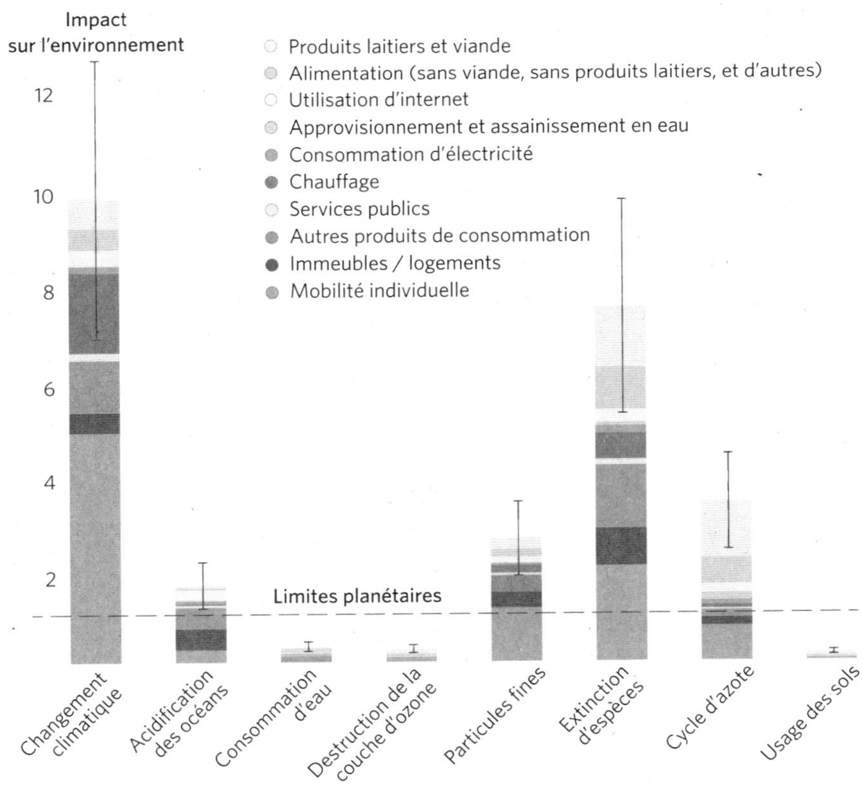

* Les schémas de ce livre sont disponibles en couleurs sur la fiche ouvrage du site eclm.fr

Selon les recherches de Johan Rockström (Stockholm Resilience Center), une ville de taille moyenne comme Zurich (Suisse) dépasse au moins cinq des limites planétaires auxquelles elle devrait être soumise, particulièrement en ce qui concerne le changement climatique, les aérosols atmosphériques, le déclin de la biodiversité et le circuit de l'azote[1]. Ce sont l'alimentation, le logement et la mobilité qui ont les impacts les plus importants. Le graphique (établi par Gabor Doka) présente sous forme de schéma le mode de vie occidental typique (baptisé « mode de vie impérial » par Ulrich Brand[2]). Pour ce qui est des États-Unis, l'expression est synonyme de cette célèbre *"American way of life"* qui, selon le slogan de George W. Bush, serait « non négociable » (on verra). Ce mode de vie excède largement les capacités de notre planète. Nous utilisons une quantité de ressources correspondant à trois planètes Terre plutôt qu'à une seule[3].

« Nous », ici, renvoie à la minorité des habitants de la planète qui vivent dans les régions anciennement industrialisées, principalement l'Europe, l'Amérique du Nord et une partie de l'Asie de l'Est. Nous devons adopter un mode de vie qui repose sur une moyenne planétaire. Pour cela, nous devons réduire notre utilisation des ressources à l'équivalent d'une seule planète, tout en permettant à ceux qui sont aujourd'hui défavorisés de voir leur vie s'améliorer – autrement dit, en mettant fin à la pauvreté. Cela ne signifie pas pour autant qu'ils doivent imiter notre style de vie actuel. Dans cette perspective, il nous faut mieux comprendre ce qui caractériserait ce nouveau mode de vie mondial, qui ne saurait ressembler au mode de vie impérial d'aujourd'hui, et nous avons besoin d'un programme mondial pour le rendre accessible à tous et toutes. Cela implique un immense transfert de ressources du Nord vers le Sud[4].

1. Notons que les chiffres sont calculés avec une marge d'incertitude de 30 %. La limite climatique, par exemple, peut être dépassée par un facteur de 7 ou de 13 – à vous de choisir... Cette importante marge d'incertitude s'explique par la complexité des analyses du cycle de vie. Les chiffres deviendront plus précis d'année en année. Une fois que les calculs seront aboutis, nous saurons exactement ce que nous pouvons consommer.

2. Ulrich Brand, *Imperiale Lebensweise*, Oekom Verlag, 2017.

3. Il n'existe pas de calculs comparables pour les États-Unis. Mais si l'on considère que l'empreinte carbone des États-Unis est de 8,03 contre 4,47 en Suisse et que les émissions de CO_2 en 2019 étaient de 16,1 tonnes aux États-Unis contre 4,36 tonnes en Suisse, la limite globale étant de 1 tonne, on peut dire que la situation des États-Unis est plus de deux fois pire que celle de la Suisse. Cependant, les calculs de notre menu d'une seule planète valent aussi pour les États-Unis : c'est un menu planétaire ! Simplement, il est beaucoup plus difficile à atteindre (par une réduction délibérée) aux États-Unis que dans les autres pays.

4. Cela n'apporte rien d'appeler ceci des « réparations ». Nous n'avons pas besoin de justification historique, qui serait problématique à bien des égards, mais de suffisamment de ressources pour assurer un bon avenir à tous les humains. Quelles qu'aient été les fautes du passé.

Nous devons organiser notre logistique alimentaire différemment et manger moins de viande. Nous devons vivre dans des lieux d'habitation moins grands. Nous devons faire davantage de choses dans notre environnement proche, nous devons déplacer moins de gens et de matière, et nous devons les déplacer moins fréquemment et plus lentement. Sous ces trois aspects, notre système économique actuel, fondé sur la croissance, l'expansion spatiale et la vitesse, est un obstacle. Sa logique interne est incompatible avec un mode de vie véritablement écologique. Ce système économique est en train d'atteindre ses limites géographiques et écologiques – il n'a plus nulle part où aller et étouffe sous ses propres déchets. Les « quatre ressources bon marché », comme on les a appelées, ou *four cheaps* en anglais – la nature, la nourriture, l'énergie et le travail –, sont épuisées. L'inégalité et l'injustice sont les causes profondes des crises récurrentes et des bouleversements sociaux que nous connaissons. Nous avons besoin d'une porte de sortie.

Le menu d'un mode de vie d'une seule planète

Quoi que nous fassions, notre première préoccupation doit être de définir un mode de vie d'« une seule planète » pour l'avenir.

Selon les calculs de Gabor Doka[5], on peut définir un minimum physiologique (strict minimum de consommation) qui garantit la survie des 10 milliards d'humains sur cette planète. Cette consommation de base inclut :

- 2 m² de logement protégé contre les intempéries ;
- l'accès à un espace commun de 50 m² ;
- 1 600 kcal d'alimentation vegan par jour ;
- 180 km à vélo par an ;
- 20 litres d'eau froide et chaude par jour ;
- un éclairage privé ;
- 3 kg de matériaux d'emballage par an ;
- des services publics (éducation, santé, administration, police, armée, etc.).

Il est évident que ce minimum physiologique ne saurait constituer un mode de vie acceptable (cependant, dans certaines régions du monde, il constituerait déjà un progrès par rapport à des situations d'extrême pauvreté). Il n'est cependant pas nécessaire de s'en tenir à un régime aussi ascétique, car la planète peut soutenir une consommation nettement supérieure. Même si cela vous surprend, sachez qu'un grand nombre de populations sont encore en dessous du seuil de consommation de ressources équivalentes à une planète, et que les réductions nécessaires dans les régions « impériales » sont si énormes (sans doute par un facteur de 10 ou de 20 !) que mettre en œuvre la justice climatique contribuerait effectivement à améliorer sensiblement le confort de vie de milliards de personnes.

5. Cf. Hans Widmer, *Die Andere Stadt*, Paranoia City Verlag, 2017, p. 107, là encore fondés sur les recherches de Rockström.

C'est particulièrement vrai en ce qui concerne les services publics, qui sont presque partout insuffisants.

En concentrant l'attention sur les actes de consommation qui ont l'impact écologique le plus décisif, on peut accorder à chaque Terrien (après quelques investissements nécessaires dans les pays du Sud) 100 unités d'impact (UI) par an, une sorte de budget écologique additionnel qui pourrait ressembler à cela[6] :

Consommation additionnelle par an		**Prix écologique en unités d'impact (UI) par quantité consommée**	**Dimension écologique limitante**
1 m² d'espace additionnel de logement privé (pour un an)		1,028	Changement climatique
1 km en voiture thermique		0,06	Changement climatique
1 km en voiture électrique		0,035	Changement climatique
1 km en train		0,0028	Changement climatique
1 km en bateau		0,0157	Changement climatique
1 km de vol intercontinental		0,0163	Changement climatique
1 km de vol intra-européen		0,025	Changement climatique
1 kg d'alimentation vegan	1890 kcal par kg	0,088	Déclin de la biodiversité
1 litre de lait	1400 kcal par litre	0,22	Changement climatique
1 kg de poulet	2350 kcal par kg	1,8	Déclin de la biodiversité
1 kg de porc	2350 kcal par kg	2,32	Circuit de l'azote
1 kg de bœuf	2350 kcal par kg	3,02	Changement climatique
1 heure d'Internet		0,112	Changement climatique
1 kWh d'électricité (éolienne)		0,0032	Changement climatique
1000 litres d'eau potable (froide, en incluant le traitement de l'eau usée)		0,52	Circuit de l'azote

6. De nombreux actes de consommation ne sont pas pris en compte ici : les vêtements, les meubles, le plastique, les livres, les œufs, le poisson, les cigares, le vin, etc. Leur impact écologique est négligeable et pour certains d'entre eux serait facile à réduire (vêtements et meubles durables, bibliothèques). Quant au plastique, il n'est pas dangereux écologiquement tant qu'il n'est pas rejeté dans l'environnement. L'utilisation du plastique peut même être écologiquement utile, comme lorsque l'on utilise un film plastique pour conserver le fromage. Le fromage a un impact largement supérieur au film plastique, et sa protection contre les bactéries permet d'éviter un gaspillage considérable.

« Oui, mais s'il y avait des progrès technologiques ? » pourrait-on nous objecter. La plupart des progrès technologiques atteignables sont déjà intégrés dans ce menu. L'électricité (y compris pour les voitures électriques) est d'origine éolienne, les logements sont situés dans des bâtiments parfaitement isolés et chauffés par énergie solaire et géothermique, le gaspillage alimentaire est réduit. Ces standards écologiques seront probablement atteints dans un avenir lointain, de sorte que, de manière réaliste, nous pourrions nous contenter de moins de 100 UI. L'innovation technologique est une bonne chose, mais ce n'est pas une porte de sortie réaliste – trop peu, trop tard[7] !

Si vous considérez ce tableau, vous remarquerez que les articles les plus « onéreux » sont la viande et le logement. Pour 1 kg de bœuf, vous pourriez vous permettre 3 m² de plus de logement. Vous noterez aussi que la voiture électrique est une meilleure option que la voiture thermique tant que son électricité vient de sources non fossiles. Problème : l'énergie solaire sera également nécessaire pour le chauffage. Et les voitures électriques occupent toujours beaucoup d'espace urbain, qui pourrait être utilisé pour d'autres objectifs, et contribuent à allonger les distances. Elles génèrent aussi des embouteillages, des particules fines et des déchets toxiques. Elles ne sont donc pas une solution idéale, mais simplement une option additionnelle dans certains contextes (taxis, zones rurales, etc.).

La liste des prix écologiques s'appuie sur une moyenne humaine qui ne signifie rien dans la réalité. Un bébé aura besoin de beaucoup moins, et un travailleur effectuant des tâches physiques de beaucoup plus. C'est pourquoi utiliser ce menu comme une check-list personnelle pour vérifier sa compatibilité planétaire n'a pas beaucoup de sens. Les gens ne vivent pas seuls, et il y a beaucoup de formes d'utilisation collective. L'écologie personnalisée, ça n'existe pas.

Ce menu n'inclut pas la consommation liée au travail. Le transport, l'espace, le temps de connexion à Internet que l'on utilise au travail ou pour s'y rendre contribuent au budget écologique de votre lieu de travail. L'impact écologique de votre travail est à son tour intégré aux UI de consommation. Dès lors, le prix en UI de 1 m² d'un logement sera fortement supérieur à ce que nous indiquons si sa construction a été problématique du point de vue écologique (depuis la conception architecturale jusqu'à la finalisation du chantier). En revanche, si leur construction a obéi à des standards écologiques exigeants (matériaux locaux, pas de chauffage, etc.), les logements auront un impact écologique moindre. À la fin du cycle, **tout est consommation (ou reproduction)**. C'est pour cela que nous devons toujours commencer par elle.

La question est donc celle-ci : sur quel type de groupe social se fonder pour calculer et attribuer un budget moyen ? Idéalement (mais aussi de manière réaliste), 500 personnes dans une coopérative de logement (ce que nous

7. Ulrike Herrmann (*Das Ende des Kapitalismus*, Kiepenheuer & Witsch, 2022) argumente de manière convaincante que la croissance verte est impossible.

appelons un glomo-1) pourraient constituer la première sphère raisonnable sur laquelle s'appuyer pour définir un mode de vie d'une seule planète (voir ci-dessous).

Dans cette optique, on pourrait établir un menu personnel additionnel qui ressemblerait à ceci :

18 m² espace de logement (soit 20 m² en tout)	18,5 UI
1000 km de voyage en train	2,8 UI
50 kg d'alimentation vegan	4,4 UI
40 litres de lait (= 4 kg de fromage, 2 kg de beurre)	8,8 UI
15 kg[8] de viande (3 kg de bœuf = 9,06 ;	
7 kg de poulet = 12,6 ; 5 kg de porc = 11,6)	33,26 UI
100 heures d'Internet	11,2 UI
500 kWh d'électricité	1,6 UI
1000 litres d'eau	0,52 UI
Total :	**81,08 UI**

Il me semble que cela constituerait un mode de vie acceptable (quoique certainement bien éloigné de l'*American way of life*). Et ce, d'autant plus que les UI n'ont même pas été toutes utilisées : il reste 18,92 UI qui peuvent être consommées pour, par exemple, 4 m² de logement en plus (4,4), 2 000 km de voyage en train (5,6) ou encore 500 km en voiture électrique. Vous pouvez aussi « épargner » les UI pour un voyage en avion. Ainsi, même si ce n'est pas un « juste milieu » entre les sociétés pauvres et les sociétés riches, cela représente un mode de vie confortable (et qui le sera d'autant plus dans les environnements urbains que nous allons décrire ci-dessous).

Si nous voulons vivre dans les limites d'une seule planète, une certaine forme de rationnement est inévitable. Le rationnement est acceptable tant que les raisons en sont transparentes et que tout le monde doit s'y soumettre. C'est pourquoi il ne peut pas y avoir de marché des UI – cela signifierait que les individus riches pourraient s'offrir des sortes d'esclaves écologiques (« Je t'offre 100 dollars pour une de tes UI... »). Le rationnement ne marche que si les rations sont attachées aux personnes et ne peuvent être cédées. La question est de savoir comment mettre en œuvre et surveiller l'application de ce rationnement en imposant les sanctions nécessaires. D'un point de vue

8. 15 kg de viande par an est la quantité recommandée par une équipe de 37 nutritionnistes, écologistes et économiques de 16 pays à l'issue de trois années de recherches (publiées dans *The Lancet*). Actuellement, la moyenne mondiale est de 40 kg : 120 kg aux États-Unis, 50 kg en Suisse, 14 kg en Afrique. La quantité de 15 kg est également compatible avec la surface agricole disponible *per capita*. Bien entendu, on peut aussi justifier le véganisme et le végétarisme pour d'autres raisons qu'écologiques.

technique, ce n'est pas un problème. Des algorithmes anonymisés simples feront l'affaire. La consommation peut être rationnée tout en intégrant les préférences personnelles et une dose de flexibilité collective. Nous n'avons pas tous besoin de mener exactement la même vie. Il existe un nombre infini de manières de vivre qui respectent les restrictions planétaires. Le principe est la variabilité au sein de limites – pas l'uniformité.

N'importe quel glomo-1[9] pourrait commencer par s'auto-évaluer sur la base du tableau ci-dessus. Une éco-app (ou un serveur interne) informerait les glomos-1 sur le niveau de consommation personnel et global. Afin de protéger les individus, ces données resteraient anonymes (sauf pour ceux qui sont concernés, bien sûr). Les dispositifs comme les récompenses et les amendes sont contre-productifs, qu'ils prennent une forme monétaire ou non. À intervalles réguliers, les progrès accomplis (ou non) dans l'alignement sur les limites planétaires pourraient être débattus dans le cadre de discussions collectives, et des mesures correctives proposées. Si la consommation de viande est trop élevée, un cuisinier vegan plus inventif pourra être embauché. (Les espaces de logement n'ont pas besoin d'être surveillés, puisqu'ils sont fixés par le contrat de location.) Si c'est le transport qui pose problème, des plateformes d'emploi pourront être mises en place, permettant de rapprocher les qualifications requises des lieux de résidence de ceux qui les possèdent. S'il y a d'autres glomos-1 plus proches d'un lieu d'activité très fréquenté, le déménagement des personnes concernées pourra être facilité. Si le problème est la consommation privée d'électricité, des événements culturels collectifs pourraient être organisés: visionnage en commun de films, invitation de musiciens, concerts acoustiques, chorales. Identifier des solutions créatives d'amélioration est la méthode à suivre pour éviter les solutions fondées sur le marché ou les solutions coercitives autoritaires (c'est la planète qui *est* l'autorité !). Si des membres le souhaitent, ils pourront recevoir des conseils écologiques personnalisés. Mais il vaut mieux que ces consultations aient lieu en dehors du glomo-1 concerné et se fassent dans une discrétion absolue, afin que l'anonymat des demandeurs soit garanti. On pourrait comparer la démarche à une visite à votre analyste ou à une confession auprès de votre prêtre.

Chaque glomo-1 (et de même aux échelles supérieures) doit trouver les moyens d'atteindre ses objectifs sur la base de ses règles internes et de ses caractéristiques culturelles et politiques propres. Des conférences pourront être organisées au niveau du glomo-2 ou du glomo-4 pour présenter les mesures adoptées et testées, et en débattre. Les universités pourront être impliquées dans le processus. Après une période de transition, vivre dans les limites écologiques deviendra un mode de vie évident par lui-même qui ne requiert pas d'efforts particuliers. Ce sera simplement la manière dont vivent les humains, rien d'autre. Pour parvenir à cette « nouvelle normalité »,

9. Pour la description des glomos, voir p. 41 et suivantes.

le soutien social et le soin au sein de l'espace défini d'un commun deviendront quelque chose de naturel. Pour le dire autrement : nous allons finir par nous retrouver chez nous.

En plus du logement et de la nourriture, les déplacements sont un aspect critique du mode de vie d'une seule planète. Dans ce domaine, il y a deux voies possibles. La première est de regrouper le plus de fonctionnalités possibles à proximité de leurs lieux d'utilisation. La seconde est, lorsque l'on voyage, de voyager plus lentement et moins souvent et de séjourner ailleurs plus longtemps. La réorganisation des fonctions aura pour effet de réduire le tourisme industriel et les déplacements domicile-travail. Les voyages à des fins de découverte personnelle ou d'échange culturel pourront être organisés différemment. Au lieu de prendre un avion pour un séjour d'une semaine dans les Caraïbes ou les Maldives, la réduction du temps de travail pourra être mise à profit pour prendre une année sabbatique et visiter le monde (et les autres glomos-1) en train, en bus, ou même à pied. À l'avenir, au lieu du tourisme de masse, nous aurons un flux constant d'hôtes, de visiteurs et d'amis dans des chambres dédiées aux invités de passage, sans mettre sous pression les moyens de transport et de logement. Nous pourrons devenir des pèlerins pour certaines périodes de notre vie.

Le budget ou menu présenté ci-dessus est calculé pour un vieux pays industriel comme la Suisse. Sa mise en œuvre variera en fonction des réalités physiques des autres régions de la planète. Mais le budget général devra rester le même, parce que c'est la même planète.

Même si, pour des raisons méthodologiques, les unités relatives aux limites planétaires sont calculées *per capita*, il serait absurde et inutile d'imaginer un mode de vie ascétique et individualiste qui permette de respecter ces limites. Avec ce budget écologique et la nouvelle organisation en communautés de voisinage, le nouveau mode de vie global pourrait offrir les standards de confort d'un hôtel quatre étoiles. Il faut seulement dépasser un certain imaginaire du logement : votre (petit) logement ne vous tiendra plus lieu de château *imaginaire*, mais votre quartier vaste et relativement luxueux deviendra votre *véritable château*.

Il est évident que le mode de vie d'une seule planète ne peut pas être mis en œuvre du jour au lendemain. Les chiffres que nous donnons ici ne servent qu'à donner une idée des changements nécessaires. Ils peuvent être utilisés comme une mesure pour s'évaluer, un objectif à atteindre – aussi rapidement que possible.

Au-delà de l'économie

L'alternative au système actuel ne peut pas être simplement un autre système économique. Cela doit être un nouveau mode de vie à part entière, qui aille au-delà du travail, des salaires et des prix. Nous proposons de privilégier le terme d'*activité socialement utile* par rapport au terme pollué *travail*. Historiquement, le travail a surtout signifié une activité masculine rémunérée et encadrée par un contrat. Pourtant, la plupart des activités indispensables pour mener des vies bonnes et confortables étaient (et sont encore) accomplies par des femmes et en dehors des contrats salariaux. La distinction entre le travail et les autres activités et interactions sociales est artificielle. Personne n'a jamais été capable de proposer une définition substantielle cohérente du travail qui le distingue des autres activités humaines. Le terme semble renvoyer à un processus par lequel quelque chose qui était dans un cerveau devient réalité dans le monde – qu'il s'agisse de marteaux, de poèmes, de mouvements de danse, de montres, de codes ou autres choses encore. L'idée de mesurer ce travail est encore plus ridicule. Le temps peut être comprimé ou allongé. N'hésitez pas à vous payer à vous-même 10 dollars pour avoir brossé vos dents. Ou seulement 5 ? La seule chose que l'on puisse effectivement dire, c'est que les salaires sont fondés sur un accord négocié entre ceux qui donnent des contrats de travail et ceux qui les demandent. Ces contrats sont fonction des relations de pouvoir qui prévalent au sein d'une société particulière. Les salaires sont élevés quand suffisamment d'individus sont capables de les refuser ou de les briser (grève). Ils sont bas quand beaucoup de monde est contraint de les quémander. Quant à l'argent, il n'a certes pas été inventé par le système économique actuel, mais ses inventeurs se le sont approprié pour en faire le seul moyen possible d'échange et de contrôle. Cependant, que l'argent soit devenu le médium de tous les échanges au sein du système économique actuel n'est en aucun cas un accident. Il n'y a pas d'argent inoffensif, comme le voudraient certains, même quand il n'est utilisé que pour faciliter les échanges et non pour accumuler du capital. L'échange monétaire est au cœur du système économique actuel – même le « bon argent » peut devenir le mauvais capital[10]. Faciliter les échanges n'est pas un objectif désirable en soi, parce que la nécessité de l'échange est fonction de l'atomisation de la société et du manque de communs. Il ne peut pas y avoir d'échange juste parce que ceux qui échangent sont tous différents. Si vous avez besoin d'argent, c'est qu'il y a un problème quelque part. Il n'y a pas de bon argent, mais au cours de la période de transformation, nous pouvons réduire son importance et le répartir de manière plus équitable – jusqu'à ce que nous puissions enfin nous en débarrasser.

Au-delà de l'argent, les sphères sociale et économique seront réunifiées. Ce nouveau mode de vie peut être appelé les « communs » : nous produisons

10. Cf. Anitra Nelson, *Beyond Money: A Poscapitalistic Strategy*, Pluto Press, 2022.

ensemble ce dont nous avons besoin. Nous décidons de manière démocratique et inclusive, non en fonction de la richesse ou de la performance. Ces communs mondiaux ne peuvent fonctionner que s'ils sont structurés par un cadre institutionnel universel de frontières[11], de règles sur le droit à participer aux décisions, à entrer et à sortir, et de règles pour changer ces règles. Les différentes sphères des communs doivent se compléter. Et bien entendu, la règle capitale est que les limites planétaires doivent être respectées. La transition sociale et la transition écologique sont un seul et même processus.

C'est une erreur commune que de considérer le système économique actuel comme un simple outil[12] qui peut être utilisé aussi bien pour de bons que pour de mauvais objectifs[13].

En réalité, les inégalités ne sont pas un accident fortuit, mais une nécessité intrinsèque de ce système. Celui-ci peut être plus ou moins inégal, il ne sera jamais juste. La perversion d'un processus social pour en faire un système économique ne va pas sans conséquences catastrophiques. Le processus de travail – son organisation et son caractère physique – est par lui-même antisocial et empêche toute véritable coopération. Il est par nature aliénant au sens où il arrache le produit à son producteur : vous ne faites plus quelque chose parce que cela vous intéresse ou parce que vous en comprenez la nécessité, mais seulement pour gagner un salaire et participer au système économique actuel. Les humains coopèrent naturellement et s'épanouissent dans la coopération[14]. Le système économique actuel nous dresse les uns contre les autres, nous isole dans une lutte désespérée pour la survie et nous transforme en concurrents pour des carrières futiles. Il nous rend malheureux[15]. Ses coûts sont immenses, de même que le gâchis qu'il engendre en termes de temps d'existence humaine. En dernière instance,

---

11. « Par nature, les frontières sont à la fois inclusives et exclusives. Un monde sans frontières inclut absolument tout, et est donc souvent considéré comme un monde nécessairement accueillant et amical. Mais "absolument tout" inclut aussi l'hostile et l'inamical, ou alors ce n'est pas "tout". En outre, sans frontières, B peut être à la fois A et non-A, ce qui rend impossible toute définition, toute contradiction et tout raisonnement analytique. Aussi bien la vie que la pensée logique ont donc besoin de frontières. Quand bien même l'idéal d'un "monde sans frontières" peut être l'expression poétique d'une unité désirée, et quand bien même il est possible de raisonner dialectiquement par-delà les frontières, imaginer que les frontières ne sont pas nécessaires est une profonde illusion » (Herman Daly, "Growthism: its ecological, economic and ethical limits", *Real-World Economics Review*, n° 87, 2019). Cf. aussi les règles d'Elinor Ostrom (cf. newalliance.earth, *A Proposal*).

12. Il n'existe pas et ne saurait exister d'économie alternative. Le terme d'économie lui-même n'est qu'une mystification. C'est une boîte noire destinée à cacher ce qui se passe à l'intérieur (des choses horribles). Il vaut mieux que vous ne sachiez jamais comment votre iPhone, votre steak ou vos jeans ont été produits. Le terme d'économie présuppose une séparation artificielle entre la personne et sa fonction au sein du système. Il ne peut pas y avoir de travailleurs heureux dans une usine d'armement. Plutôt que d'économie, nous proposons de parler d'*activités socialement organisées.*

13. La plupart des socialistes croient au caractère purement instrumental de l'économie et se contentent de dénoncer la répartition inégale de ses bénéfices. Lénine disait ainsi : « Le socialisme n'est rien d'autre qu'un capitalisme monopolistique d'État pour le bien du peuple. » La plupart des militants de gauche sont léninistes (et donc **ne sont pas** marxistes).

14. Cf. Rutger Bregman, *Human Kind: A Hopeful history*, Bloomsbury Publishing, 2020.

15. Daniel Kahneman, *Système 1, système 2 : les deux vitesses de la pensée*, Flammarion, 2012.

si ce système détruit la planète, c'est parce qu'il détruit d'abord ceux qui y participent. Qui a l'énergie de se préoccuper de la biosphère quand il s'épuise à boucler ses fins de mois ?

La plupart des gens ont compris que le système économique actuel ne fonctionne pas, ni pour eux individuellement ni en général. Mais il semble presque impensable d'en sortir, et les propositions en ce sens ne provoquent le plus souvent que de la peur – une peur issue de l'« aversion à la perte ». Tout programme visant à aller au-delà de l'économie doit donc s'appuyer sur la science, être cohérent, complet et détaillé. Il ne suffit pas d'invoquer des principes comme la justice, la liberté, la solidarité, l'égalité, la démocratie ou l'écologie, aussi évidents soient-ils. Les idées « systémiques » comme le socialisme, le communisme ou l'anarchisme sont des formules vides et ont été discréditées par des régimes autoritaires ou des expérimentations hasardeuses. Nous avons besoin de faits, de chiffres et de plans. De critique, de débat et d'action.

La transition de notre système économique actuel vers un nouveau mode de vie social nécessitera un certain nombre d'étapes intermédiaires et de formes hybrides soigneusement agencées[16]. Il y a (et il y a toujours eu) des signes suggérant que les gens essaient de « sortir » du système : de plus en plus de salariés optent pour des emplois à temps partiel. Pensons aussi à des phénomènes comme le *downshifting* ou simplicité volontaire, les démissions silencieuses, la « grande démission » ou le *Great Reshuffle* (désignant la migration des travailleurs vers des secteurs répondant davantage à leurs aspirations), diverses formes d'activités mixtes ou temporaires, le refus du consumérisme, de la mode et de la nouveauté, le recours aux produits d'occasion, à l'ancien, aux objets réparés, au volontairement « démodé ». De plus en plus de gens ne restent sur le marché du travail et ne gagnent des salaires que le temps nécessaire pour s'en libérer. Mais rien de ceci ne pourra jamais suffire. Il n'en résultera jamais que des styles de vie futiles et autoréférentiels. L'exode (ce que nous appelons aussi la « porte de sortie ») ne réussira pas si nous y allons un par un. Il ne se fera que si nous y allons ensemble (ou en vastes groupes organisés).

Ce qui ne relève que d'attitudes individuelles peut se transformer en modes de vie collectifs ouvrant la voie à un luxe à faible impact. Nous pourrions tous vivre comme des clochards élégants dans une espèce d'hôtel quatre étoiles collectif. Imaginez Yumi et Ili comme des pauvres vivant une vie de luxe.

16. L'idée que le système économique actuel puisse rapetisser pacifiquement avant de disparaître est irréaliste. S'il rapetisse, il s'effondrera avec des conséquences catastrophiques. Ce à quoi nous devons parvenir par des moyens politiques et institutionnels est plutôt un changement qualitatif de la croissance, qui soit utilisée pour investir dans des projets menant à la décroissance. Cf. Tim Jackson, *Prosperity Without Growth: Economics for a Finite Planet*, Routledge, 2011, ou Ulrike Herrmann, *Das Ende des Kapitalismus*, *op. cit.* Ces deux auteurs évoquent une stratégie plausible de sortie « paradoxale » du système économique actuel, mais n'offrent pas de vision d'une société fondée sur les communs. Voir aussi ci-dessous la section « Un scénario d'adaptation ».

Être actif sans être payé : comment est-ce possible ?

Dépasser la croissance, l'argent et les inégalités est impossible sans un nouveau concept de foyers étendus pour organiser la vie dans sa dimension matérielle immédiate. Nos foyers nucléaires actuels, pour la plupart constitués d'une ou de deux personnes, sont fondés sur le mode de vie impérial dont nous parlions ci-dessus. Ils impliquent un suréquipement absurde (aussi appelé *clutter*, fatras), une sous-utilisation des ressources, et sont responsables de la majorité du gaspillage alimentaire, le réfrigérateur devenant le froid cimetière où se perdent les steaks et les salades. Ils sont donc structurellement inadaptés à un mode de vie compatible avec une seule planète. Ils sont les terminaux d'un système économique fondé sur l'échange individuel de travail contre un salaire (argent).

La transformation de nos structures économiques en une société d'activités est un formidable défi. Le mythe d'un échange qui puisse être égal doit être dépassé. Il ne peut pas en réalité y avoir d'échange égal, parce que les individus qui échangent sont tous différents et vivent dans des conditions différentes. Vingt dollars ne signifient pas la même chose pour un pauvre et pour un riche. L'échange doit être remplacé par la coopération et par la prise en compte des besoins personnels. Il doit devenir une forme d'aide mutuelle. Les flux incontrôlables de l'argent doivent être remplacés par des décisions démocratiques conscientes et inclusives. Ce n'est possible que dans le cadre d'une structure institutionnelle qui soit claire d'un point de vue territorial aussi bien que d'un point de vue fonctionnel. Nous ne serons plus simplement des salariés ou des habitants, mais des *membres* de communautés interactives. Différentes formes de communication à différents niveaux doivent être mises en œuvre. Les obstacles sont nombreux.

À l'évidence, il est impossible d'abolir l'argent du jour au lendemain. La transition d'un système monétaire vers une société coopérative exigera plusieurs étapes intermédiaires soigneusement planifiées. Là où l'argent n'existera plus, les activités socialement organisées prendront le relais.

Ce cheminement pragmatique impliquera un mélange d'activités rémunérées, comptabilisées (voir la notion de « loco » p. 69) ou bénévoles. Ces activités seront effectuées dans différents cadres institutionnels. Si nous fixons la part d'emploi rémunéré à la moitié de la quantité actuelle, il pourrait y avoir en plus 10 % d'activités non rémunérées mais obligatoires au sein du glomo-1 dans le domaine de l'agriculture, des tâches ménagères étendues ou encore des soins de base, ainsi que 10 % d'activités libres au niveau des quartiers et des villes (voir ci-dessous : au sein du centre de quartier, du globex, de l'assistance scolaire, du recyclage, etc.). Pour permettre une certaine flexibilité, les activités rémunérées pourront être organisées au niveau de chacune des cinq sphères territoriales selon les qualifications requises et leur fréquence d'utilisation (pensons à un chirurgien du cerveau, aux scientifiques de toutes sortes, aux artistes). Tout le monde devrait avoir accès aux trois formes d'activités, réparties tout au long de l'existence.

Pour qu'un tel système mixte fonctionne, la plupart des distances doivent être courtes (idéalement, la marche doit suffire), sinon le transport sera démultiplié et les coûts écologiques aussi. La démonétarisation requiert des environnements urbains denses.

L'adoption d'un mode de vie plus simple requérant moins d'heures de travail n'est possible aujourd'hui que dans les pays à hauts salaires et principalement pour les hommes. En Suisse, la quantité d'heures de travail rémunérées est de 7,9 milliards, tandis que le travail non rémunéré (principalement les tâches ménagères et le soin assurés par les femmes) représente 9 milliards d'heures. Dans beaucoup de pays pauvres, les salaires ne sont pas seulement faibles, mais aussi précaires – il est fréquent que 70 % de la population travaille dans le secteur informel ou pour sa subsistance au jour le jour. En Suisse, la proportion est de 18 %. Si réduire les salaires est une option dans les pays riches, dans les pays pauvres, l'urgence est de créer des emplois rémunérés. Ils peuvent notamment être créés dans les services publics, qui ont bien besoin d'être améliorés. Sous cet aspect aussi, le Nord et le Sud doivent s'aligner sur un juste milieu.

Le temps qui restera (30 % du total actuel) pourra être utilisé librement pour l'éducation, les activités culturelles, la participation politique ou des activités spontanées de toutes sortes. Cette « richesse en temps » est l'un des dividendes du nouveau mode de vie mondial. Déjà aujourd'hui, de plus en plus d'individus s'efforcent de réduire leur temps de travail salarié. Nous aurons plus de temps pour nos amis, pour voyager (lentement), pour nos hobbies, pour jouer et pour d'autres activités sociales. Ce sont là précisément, selon Kahneman[17] et d'autres chercheurs, les expériences qui rendent les gens le plus heureux.

La réduction des activités rémunérées n'est possible que si les salaires les plus bas sont augmentés de manière significative. Elle implique par conséquent de se battre pour des salaires minimums suffisamment élevés. Subventionner l'augmentation des bas salaires grâce à une taxation progressive des hauts salaires est une autre possibilité[18].

Réduire les activités rémunérées et étendre les activités non monétaires utiles ne peut mener qu'à une diminution des revenus salariaux globaux et donc des rentrées fiscales. Comment l'État pourra-t-il dès lors financer ses dépenses de sécurité sociale ? Celles-ci pourront être partiellement remplacées par la fourniture non monétaire d'aliments, de logement et de soins de santé au sein du glomo. Les activités non monétaires produiront des biens et des services non monétaires. Une allocation réduite, fondée sur les revenus salariaux, pourra compléter ces services en garantissant une certaine flexibilité. Dès lors que nous consommerons moins et travaillerons moins, nous produirons également moins. Nos dépenses diminueront, même dans les

17. D. Kahneman, *op. cit.*

18. Certaines villes suisses ont envisagé un salaire minimum sur leur territoire, à l'image de Zurich (4 000 francs suisses, en projet), et même mis en place à Genève depuis 2020.

périodes inactives de nos vies. En théorie, les dépenses pourraient même se réduire à zéro à mesure que s'étendront les services gratuits offerts par les glomos. Pendant la phase de transformation, la flexibilité des activités rémunérées peut être une option de transition. On pourrait parler d'un système dual ou hybride.

Avec le temps, la surveillance des limites écologiques et la comptabilisation des heures d'activités non monétaires ou rémunérées disparaîtront progressivement pour céder la place à un mode de vie autonome qui se reproduira par lui-même et apportera ainsi une solution définitive au « problème économique » dont parlait Keynes, permettant à tout le monde de se lancer dans des aventures personnelles ou sociales. Une nouvelle normalité émergera alors.

Le mécanisme hybride ébauché ci-dessus pourrait être mis en œuvre immédiatement là où les circonstances sont réunies, et testé dans des coopératives expérimentales comme Klimagenossenschaft.ch

En prenant l'exemple de la Suisse (non que le pays soit représentatif de la situation globale, mais parce que les chiffres et les faits sont facilement accessibles), supposons qu'une personne réduise son activité rémunérée de 50 %. Comme il a été rappelé précédemment, de plus en plus de gens le font déjà. Le salaire médian (par rapport auquel 50 % de la population gagne plus, et 50 % moins) étant de 6 600 francs suisses, le budget mensuel d'un individu[19] serait le suivant :

Logement	900
Impôts	260
Assurance santé	380
Divers	150
Transport public	130
Alimentation et boisson	450
Vêtements, coiffure, etc.	260
Dentiste[20]	170
Restaurant, etc.	330
Total	**3 030**

Poursuivons maintenant notre raisonnement hypothétique et imaginons que cette personne devienne membre d'une coopérative de niveau glomo-1 dans un quartier de niveau glomo-2. Son budget s'en trouvera diminué. Pour des raisons écologiques, l'espace de logement se réduira de ses 40 m² actuels à 20 m² et le loyer sera fixé sur la base des coûts réels, non du marché de

19. Selon comparis.ch, une agence spécialisée dans les budgets des ménages. Les budgets des couples ou des familles seront moindres par personne. Le seuil de pauvreté pour une personne seule en Suisse est de 2 279 francs suisses.

20. Les soins dentaires ne sont généralement pas inclus dans l'assurance santé actuellement en Suisse. Nous supposons que cela peut changer, comme c'est déjà le cas dans d'autres pays.

l'immobilier, de sorte que l'on peut facilement réduire ce poste de dépense à 450 francs suisses. Les calculs du projet Klimagenossenschaft pour un site à Zurich aboutissent précisément à ce même chiffre. Les impôts seront un peu plus élevés, parce que davantage de services industriels et autres seront fournis par l'État (en tant que représentant provisoire des futurs communs). L'assurance santé pourra être réduite, étant donné qu'une bonne partie des services de soins seront assurés par des activités non monétaires et que moins de travail signifie une meilleure santé (notamment mentale). Les coûts de transport et frais divers vont aussi diminuer, car plus de choses seront disponibles à proximité et gratuitement. L'alimentation et la boisson seront en partie fournies par les agro-bases et via diverses activités non monétaires dans les champs et les cuisines. On peut donc compter seulement 300 francs suisses. Manger au restaurant sera toujours possible, mais moins séduisant, puisqu'il sera possible de se rendre dans le restaurant de son glomo-1 ou d'autres glomos.

Cette estimation d'un budget de glomo-1 reste globalement très prudente. Les coûts de logement (seulement 16 m²), de nourriture (l'alimentation végétarienne est moins chère), de transport et de santé pourraient être inférieurs, d'autant plus que les limites écologiques entraînent une redéfinition des divers types de consommation. La plupart des services personnels pourraient être obtenus gratuitement via des prêts internes (garde-robes partagées, ménage, coiffure même). Mais nous ne voulons pas nous montrer trop optimistes.

Un budget de glomo-1 pour une personne X pourrait ressembler à cela:

Logement	450
Impôts	300
Assurance santé (dont dentaire)	300
Divers, transport	150
Alimentation et boisson	300
Services à la personne	150
Argent de poche, etc.	170
Total	**1 820**

Par comparaison avec un emploi à temps plein rémunéré 6 600 francs suisses par mois, cette personne X ne devra travailler que 30 %. Moins si son salaire est supérieur, davantage s'il est inférieur.

Cela signifie que le salaire minimum doit être fixé à au moins 4 000 francs suisses (soit 23 francs suisses par heure), ce qui est le cas pour la plupart des emplois actuellement en Suisse. Remplacer ou compléter cette réduction des revenus salariaux par des activités utiles organisées ne sera possible que s'il y a assez de temps libéré pour tout le monde. Les personnes qui travaillent quasiment à plein temps et occupent des emplois difficiles sur le plan physique ou psychologique (les infirmières ou les ramasseurs de déchets, par exemple) ne seront pas disposées à prendre en charge des activités bénévoles non rémunérées le soir ou le week-end parce qu'elles auront besoin de ce temps pour récupérer physiquement et se distancer mentalement de toute obligation quelle qu'elle soit. Il y a aussi un problème symbolique dans le fait d'obliger des travailleurs dans le secteur des services de nettoyage, de réparation, de ménage, de livraison, de restauration ou de soins à effectuer des tâches similaires, non rémunérées, sur leur précieux temps libre. Ainsi, sans augmentation du salaire minimum et sans une meilleure répartition des différents types d'activités (avec un droit à la requalification et un système éducatif qui donne les mêmes opportunités à tout le monde), la démonétarisation sera impossible. **Nous avons besoin de syndicats forts pour obtenir des salaires minimums plus élevés afin de pouvoir travailler moins** (et non consommer plus).

Le revenu monétaire n'est pas le seul facteur limitant de ce budget. Le rationnement, indispensable d'un point de vue écologique, contribuera mécaniquement à réduire les dépenses : même si vous gagnez plus, vous ne pourrez pas aller au-delà du budget planétaire. (Vous pourrez toujours avoir une vie plus confortable et utiliser votre quota de voyage en train en première classe ou acheter des meubles onéreux, des vêtements de marque, porter des bijoux, etc.) D'un autre côté, cette nécessité sera aussi une incitation à accepter une réduction de votre travail rémunéré, car vous ne pourrez pas dépenser tout l'argent que vous gagnez et il ne servira à rien d'économiser (pour qui et pour quoi ?). Ce simple fait renforcera la pression à s'aligner sur un salaire médian (corrigé des variations locales du coût de la vie) au niveau mondial. Certains auteurs ont conclu que davantage d'égalité signifie davantage de bonheur dans une société donnée[21]. C'est exactement ce que nous souhaitons.

Les qualifications sont un bien commun créé par l'ensemble de la société et n'appartiennent pas à leurs détenteurs temporaires et accidentels. Produire un niveau très élevé de qualifications est un processus qui requiert énormément de ressources, et l'utilisation de ces qualifications doit être pensée sur toute la durée d'une existence humaine. Un chirurgien ou une chirurgienne du cerveau devrait travailler pendant vingt ans quasiment à plein temps dans le cadre d'un emploi rémunéré et consacrer ses « congés sabbatiques » et ses autres années à des tâches moins spécialisées au niveau du glomo-1 ou du glomo-2. Par contraste, quelques heures ou quelques jours par mois consacrés à l'agriculture ou à des activités ménagères pourraient même constituer une forme de récupération ou de relaxation[22]. Un niveau plus élevé de qualifications implique également un territoire fonctionnel plus vaste, davantage de mobilité, et par conséquent davantage de monétarisation pour ménager la flexibilité nécessaire. De telles fonctions sont intrinsèquement rares, de sorte que les rémunérations plus élevées touchées

21. Cf. Richard G. Wilkinson *et al.*, *The Spirit Level: Why Equality is Better for Anyone*, Penguin UK, 2010.
22. Je me souviens d'avoir pris part à une récolte de pommes de terre en compagnie d'un professeur de gynécologie. J'ai aussi rencontré dans les champs des banquiers, qui appréciaient le changement d'avec le travail de bureau (souvent qualifié de *"bullshit work"*).

par ces quelques spécialistes n'auront pas d'impact monétaire significatif. Seront concernés, par exemple, les physiciens quantiques, mais aussi les chanteurs d'opéra, les scientifiques de toutes sortes, les ingénieurs spécialisés, les enquêteurs judiciaires, les acrobates de cirque, etc.

Tous ces calculs ne présupposent pas un certain nombre de « miracles », comme forcer les riches à payer leur juste part d'impôt, augmenter la création monétaire, supprimer le budget de l'armée, financer les pauvres et définancer la police, exproprier les grands propriétaires immobiliers (comme c'est proposé à Berlin), mettre en place un revenu garanti mondial, etc. Dans l'immédiat, nous ne disposons ni du pouvoir ni de l'influence nécessaires pour imposer des mesures aussi ambitieuses. La démonétarisation, le renforcement des communs, la régénération et la génération de l'organisation collective vont progressivement faire disparaître la propriété privée des biens socialement pertinents et le carcan dans lequel le système financier mondial enferme nos vies. L'essor des glomos va dissoudre le système économique actuel. Nous devons nous tenir prêts à affronter toutes les surprises et toutes les opportunités.

Il est évident que cet exemple ne fonctionne que pour un pays à salaires élevés (et aussi à coût de la vie élevé) comme la Suisse. Le salaire médian est de 4479 dollars aux États-Unis, de 3300 euros en Allemagne, de 2100 euros en France, de 1 380 euros en Italie. Mais les prix sont aussi nettement inférieurs dans la plupart de ces pays. Un kilo de pain coûte 5 francs suisses en Suisse, 3 euros en Italie. Douze œufs coûtent 6,66 dollars en Suisse, mais seulement 2,54 en Allemagne.

Porté au niveau mondial, notre exemple devient totalement inopérant parce que, dans la plupart des pays où le travail salarié est rare, les comparaisons monétaires sont impossibles, et ce qui prévaut sont des formes de survie mixtes et précaires[23]. En revanche, le principe général selon lequel la monétarisation doit être réduite et la coopération directe sous la forme de communs de subsistance doit s'étendre vaut pour la planète dans son ensemble. Les *downshifters* ne se trouvent pas que dans les pays riches, il y a partout des *off-shifters*, c'est-à-dire des individus ou des groupes qui préservent ou découvrent l'agriculture de subsistance et la production collective en dehors du système économique actuel. Il n'existe pas de trajectoire économique obligatoire[24]. Utilisons des raccourcis quand nous le pouvons.

23. J. K. Gibson-Graham (*Take Back the Economy: An Ethical Guide for Transforming Our Commubauties*, University of Minnesota Press, 2013) donne de nombreux exemples intéressants.

24. Voir la lettre de Marx à Véra Zassoulitch (1881). Véra Zassoulitch lui avait écrit à propos d'« étranges marxistes à Saint-Pétersbourg » qui voyaient dans le capitalisme une étape nécessaire de développement. Marx souligne que son analyse, dans le *Capital*, n'implique pas qu'une phase capitaliste soit historiquement nécessaire. Il se dit même convaincu que « la communauté villageoise russe est le point de départ de la régénération sociale de la Russie ; pour que ce soit possible, les influences destructrices qui l'attaquent de toutes parts doivent être neutralisées afin d'assurer les conditions normales de son développement naturel ». Pour Marx, les communs sont le « développement naturel », le capitalisme une étrange aberration (qu'il a analysé dans ses moindres détails).

Une société fondée sur des activités utiles plutôt que sur le travail (salarié) et sur la loi de la circulation monétaire doit être soigneusement planifiée et organisée. Nous allons décrire à quoi pourrait ressembler une telle organisation territoriale. Nous présenterons un modèle global de mode de vie d'une seule planète dans le cadre d'un réseau mondial de grandes villes.

De la vertu de payer ses impôts

L'une des origines de l'argent est l'impôt. Mesurer les récoltes et leur valeur monétaire est un instrument essentiel du pouvoir d'État et des systèmes sociaux extractivistes. Quels que soient leurs bénéficiaires (prêtres ? rois ?), les dettes et les taxes sont l'incarnation de l'emprise des empires, des États-nations et des élites ayant tout pouvoir sur nos vies. Pourquoi donc faisons-nous des impôts un élément important de notre budget (transitoire) ?

Certes, les États d'aujourd'hui prennent origine dans les États militaires et policiers du XIXe siècle. Ceux-ci étaient de simples instruments de répression destinés à maintenir la population dans le carcan du système industriel en pleine émergence. Ce ne sont pas seulement les terres qui ont été encloses, mais aussi les gens, dans des hospices ou des prisons. Toutes les alternatives devaient être éradiquées. Dès lors que le système industriel de marché a dû faire face à ses propres contradictions, l'État a dû intervenir encore et toujours pour le soutenir et le préserver : les marchés devaient être conquis, les crises surmontées, la criminalité contenue, les luddites exécutés. Des sauvetages financiers devaient être régulièrement organisés. Le cœur du système (faire des profits) avait besoin d'un système complémentaire pour le soutenir, lequel n'a cessé de grandir pour faire face à ses dysfonctionnements. Santé publique, éducation et qualification requise de la main-d'œuvre, neutralisation des problèmes sociaux de toutes sortes, voire nationalisation des industries pertinentes – ce système de soutien a pris la forme d'un commun perverti ou d'un commun potentiel, selon ce que nous en faisons. À l'encontre de ses propres intentions initiales, le système économique actuel a généré un ensemble de services publics qui peuvent être récupérés et transformés en bien commun. D'ores et déjà, l'État représente 40 % ou plus du produit national brut dans la plupart des pays – et cette proportion pourrait monter à 70 % ou plus sans répercussions systémiques. C'est précisément à cause de ce danger que l'État (en tant que catégorie résiduelle de tout ce qui est public et ne rentre pas parfaitement dans le système économique actuel) est aujourd'hui la cible des régimes autoritaires et des politiques de droite. L'État n'est plus notre ennemi, nous devons en reprendre le contrôle et en faire un commun véritablement démocratique. Nous devons radicaliser la démocratie, non l'abolir.

À court terme et d'un point de vue pragmatique (avant l'époque où nous aurons dépassé l'argent), il est essentiel de taxer les revenus salariés restants pour renforcer cet État nouvellement reconquis. Pour le moment, les services publics ne pourront être maintenus que par des moyens monétaires. Les besoins seront réduits du fait des avantages non monétaires apportés au niveau des glomos, mais nous aurons toujours besoin d'un filet de sécurité sociale pour compléter les garanties existentielles directes des glomos. Un minimum de mobilité et de flexibilité sera requis tant que les glomos n'auront pas constitué un réseau global entièrement opérationnel. La question est alors : à quel niveau de glomo les impôts doivent-ils être prélevés, et avec quel type de monnaie ? Logiquement, les glomos-1 ne devraient pas taxer leurs membres (qui, de toute façon, paient un loyer). Les glomos-2 et glomos-3 sont eux aussi trop restreints géographiquement.

Afin de garantir un flux continu et fiable de revenus fiscaux et une base imposable suffisamment vaste pour éviter les déséquilibres locaux (des impôts moins élevés dans les glomos riches, etc.), la taxation devrait avoir lieu au niveau des glomos-4, c'est-à-dire sur des territoires suffisamment vastes (50 000 km^2) avec une population significative de 10 millions d'individus (voir ci-dessous).

C'est à ce niveau que les impôts peuvent être collectés de manière équitable, que les inégalités peuvent être corrigées, et que les égoïsmes fiscaux locaux ou régionaux peuvent être surmontés. Une partie de ces revenus fiscaux serviront à atténuer les disparités financières entre glomos. Avec le temps, ces derniers deviendront plus égaux. Bien sûr, il y a également besoin d'une « taxe globale », c'est-à-dire d'une contribution au développement d'infrastructures de glomos dans les régions jusqu'ici négligées du monde.

Les impôts peuvent être utilisés pour faire fonctionner les infrastructures essentielles (comme les trains, l'industrie pharmaceutique, les réseaux de communication) qui requièrent une certaine masse critique d'un point de vue géographique et démographique. Il n'y a pas besoin pour cela de nations énormes : le système de santé d'un pays comme le Danemark est aussi bon, voire meilleur, que celui des États-Unis. Il en va de même pour la sécurité sociale. Les territoires les plus petits, tant qu'ils restent fonctionnels, représentent la meilleure option parce qu'il est plus facile de les gouverner démocratiquement.

Le bon usage d'un modèle

Ce que nous proposons ici comme modèle d'une société alternative au système économique actuel n'est pas entièrement dénué de contradictions ; ce n'est pas un modèle aseptisé dans un monde idéal. Le point de départ est la situation mondiale à ce moment de l'histoire. Bien entendu, tout peut changer, mais si l'on est réaliste, certains changements semblent bien plus difficiles que d'autres. Ainsi, par exemple, retourner à la campagne et vivre des fruits de la terre n'est pas une solution envisageable pour une population de 10 milliards de Terriens et de Terriennes[25]. Les répartir tous en « petites » maisons ou même en villages sur tout le territoire entraînerait la destruction des terres arables disponibles et accessibles et créerait des distances énormes pour les fonctions publiques essentielles. Vivant dans votre village autarcique et ne payant pas vos impôts, vous vous attendez quand même à ce que l'hélicoptère-ambulance arrive suffisamment rapidement. Se déconnecter du système n'est pas une option pour la plupart d'entre nous. N'est plus une option.

Dans quelques années, 75 % des humains vivront dans des villes[26]. Le moteur de cette urbanisation n'est pas le désir de jouir des agréments de la vie en ville, mais les besoins liés à l'essor du système économique actuel. La plupart des villes ne sont pas conçues comme des « lieux de vie », mais comme des machines économiques. D'énormes quantités d'énergie polluante ont été investies dans ces « fausses » structures. Les remplacer ou en construire de nouvelles serait un désastre écologique, même si l'on utilisait des matériaux locaux (argile, bois, paille) et les meilleures écotechnologies. Nous devons construire à partir de ce que nous avons.

Les grandes villes peuvent être utilisées de manière nouvelle. Elles peuvent être reformatées pour devenir plus saines d'un point de vue écologique, social et logistique. Beaucoup de villes anciennes, comme Paris, Berlin, Londres ou New York, ont été construites avant l'époque de l'automobile. Le bâti de ces villes denses peut être réutilisé de manière relativement facile pour l'époque post-automobile à venir. Les zones suburbaines et les villes nouvelles nécessiteront un remodelage plus profond. De nombreux immeubles devront être démolis, parce qu'ils sont au mauvais endroit pour les mauvaises fonctions. Les matériaux de construction pourront être réutilisés[27]. Les voitures pourront être utilisées comme sources de mines urbaines pour l'extraction de métaux recyclés et d'autres matériaux (voir la section

25. Il y a l'exception des populations indigènes et autochtones subsistantes – environ 4 % de la population mondiale. Lorsque la pression du capitalisme mondial sera neutralisée par le mouvement des glomos, elles pourront continuer à mener leur existence traditionnelle sans être dérangées. Si elles le souhaitent (ce qui n'est pas toujours évident).

26. Nous sommes proches, si nous ne l'avons pas déjà atteint, du taux de 100 % d'urbanisation anticipé par Henri Lefebvre. Même l'agriculture est urbaine au sens où elle opère pour la ville et avec les outils fournis par la ville. La plupart des villages aujourd'hui ne sont que des *hinterlands* urbains – à l'échelle globale.

27. https://www.insitu.ch works with recycled construction materials and parts

sur la Fab City p. 98). Les anciennes zones suburbaines pourront devenir des zones de jardinage pour les grandes villes densifiées.

Même s'il ne faut pas perdre de vue ces conditions de départ difficiles et hétérogènes, il n'est pas possible de simplement improviser ici et là sans un plan complet, un modèle de ce qui conviendrait le mieux au vu des limites globales et des nécessités sociales. C'est pour cette raison que nous proposons un modèle synthétique qui prend en compte toutes les diverses dimensions : fonction, territoire et organisation. Le résultat est un compromis intuitif, que nous souhaitons le plus convaincant possible. Nous pouvons utiliser ce modèle dans nos activités politiques pour évaluer nos plans et nos projets : tout ce qui nous rapproche du modèle ou va dans la bonne direction est bon pour nous et pour la planète, tout ce qui en empêche la réalisation est une régression ou un obstacle à surmonter. Ainsi, le modèle doit être radical et pragmatique en même temps. Un modèle complet est nécessaire pour éviter les conceptions unidimensionnelles comme la « ville verte », la « ville intelligente », la « ville créative », l'« agroville », la « ville sociale », etc. Ce que nous voulons, c'est la ville **plaisante** !

Le point de départ est le territoire, qui n'est pas seulement une certaine quantité de mètres carrés de surface, mais inclut aussi le sol, l'environnement naturel, l'eau, les animaux, le climat[28]. Le territoire et la reproduction sont les éléments de base de notre modèle. Il en découle une grille territoriale dont les différents niveaux peuvent, dans une certaine mesure, être ajustés vers le haut ou vers le bas. Nous appelons les unités de cette grille des « modules globaux », ou glomos, échelonnés de 1 à 5. Nous choisissons un système de carrés, non parce que tous nos territoires, nos quartiers et nos villes doivent être carrés, mais parce que c'est le plus commode pour calculer des formes géométriques. Nos modules combinent territoire, fonction et organisation et doivent être considérés comme des moyennes. Un glomo-1 regroupe ainsi de 300 à 1 000 membres, un glomo-2 de 5 000 à 50 000 citoyens, une grande ville de 200 000 à 2 millions d'habitants. Ce sont des ordres de grandeur, non des chiffres figés. Les unités trop petites peuvent engendrer des problèmes de résilience, de diversité interne, de logistique ou de suréquipement (déchets). Les unités trop grandes impliquent des distances plus longues, des efforts supérieurs de communication, des risques bureaucratiques accrus, etc.

Notre modèle est fondé sur un petit nombre de modules intuitifs qui rendent compte de la plupart des situations et des divers modes de vie humains. La réalité est plus riche et plus complexe et ne peut pas être modélisée. Il n'y a aucun sens à modéliser des cas spéciaux qui existent sous diverses

28. Nous sommes redevables, pour cette intuition, au livre du regretté Bruno Latour, *Où atterrir ? Comment s'orienter en politique*, La Découverte, 2017. Le territoire et ses qualités regroupent les éléments épars de nos vies. Sans définition claire des territoires, les sociétés coopératives ou les communs ne sont pas possibles. L'appartenance a besoin d'un espace. La communication en ligne peut rassembler les gens, mais ils doivent toujours, en dernière instance, se rencontrer en personne dans un espace partagé. Voir aussi Donna J. Haraway, *Staying with the Trouble: Making Kin in the Chthulucene*, Duke University Press Books, 2016.

formes : sociétés traditionnelles dans les régions isolées, mégapoles, groupes ou individus nomades ou dispersés. Selon les conditions topographiques, certains d'entre eux peuvent s'allier pour former des modules fonctionnels ou bien, dans le cas des mégapoles, se diviser en sous-unités plus praticables. L'utilisation d'un modèle ne doit pas aller sans prudence et sans attention à tout ce qui ne peut pas être modélisé. Les modèles ont toujours tort.

La création d'un modèle implique une réduction de complexité. Comme Henri Lefebvre et d'innombrables autres urbanistes ne se sont jamais lassés de le répéter, l'« urbain » est multiforme, contradictoire, en métamorphose permanente et fait de multiples couches superposées, de sorte qu'il semble quasiment impossible d'en saisir l'essence. Ce n'est pas tout à fait vrai – les villes sont simples. Nous sommes simples. Je suis simple. Nous y vivons, nous les visitons, nous en faisons le tour, nous prenons des bus au hasard qui nous emmènent dans les banlieues, nous nous asseyons dans les cafés pour observer (et nous sentir comme des nouveaux Baudelaire), nous parcourons les marchés pour découvrir s'ils sont authentiques ou non. Nous nous retrouvons dans des quartiers sans touristes. Nous parlons aux habitants. Nous percevons des motifs récurrents, nous comprenons les besoins humains essentiels sur tous les continents, nous nous coulons dans le contexte économique, nous nous enquérons des prix et des salaires, nous décodons le système de transport public. Les villes de toutes sortes peuvent être vécues, racontées, comprises (*lues*, comme certains affectent de le dire). La quantification est plus difficile. Personne ne sait vraiment combien de gens vivent à Mexico, à Lagos ou à New York. Même dans une petite ville comme Zurich, des milliers d'habitants non répertoriés n'apparaissent pas dans les statistiques. Que font-ils ? Où vivent-ils ? La caractéristique la plus importante d'une ville n'est même pas visible : est-elle démocratique ? C'est pourquoi il est essentiel de lire les journaux locaux, de consulter les sites d'actualités, de déchiffrer les affiches et les graffitis sur les murs. Une ville qui n'accueille pas au moins une manifestation par semaine est probablement une ville réprimée politiquement. Une ville sous terreur policière permanente ne peut qu'être traumatisée. Une ville sans police n'est pas sûre. Une ville sans politique n'est pas une ville, mais une anomalie, comme Dubai. De fait, si nous cherchons à inclure des formes urbaines comme Shanghai, Kolkata ou Tokyo, notre modèle va s'effondrer. Ce sont des cas spécifiques qui nécessiteront des remèdes spécifiques pour devenir viables d'un point de vue écologique et social. Le modèle nous maintient éveillés.

Les circuits, les transactions et les flux économiques dans les villes sont si diffus et si éphémères (les restaurants dont on entend parler tendent à fermer avant même que l'on ait pu réserver une table – s'il y a des tables à réserver) que le véritable PIB d'une ville reste opaque. Elle n'en reste pas moins simple. Dans toutes les villes, il y a des foyers, des zones de voisinage, des quartiers ou faubourgs plus vastes. Il est donc aisé de proposer un modèle de ville qui s'abstrait de toutes les contingences quotidiennes. Il suffit de faire la distinction entre le *langage* et la *parole*, entre la grammaire des villes et ce qui se dit – ou se vit – dans chaque ville particulière. Notre modèle propose une grammaire élémentaire, capable de générer une quantité infinie de récits différents. Je connais de nombreuses personnes qui parlent déjà en termes de glomos 1 à 5, qui cherchent des ABC ou des centres de quartier potentiels, se demandent où les écoles, où les globex, les centres d'activités, les lignes de bus, etc., pourraient être idéalement localisés. Pour pouvoir être démenties par les faits, les propositions doivent être concrètes – et il ne faut pas avoir peur d'être démenti. Que les villes soient complexes et bigarrées, c'est évident, il ne sert à rien de le nier. Mais prenons le risque de modéliser !

Les modèles, et en particulier le nôtre, donnent une impression de normativité. Nous ne discutons pas, nous sommes parties prenantes d'une discussion. Nous ne sommes pas une plateforme neutre, nous sommes actifs sur de nombreuses plateformes. Nous voulons quelque chose. Bien sûr, l'ouverture est une vertu méritoire, mais de temps en temps, il faut s'engager sur des choses concrètes, aussi concrètes que des mètres carrés et des dollars[29]. Douter de ses propres aspirations est une hypocrisie. Les retours critiques ne manqueront pas de nous arriver en pleine face sans qu'il y ait besoin de les inviter. Il n'y a pas à les préempter avec de la fausse modestie. La normativité est dans les yeux de celui qui regarde. Ce que nous avons à dire est très transparent (pensez écologie et dépassement de l'économie) et mesurable. Tout est sur la table. Ce que nous savons, nous le disons. Ce que nous ne savons pas, nous l'affichons clairement.

Notre modèle peut être utilisé non seulement pour mesurer les progrès accomplis en direction d'un mode de vie d'une seule planète, mais aussi pour identifier plus clairement les forces contraires : la propriété privée de la terre, la propriété privée en général, les lacunes démocratiques, l'influence des grandes entreprises multinationales, l'impuissance des agences de planification, les règles d'aménagement fondées sur le règne de l'automobile, les déséquilibres et les limites créés par de puissantes institutions financières, la gentrification, les autolimitations ethniques ou culturelles (par exemple, les conceptions actuelles du logement). Notre modèle n'est pas conçu pour être appliqué à l'échelle 1/1. Il se veut simplement une inspiration pour les mouvements politiques qui finiront par s'en approcher.

Sur la base de ce modèle territorial fonctionnel, nous présenterons ensuite trois études spécifiques relatives à des enjeux cruciaux : l'Internet, l'eau et les processus d'organisation. Une deuxième partie sera consacrée aux initiatives existantes et à la présentation de quelques exemples concrets. De nombreux autres aspects pourraient également être abordés de manière plus détaillée : l'éducation, la santé, le soin, la démocratie, la sécurité, la production industrielle, l'art, l'agriculture. Il en sera question lorsque nous discuterons des différentes sphères territoriales. Un enjeu majeur pourrait sembler

29. Et si nous n'avons pas ces dollars ? D'après mon expérience, les pauvres peuvent souvent trouver de l'argent, les riches non. Ces derniers semblent toujours avoir de mystérieux problèmes de liquidités dès que vous les sollicitez.

manquer : l'énergie. Nous faisons l'hypothèse que notre modèle est en lui-même une réponse au problème de l'énergie. Par le seul fait qu'il en utilise moins et de manière plus efficiente, il permet de réduire notre consommation globale d'énergie. L'innovation technologique a son rôle à jouer, mais la plupart de l'énergie est gaspillée pour des raisons structurelles : moyens de transport redondants, modes de vie insipides, aménagement du territoire inadapté. À l'évidence, le système énergétique de l'avenir s'appuiera sur le solaire et l'hydrogène, complétés par la géothermie et l'éolien. Les carburants à base de produits agricoles comme le maïs pourront être utilisés de manière très exceptionnelle dans des situations particulières. Les énergies fossiles doivent être abandonnées : plus rien ne doit être brûlé. La solution n'est pas la neutralité carbone ; il nous faut être négatifs en carbone !

CHAPITRE 2
LE GLOMO-1[1]

LA COMMUNAUTÉ DE VOISINAGE COMME MODULE UNIVERSEL DE REPRODUCTION : MODULE GLOBAL 1

On compte environ 3 milliards de foyers sur cette planète. À vrai dire, le terme même de « foyer » ne signifie pas grand-chose dans la mesure où il recouvre des réalités extrêmement disparates. Entre un studio individuel, un habitat partagé où logent une douzaine d'amis et une famille extensive en Amazonie, il y a un monde de différences. Les foyers répondent à des besoins divers. Certains ne sont que des dortoirs (comme les chambres pour les travailleurs nomades), d'autres, comme les familles paysannes vivant en autarcie, offrent une large gamme de services, d'autres encore sont des entités institutionnelles, comme les orphelinats, les maisons de retraite ou les prisons. Les armées sont des foyers en ordre de marche. La plupart des foyers sont des unités de consommateurs liés entre eux par des liens biologiques, ce sont les camps de base typiques du mode de vie impérial évoqué précédemment. En tant que tels, ils sont la cause principale de la crise écologique que nous connaissons: gaspilleurs, gourmands en énergie, suréquipés. Qui plus est, ce type de foyer familial à petite échelle est constamment menacé d'écroulement – pour cause de divorce, de maladie, de pauvreté, d'enfants[2], de chômage, etc. – et requiert donc un filet de sécurité de services sociaux pour ramasser et recoller les morceaux. L'existence même des services sociaux prouve que ce type de foyer est intrinsèquement dysfonctionnel. Un foyer devrait fournir des services sociaux plutôt qu'en avoir besoin.

Il va sans dire que le foyer de glomo-1 est un espace et un cadre institutionnel idéal pour de nouvelles formes de reproduction sociale qui ne soient pas fondées exclusivement sur le travail domestique féminin, mais sur une organisation collective de tous les membres. Depuis l'éducation des enfants jusqu'au soin apporté aux anciens, tous seront impliqués dans l'ensemble des tâches ménagères. Les ressources seront disponibles, et parce qu'elles seront utilisées de manière plus efficiente, les limites écologiques seront respectées.

Les types de foyers diffèrent selon la nature changeante des besoins aux étapes successives de la vie (enfants ou non, mobilité ou sédentarité), selon

---

1. Version abrégée de notre livre *Nach Hause kommen: mit Nachbarschaften der Klimakrise begegnen*, Volles Haus, 2019,(version anglaise : *Coming Home: Mastering the Climate Crisis with New Neighborhoods*). Voir aussi P.M., *"The Power of Neighborhood" and the Commons*, Autonomedia, 2014.
2. Élever des enfants dans de petits foyers familiaux, particulièrement s'ils sont isolés, est une tâche très difficile.

les styles de vie, selon les orientations psychosociales (introvertis ou extravertis, lents ou rapides), selon les préférences (certains sont confortables, d'autres chics, d'autres basiques et d'autres encore préfèrent vivre dehors). Pour accommoder une telle diversité tout en respectant les limites écologiques et en maintenant un certain niveau de stabilité sociale, une unité reproductive fonctionnelle doit être plus vaste, plus neutre d'un point de vue institutionnel, non biologique, flexible mais bien régulée, ouverte et sûre en même temps. Cela n'implique pas qu'un tel rassemblement d'unités plus petites doive être absolument autarcique et autosuffisant. Il doit être suffisamment vaste pour que les fluctuations des départs et des arrivées se compensent sur la durée. Un noyau fonctionnel peut se maintenir et garantir la continuité nécessaire pour assurer une sécurité existentielle et un certain niveau de vie[3]. Ce n'est pas possible sans obligations mutuelles, mais celles-ci devraient être distribuées entre un nombre suffisamment grand de personnes pour laisser de la place à la liberté personnelle. Les obligations sont légères quand ceux qui y sont soumis sont nombreux.

Dans *"The Power of Neighborhood" and the Commons*[4] («"Le pouvoir du quartier" et les communs»), j'ai appelé ce type de foyer étendu un module global de reproduction, le glomo-1. Des recherches complémentaires ont été menées pour comparer les foyers familiaux d'aujourd'hui en Suisse et les glomos-1 envisageables. Elles ont montré que, dans ces derniers, la vie pourrait être moins chère, que les tâches ménagères seraient réduites, et qu'ils pourraient donner accès à davantage de ressources pour les services du quotidien et les loisirs[5]. Dans un tel environnement, il semble plus facile d'élever des enfants. Fred Frohofer et Werner Vontobel[6] ont conçu un manuel en vue d'une économie des courtes distances qui décrit un mode de vie libéré de la logique du marché. Et pourtant, le mode de vie impérial continue d'exercer une fascination qui fait fi de tous ces avantages pratiques. Il n'existe toujours pas un seul glomo-1 sur la planète. Il semble que nous nous obstinions à vouloir mener des vies malheureuses…

3. Un jour, alors que je visitais un logement collectif à Leipzig, un des membres a déclaré que malheureusement, ils avaient un mauvais « facteur bus ». J'ai pensé qu'il voulait dire qu'ils n'avaient pas de transport en commun à proximité. Mais il a immédiatement précisé : « Nous ne sommes que vingt personnes. Si le membre responsable du système de chauffage se fait renverser par un bus et meurt, et qu'il ou elle est le seul ou la seule à savoir comment le faire fonctionner, nous allons mourir de froid. » La résilience exige une certaine taille.
4. *Op. cit.*
5. Cf. Fred Frohofer et Werner Vontobel, *Zusammen haushalten*, Volles Haus, 2019.
6. Fred Frohofer et Werner Vontobel, *Eine Ökonomie der kurzen Wege*, Rotpunktverlag, 2021.

Résumé des caractéristiques d'un glomo-1 modèle

Nous supposons une superficie urbaine d'un hectare, complétée par une base agricole de 62 hectares pour produire l'essentiel de la nourriture[7]. L'emprise foncière est donc d'emblée réduite, et les distances restent faibles. En ville, la meilleure solution architecturale est celle d'un bloc bâti de cinq à huit étages, qui permette de maintenir une vie de rue animée et une cour intérieure calme de 3 844 m², et donc de combiner vie urbaine ouverte et vie intérieure semi-ouverte (dès lors que les cours intérieures ont des portails qui donnent sur la rue sur les quatre côtés). Cela correspond à la densité et à la structure urbaine d'une ville comme Paris. On peut encore améliorer la performance écologique de ces unités en utilisant ou en recyclant des matériaux locaux. Le modèle de base peut être adapté à la plupart des climats.

Figure 2

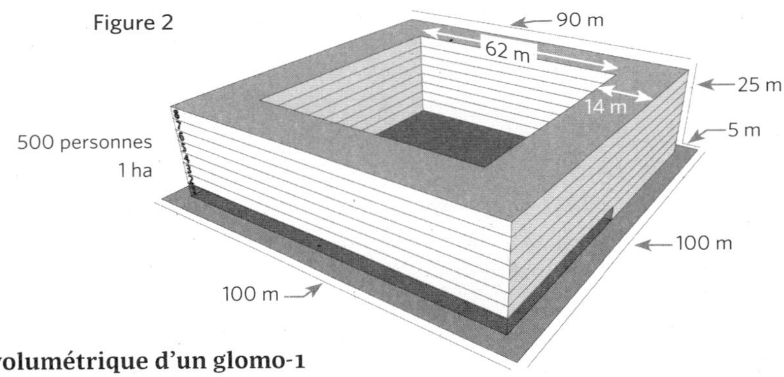

Ébauche volumétrique d'un glomo-1

Quelques chiffres de base :

Cour intérieure	3 844 m²
Surface/par étage	4 265 m²
Surface utile/plancher	2 665 m²
Logement 25 m² x 500	12 500 m²
Microcentre	1 270 m²
Rez-de-chaussée restant	1 395 m²
Réserve	1 731 m²
Surface nette	**27 670 m²**

Cela signifie 8,2 étages pour 35 m² par personne ; 6,34 étages pour 25 m² par personne ou 5,4 étages pour seulement 20 m² par personne ; ce qui est notre recommandation.

Ces surfaces peuvent être structurées en sous-unités variées, comme des studios de 20 m², des appartements pour deux de 40 m², des logements familiaux de 80 m² (4 x 20 m²) ou des foyers collectifs de 10 personnes sur 200 m².

7. Cf. newalliance.earth, *A Proposal*, p. 7.

Une autre subdivision intéressante du point de vue écologique serait de créer des hôtels internes ou des pensions pour 20 personnes sur 320 m² (20 x 16 m²) qui utiliseraient le microcentre pour la cuisine et la restauration. Cela réduirait la surface de logement requise à environ 10 000 m² plus un microcentre additionnel (voir ci-dessous).

Si la coopérative du glomo-1 en décide ainsi, tout le glomo-1 pourrait être construit sur le modèle d'un Appart'hôtel et n'occuper que 4,47 étages. On peut envisager des surfaces par personne inférieures, par exemple 11 m² comme cela existe à Tokyo : la surface nette pourrait être réduite par deux, et la densité doublée.

Notre proposition est un compromis entre les solutions extrêmes praticables et les conceptions plus traditionnelles du logement. Nous avons à cœur d'être des modérés.

La communauté de voisinage d'une minute

Le microcentre (ou infrastructure commune de rez-de-chaussée) comprend : un dépôt alimentaire, une pharmacie et un dépôt médical interne de base, des restaurants, un ou plusieurs bars, des salles multifonctionnelles, des salles de jeux pour les enfants, des ateliers, des bains (comme dans un hammam) et d'autres équipements.

Figure 3 : Croquis d'un microcentre

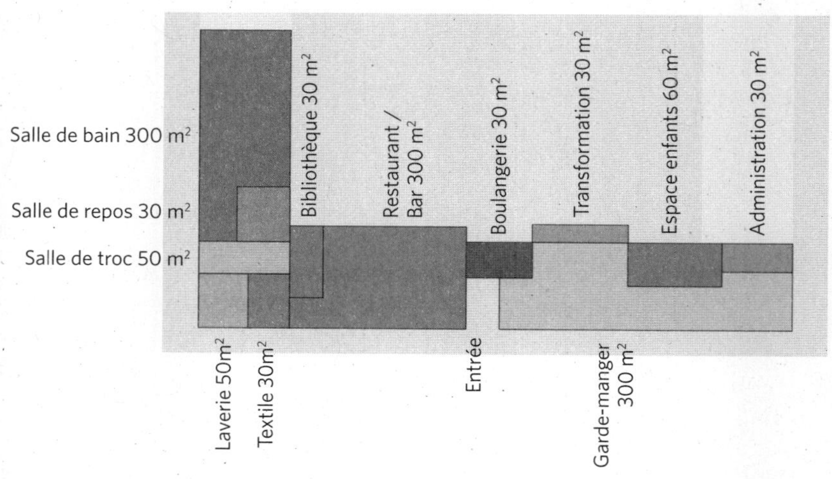

La distance moyenne pour se rendre au microcentre est de 80 mètres (y compris l'ascenseur), soit une minute. Puisque le microcentre reste ouvert en permanence, 7 jours sur 7 et 24 heures sur 24, il n'y a pas besoin de sortir faire les courses ni de stocker (et donc laisser se gâter) la nourriture dans les chambres ou les appartements. La bière fraîche la plus proche n'est jamais à plus d'une minute. L'optimisation écologique est en même temps une optimisation du confort, comme dans l'un de ces hôtels de luxe à l'ancienne. Avec cette différence que les hôtes et les employés sont en grande partie les mêmes personnes.

En tout et pour tout, ce foyer élargi a besoin pour fonctionner d'une trentaine d'emplois rémunérés ou non (à 40 heures par semaine). Beaucoup d'activités de soins peuvent être assurées sans quitter l'immeuble. Certaines deviennent même superflues, puisque le glomo-1 est en lui-même une forme de soin. La division des tâches peut être organisée sur le principe d'une juste répartition entre les genres, à travers des outils divers de communication et de planification – des panneaux d'affichage –, des gestionnaires de foyer (« directeurs d'hôtel ») ou des applications numériques, ou une combinaison des trois. Certaines tâches n'auront même plus besoin d'être organisées, elles se feront naturellement grâce à la proximité quotidienne qui encourage le soutien réciproque et les synergies[8]. Toutes choses égales par ailleurs, les gens sont toujours prêts à aider les autres. Il est possible d'en faire un mode de vie.

Pour ce qui est de l'organisation du foyer, l'organigramme typique des coopératives plus grandes (de manière typique, 200 appartements et 500 personnes[9]) peut être adapté.

Figure 4 : Schéma opérationnel d'une coopérative climat

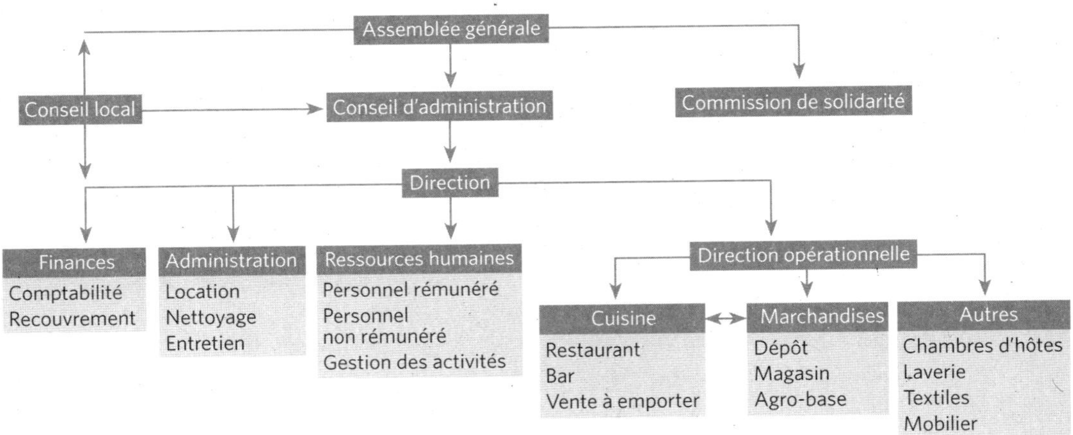

8. Cf. Rudger Bregman, *Human Kind: A Hopeful history*, *op. cit.* : les gens coopèrent et se soutiennent par nature.
9. « Appartement » n'est que le nom d'un espace de logement de 100 m², non la prescription d'une forme de logement.

Une *assemblée générale* de tous les membres élit un *conseil d'administration* de cinq à neuf membres, qui nomme et supervise le personnel administratif, lequel s'occupe du fonctionnement quotidien : gestion financière, embauche de personnel rémunéré ou non, entretien des bâtiments, nettoyage, personnel d'entretien, etc. La seule particularité consiste en l'inclusion des tâches ménagères. Cette organisation n'est pas très différente de celle d'un hôtel, d'une maison de retraite ou d'une prison. Comme tous les membres de la coopérative ne sont pas forcément aussi locataires, il existe un organe supplémentaire, appelé *conseil local*, qui représente les intérêts et les souhaits de tous les membres et des autres locataires et personnes qui vivent physiquement ou sont actives dans les locaux. Ce conseil dispose de son propre budget, octroyé par l'assemblée générale. La plupart des coopératives financent et élisent également une *commission de solidarité* (dont les membres doivent être des personnes extérieures), qui peut décider d'apporter une aide à certains membres en leur accordant des réductions de loyer ou des prêts pour l'acquisition de parts de la coopérative, dans le but de faciliter la participation de personnes aux revenus modestes ou au patrimoine insuffisant. Ces contributions doivent compléter et non remplacer les aides accordées par les services sociaux des entités publiques. Les activités des organes des coopératives sont à leur tour supervisées par les échelons supérieurs (en général, un membre du conseil d'administration représente le gouvernement du quartier ou de la ville) et sont soumises à la juridiction de l'État (suivant les sept règles recommandées par Elinor Ostrom[10]).

Le glomo-1 comme processus

Il ne serait pas réaliste de s'imaginer que 500 voisins (ainsi que les propriétaires privés d'immeubles adjacents) décideront tout à coup un jour de se transformer en glomo-1 dans un élan d'enthousiasme (ou parce qu'ils auront lu ce livre). Ce que nous avons présenté jusqu'ici comme un produit fini sera en réalité un processus social. De nombreux petits pas et initiatives peuvent, en se combinant, mener à l'émergence d'un glomo-1, qui ne sert ici que de vision commune ou de modèle. On en voit des exemples concrets dans de nombreuses villes – ils ont simplement besoin d'être étendus et combinés, afin de prendre une **nouvelle dimension qualitative** :

- la transformation de la propriété foncière immobilière en habitat coopératif (rachat des parts des propriétaires privés) ;
- l'établissement de mécanismes d'approvisionnement direct auprès de fermes de la région ;
- l'établissement d'un dépôt alimentaire de voisinage pour la transformation et le stockage de la nourriture et d'autres articles (acheter ensemble en gros revient moins cher) ;

10. Cf. newalliance.earth, *Une proposition*, p. 4.

– l'installation à côté du dépôt alimentaire d'une grande cuisine et d'un restaurant pouvant servir d'espace d'activités et de rencontre ;
– l'organisation de réseaux de soins (professionnels ou bénévoles) ;
– un fonds interne de solidarité pour les voisins qui rencontrent des problèmes financiers temporaires ;
– des associations d'habitants qui servent de précurseurs à l'émergence de coopératives pour organiser et consolider les initiatives ;
– l'aménagement de chambres d'hôtes ou d'une plateforme de réservation de chambres libres pour les visiteurs (ce qui contribue à minimiser les superficies des appartements individuels) ;
– des banques d'outils, des ateliers, des lieux informatiques, des salles de jeux pour les enfants, des médias, des clubs culturels et autres dans des espaces appropriés au rez-de-chaussée loués par les associations.

Il est essentiel de **regrouper ces initiatives dans un même lieu** et de maintenir la taille et les fonctions de cette sphère de communs à échelle humaine. Disperser les initiatives de glomo-1 sur tout un quartier ou les transformer en « communautés numériques » et en plateformes anonymes ne permettra pas de générer les relations personnelles et les synergies nécessaires. L'**appropriation territoriale** et la responsabilité personnelle de gens qui se rencontrent en chair et en os tous les jours sont cruciales. (Les communautés numériques sont sans vie.) Sinon, la logique de marché reprendra le dessus et vous perdrez le contrôle : les communs seront exploités (pensez aux entreprises de la prétendue « économie du partage »). Dès lors, même si vous rencontrez le succès dans votre communauté de voisinage, il faut résister à la tentation de s'étendre. Il vaut mieux encourager et aider d'autres communautés de voisins à vous imiter.

Sur le plan politique, les autorités publiques peuvent encourager le développement et le regroupement de ces initiatives en apportant un financement initial, du foncier, ou encore un soutien et un savoir-faire organisationnels. Initier des processus de constitution de glomos-1 pourrait occuper une place de choix dans le programme de partis politiques, de syndicats et autres mouvements et organisations. La nécessité de ce type de démarche est reconnue de plus en plus largement, ce qui est très positif (cf. nantesencommun.org).

Le chemin qui mène à la création de ces « nouveaux foyers globaux » semble parsemé d'embûches. Deux obstacles en particulier paraissent infranchissables : la socialisation pseudo-individualiste extrême des sociétés de consommation (chacun veut et fait la même chose tout en étant persuadé qu'il est unique en son genre) et la persistance des communautés biologiques réelles ou imaginaires (familles, clans, tribus, nations). Les mythes individualistes peuvent être surmontés en offrant des formes variées et satisfaisantes de coopération. Les égoïsmes de groupe de type familial (mafias, gangs, etc.) peuvent être surmontés en offrant une sécurité existentielle générale indépendante de l'appartenance à ces groupes et en remplaçant les loyautés tribales par une loyauté à l'égard de coopératives constituées de manière formelle. Les coopératives ne peuvent pas être communautaristes.

Les familles ne sont pas une base saine de coopération. Les coopératives globales ne peuvent fonctionner que si de « parfaits étrangers » ont les moyens de travailler ensemble. Pour cela, elles ont besoin de règles claires sur les devoirs, les droits, les limites territoriales : une autonomie matérielle et organisationnelle. Et elles doivent former un réseau mondial ouvert à tout le monde et partout. Les projets ponctuels ne peuvent servir qu'à tester certains aspects de ces glomos-1[11].

Créer des glomos-1 semble ardu et presque impossible. D'un autre côté, les foyers et les modes de vie actuels sont insoutenables d'un point de vue écologique et social. Il nous faut de nouvelles formes de reproduction sociale.

Dès lors, il n'y a pas d'alternative, *there is no alternative* (TINA).

L'histoire de la naissance de la coopérative EMMA[12]

Tout commença lorsque Fran et Soso rejoignirent la coopérative horticole Ortonovo, qui produisait des légumes pour 200 foyers sur 2 hectares à 10 kilomètres de la ville. Chaque jeudi, un sac entier de légumes divers était livré à un dépôt situé à environ 300 mètres de leur appartement. Ils ne trouvaient pas ça très commode, mais pour avoir un dépôt à eux, ils avaient besoin de davantage de membres.

Fran et Soso finirent par convaincre une famille, une communauté d'habitat partagé et deux personnes seules de rejoindre la coopérative. La question était dès lors : un nouveau dépôt certes, mais comment et où ? Par pure coïncidence, un petit commerce localisé au milieu de leur pâté de maisons ferma ses portes au même moment. Leemy proposa alors : « Pourquoi est-ce que nous ne louons pas cet espace ensemble, afin de pouvoir acheter directement davantage d'aliments en gros et créer un dépôt et un lieu de rencontre ? »

Pour avoir les moyens de payer le loyer requis, ils avaient besoin de recruter davantage de voisins. À cette fin, les membres d'Ortonovo et quelques autres fondèrent une association baptisée EMMA, du nom de l'adresse du local à louer, 14, rue Emma.

Ils découvrirent qu'environ 600 personnes vivaient dans un périmètre d'une centaine de mètres. Cela fut jugé la bonne distance, la proximité étant essentielle pour que le magasin EMMA puisse être atteint par n'importe quel membre en une minute de marche. En outre, le nombre de participants et de clients ne devait pas être trop grand afin de pouvoir maintenir une

11. Cf. Joseph Henrich, *The WEIRDest People in the World? How the West Became Psychologically Peculiar and Particularly Prousperous*, Farrar, Straus & Giroux, 2020. Des recherches de Henrich ressortent plusieurs points intéressants. Seuls des individus indépendants peuvent être de bons coopérateurs. La création d'individus isolés était une précondition du développement des économies industrielles. Ce processus a d'abord commencé en Occident, d'où son avantage de départ dans la société industrielle. Mais cela ne signifie pas que nous devions ou puissions revenir aux communautés locales et à leurs mondes magiques qui existaient avant cette aberration destructrice.

12. EMMA est la synthèse d'un certain nombre de projets réellement existants, mais qui n'ont pas à ce jour été combinés en un même endroit.

organisation simple et de créer un sentiment personnel d'identification. Cela devait être **leur** magasin.

Dès que le magasin EMMA fut ouvert, il s'avéra qu'ils avaient besoin d'une personne pour assurer une gestion professionnelle et donc rémunérée, organiser les commandes et les activités bénévoles. Doro, un des membres du groupe d'habitat partagé, était justement disponible et motivé. Il assuma cette responsabilité avec enthousiasme et avec un engagement jamais démenti, considérant le magasin EMMA comme une installation d'art. L'offre et la demande ne correspondaient jamais tout à fait, d'où un risque de gaspillage alimentaire. Kari suggéra donc de préparer des repas avec les légumes en surplus et de les manger ensemble. Mais le magasin était trop petit et n'avait pas de cuisine.

Le couple qui tenait le petit restaurant adjacent prévoyait depuis longtemps d'en finir avec leurs journées de travail de quatorze heures et de jouir d'une retraite bien méritée. Ils furent ravis de revendre leur restaurant à l'association. Cela motiva d'autres voisins à rejoindre le mouvement. Le restaurant pouvait être géré par une équipe engagée par l'association, complétée par quelques bénévoles. Le mur entre le restaurant et le magasin fut démoli, créant une sorte de centre de quartier multi-usage géré par une petite équipe professionnelle et un ensemble de bénévoles à temps partiel issus du voisinage.

Entre-temps, Ortonovo s'était étendue en reprenant une ferme produisant du lait et de la viande qui jouxtait ses terrains. La coopérative disposait désormais de 22 hectares. Le magasin EMMA put bientôt offrir aussi des œufs, de la viande, du yaourt et du fromage. En conséquence du besoin accru d'espace de stockage et de chambres froides, l'association fit l'acquisition d'un appartement vide en rez-de-chaussée pour s'agrandir.

« Nous avons besoin d'un atelier », telle fut la conclusion de Flo lorsque l'idée de pouvoir réparer des objets au lieu de les jeter fut évoquée à une table du restaurant. Un mois plus tard, toujours par accident, une boutique de vêtements dut fermer juste au coin de la rue. L'atelier fut équipé en mutualisant des outils et des machines qui restaient inutilisés dans le quartier. De plus en plus de gens en venaient à considérer le centre EMMA, ainsi qu'il commençait à être appelé, comme le passage obligé de leur vie quotidienne. De nouvelles fonctions et de nouveaux espaces furent ajoutés. Un appartement au-dessus du restaurant fut transformé en pension pour visiteurs, une laverie avec des machines à laver dernier cri fut aménagée, un réseau local bénéficiant à tout le voisinage fut installé grâce à un serveur de poche. Il était désormais possible de prendre un café, de faire ses courses, de faire la lessive et de vérifier ses e-mails au même endroit, en y rencontrant des amis et des connaissances.

Pour finir, des propriétaires âgées de maisons adjacentes offrirent de les vendre à EMMA, à condition qu'elle devienne une coopérative d'utilité publique et que leur legs soit sécurisé. Ce qui fut aussitôt accompli. Les anciens propriétaires devinrent membres et locataires, et des chambres supplémentaires furent mises à la disposition de nouveaux membres. L'exemple de ces propriétaires fut suivi par d'autres, et la coopérative continua à grandir. Les appartements et les chambres pouvaient être échangés entre membres, de manière à optimiser l'utilisation de l'espace. La surface de logement par personne baissa sans perte de confort – au contraire, puisque les membres vivaient désormais à moins d'une minute du centre EMMA. Les logements étaient retirés du marché immobilier – avec pour effet d'empêcher la gentrification.

La coopérative fit démolir de petites maisons délabrées pour les remplacer par des immeubles plus compacts avec davantage d'espaces de logement. De nouveaux immeubles furent construits dans les interstices. Certains greniers furent transformés en logements. De nombreuses améliorations écologiques – isolation, panneaux solaires, systèmes de chauffage géothermiques – furent apportées. En même temps que la performance écologique devenait meilleure, la vie devenait moins chère.

Dès lors que la qualité de vie dans le voisinage se bonifiait, de plus en plus de membres choisissaient de réduire leur temps de travail rémunéré et d'investir davantage de temps dans les projets EMMA: bars, fumoirs, activités périscolaires pour les enfants, centre de médias, Ortonovo, soins de santé de base. Le coût de la vie diminuait, alors que cette vie devenait plus intéressante et plus riche. Même les entreprises privées revinrent dans le quartier. Une petite place publique se créa en face du magasin EMMA, qui donnait l'impression d'un lieu de villégiature en Provence.

Les habitants du quartier plus large et de la ville finirent par entendre parler d'EMMA, des visiteurs vinrent... et rentrèrent chez eux avec la suggestion de créer leurs propres BERTAS, ALFAS, OLAFS, ALIS, KOMOS, SIWIS, etc.

Un jour, Yu est entré dans le bar-fumoir en brandissant un petit livre intitulé *La Ville d'une seule planète.*

« Regardez, a-t-il dit, nous avons créé par inadvertance un centre de voisinage multifonctionnel selon le modèle décrit dans ce livre. Nous sommes ici même dans un microcentre, nous avons une agro-base, nous partageons les activités et les services, nous prenons soin mutuellement de nous-mêmes. »

CHAPITRE 3
LE GLOMO-2

Le quartier urbain, la petite ville : le module politique

Les petites communautés de voisinage (glomo-1) ne sont pas des îles. Pour tout un tas de fonctions, elles sont trop petites pour être efficientes, et donc non écologiques. Elles sont imbriquées matériellement dans des communautés plus vastes dont elles sont dépendantes. L'échelon immédiatement supérieur des communs sera logiquement le quartier ou la petite ville. Ces deux structures urbaines ont des racines historiques et peuvent être transformées en microcosmes sociaux fonctionnels.

Figure 5 : Ébauche du plan d'un quartier

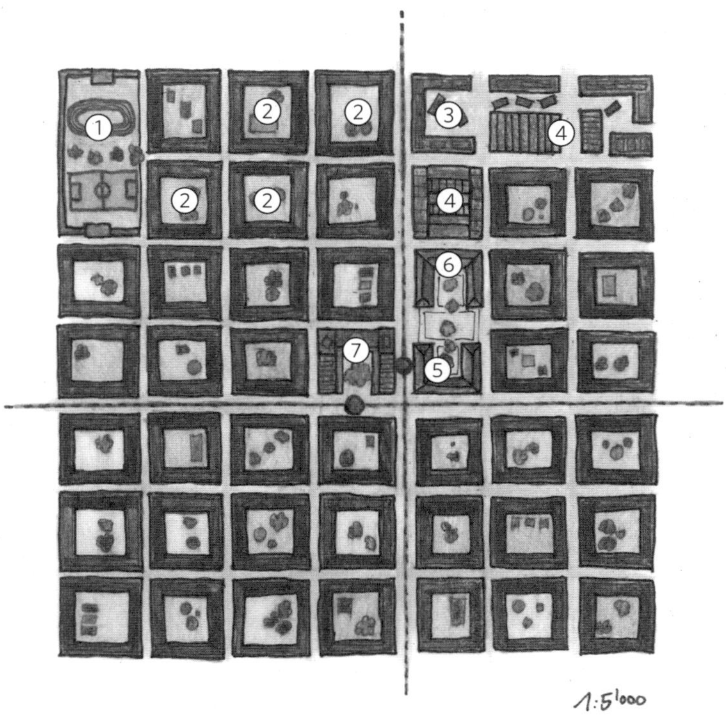

700 m x 700 m = 49 ha, (1) parc ou sports, (2) glomos-1, (3) industries, (4) ateliers, (5) école primaire, (6) école secondaire (lycée), (7) centre de quartier et plaza.

Le modèle contient 40 glomos-1 qui logent 20 000 citoyens[1] (40 x 500) sur 40 hectares. En utilisant pour faire simple une grille de 7 x 7 hectares, cela laisse 9 hectares pour les fonctions publiques à l'échelle de tout le quartier, ce qui est à peu près suffisant (cela dépend aussi du nombre d'étages et donc du volume des différents bâtiments). D'autres fonctions publiques sont localisées au niveau de la ville (glomo-3) et sont donc elles aussi facilement accessibles aux citoyens des glomos-2. Notre modèle prouve qu'il est possible de satisfaire aux exigences de densité, de qualité de la vie et d'écologie dans une structure urbaine qui ressemble à Paris ou à d'autres villes très appréciées.

Les glomos-2 coopèrent librement avec huit quartiers adjacents. Par exemple, les 2 hectares réservés pour les parcs et le sport peuvent être situés dans un coin et combinés avec ceux de trois autres glomos-2 pour former un complexe plus vaste de 8 hectares qui ne sera pas plus éloigné qu'un parc de 2 hectares séparé.

Les quatre sites industriels (nous évoquerons ci-dessous de quelle industrie il s'agit) peuvent être associés en une zone de 16 hectares pour créer un complexe industriel important et diversifié dédié au recyclage (CRR2 pour centres de ressources et de recyclage), à la maintenance des véhicules et à des usines plus grandes (voir ci-dessous la Fab City). Ces sites restent accessibles à pied ou grâce à des bus venant d'autres quartiers, dès lors que nous ne pouvons pas présupposer que tous les agents industriels logeront dans le même glomo-2. Il y a peu de chances que toutes les qualifications requises soient disponibles localement. Les sites sportifs ou industriels n'ont pas besoin d'être au centre du quartier, car seules certaines parties de la population les fréquentent, et leurs émissions pourraient être problématiques (bruit, transport). Mais ils restent accessibles à pied de l'ensemble du glomo-2.

L'intention de notre modèle en grille n'est pas de voir des quartiers construits à partir de rien sur cette base (pas de villes utopiques s'il vous plaît !), mais de se rapprocher autant que possible d'un motif urbain dense et de reconstruire un centre riche et bien défini. La centralité des fonctions les plus utilisées réduit globalement les distances parcourues et favorise les synergies. Les quartiers déjà existants qui sont structurés en grille ne sont pas moins vivables et agréables que les quartiers avec des rues incurvées. Ce qui compte, c'est ce qui se passe au niveau de la rue et dans les rez-de-chaussée : de l'action toutes les cinq secondes[2].

---

1. Le lecteur aura peut-être remarqué que nous appelons les habitants des glomos-1 des membres, mais les habitants des glomos-2 des citoyens. Les habitants des glomos-1 sont en fait les membres d'une entreprise privée, mais les habitants des glomos-2 sont les citoyens d'un corps public démocratique, une cité si l'on veut. La différence est essentielle (Sennett).
2. Jane Jacobs et Jan Gehl recommandent également de construire des petits pâtés de maisons et de maintenir les rez-de-chaussée sans logements. Dans de nombreuses villes, les quartiers en grille rectiligne sont les plus vivants et les plus agréables : Barcelone, Manhattan, Berlin, etc. Ce qui compte, c'est que les espaces de rez-de-chaussée soient variés et fassent l'objet d'une utilisation intense.

Si vous examinez votre propre ville, vous constaterez que les quartiers existants et potentiels varient quant à la taille de leur population : tout ce qui se situe entre 5 000 et 50 000 citoyens peut être considéré comme un glomo-2. Très en dessous ou au-dessus de ces seuils, vous rencontrerez des problèmes d'équilibre entre moyens et fonctions. En outre, le luxe du quartier de 5 minutes peut s'en trouver perdu, et avec lui quantité de communications et d'interactions sociales fortuites (que vous est-il arrivé sur le chemin de votre travail ou de votre école ?).

Une petite bourgade de la taille d'un glomo-2 peut remplir toutes les fonctions publiques nécessaires de manière efficiente d'un point de vue écologique. Des villages plus petits ou des hameaux peuvent être amalgamés pour former de telles communes. Les glomos-2 intégrés dans des villes (ce qui est pour nous le cas général) auront à décider de la distribution de ces fonctions sur une base contractuelle avec le glomo-3. Par exemple, le réseau de bus devrait être géré par le glomo-3, de même que l'essentiel du réseau d'eau et d'énergie. Les écoles peuvent être organisées au niveau de la ville (avec la participation des citoyens des glomos-2). Les fonctions de planification et de collecte des taxes relèvent du glomo-3 ou du glomo-4. Les glomos-1 ne sont pas des îles, les glomos-2 non plus. Mais le plus de fonctions publiques possible devraient être gérées par les citoyens des glomos-2.

Certaines des fonctions des glomos-2 sont localisées dans les rez-de-chaussée des 55 800 m² (ou 5,58 hectares) des glomos-1 qui ne sont pas utilisés pour les microcentres. Les glomos-1 ne sont pas, comme nous l'avons souligné ci-dessus, de simples projets de logement, mais des unités semi-industrielles. (Votre trajet domicile-travail peut se limiter à un voyage en ascenseur.) Les jardins d'enfants du quartier peuvent donc y être basés, de même que des centres de soins, des unités de soins spéciaux, des ateliers de toutes sortes.

Le quartier de 5 minutes

Dans notre modèle optimisé, la distance moyenne au centre est de 350 mètres, 5 minutes à pied. Cela ne génère aucun trafic motorisé. Même les vélos ne sont pas nécessaires. Imaginez une promenade nonchalante (nous vous donnons 7 minutes) vers le centre ou vers une besogne quelconque, sans avoir à prêter attention aux voitures, aux mobylettes et aux cyclistes fous. Il n'y a besoin que de deux lignes de bus, avec des arrêts tous les 200 mètres ou à la demande (ce qui peut être organisé via une application publique ou bien en levant la main quand un bus passe – votre main est une app !)[3]. Des bus plus petits ou des taxis proposent des liaisons porte-à-porte avec un système

3. Les bus automatiques sans conducteurs ne sont ni nécessaires ni utiles. Les rues étant des endroits fréquentés, la vie ne devrait pas être automatisée, mais rendue encore plus vivante et plus personnelle. Les chauffeurs de bus, de taxis, les gestionnaires de stands, les policiers, les prêtres, les cuisiniers, les élèves de retour de l'école, les postiers, les flâneurs… contribuent tous à la richesse de la vie publique. Les villes sont pour les gens, pas pour les voitures.

de réservation en ligne. Ce nouveau système de transport public est essentiel pour les besoins de déplacement en ville (très réduits : disons environ 10 % des besoins d'aujourd'hui) et pour les personnes à mobilité réduite. Le service des véhicules du glomo-2 peut fournir des voitures de luxe comme des limousines ou des Lamborghini pour les occasions spéciales : mariages, funérailles, anniversaires ou visites des beaux-parents. Des voitures de sport (à utiliser seulement à la campagne) peuvent être louées au centre de véhicules de la ville. Certaines des autoroutes restantes du glomo-4 peuvent être réservées pour des courses. Conduire des voitures ou des motos rapides peut être un plaisir. Comparé au trafic pendulaire d'aujourd'hui, l'impact écologique est négligeable.

Les glomos-2 sont le premier module politique dans notre modèle. Contrairement aux membres des glomos-1, qui gèrent leur propre foyer collectif à leur convenance, les citoyens des glomos-2, 3, 4 et 5 s'organisent en institutions publiques dans un cadre légal. Tandis que, dans votre glomo-1, vous pouvez rester toute la journée en pyjama, pour vous rendre sur la plaza de votre quartier, qui représente l'étape de la « personne publique » (Sennett), vous mettrez vos plus beaux habits. Cette distinction est souvent perdue de vue aujourd'hui, mais elle est essentielle à une vie démocratique fonctionnelle. La démocratie ne peut pas survivre si l'on court-circuite les affaires publiques avec des affaires privées, voire biologiques ou ethniques. Dans le glomo-2, vous apparaissez égaux, même si bien sûr nous avons tous des personnalités différentes. Le glomo-2 offre à la personne publique des rues, des institutions publiques et une plaza centrale pour exprimer ses opinions, faire sentir sa présence et faire entendre sa voix[4]. Une communication personnelle libre et fréquente entre citoyens est la précondition d'une démocratie fonctionnelle. Cela peut être aidé, mais non remplacé, par des systèmes informatiques (voir ci-dessous la section sur l'Internet terrestre).

Les institutions de glomo-2 jouent un rôle fondamental en tant que filet de sécurité pour les glomos-1 ou les individus. Elles garantissent l'état de droit et donnent aux individus la possibilité de poursuivre en justice leurs propres quartiers[5]. Elles aident les glomos-1 en difficulté et soutiennent la communication entre eux. Elles compensent les différences de ressources, de finances, de qualifications.

---

4. Cf. Hartmut Rosa, *Resonanz*, Suhrkamp, 2021. Pour Rosa, la résonance – réactions personnelles, reconnaissance et retours des autres – est le contraire de l'aliénation et donc la base d'une vie heureuse. Mais la résonance nécessite du temps, des espaces (des étapes ?) et quelques règles de base collectivement acceptées : la civilité et la politesse. Le fait d'appartenir à une société autogérée est propice au bonheur (cf. Bruno S. Frey, www.nzz.ch/feuilleton/macht-demokratie-gluecklich-1-18042453). Nous sommes des animaux politiques

5. Ainsi, en tant que locataire, vous pouvez poursuivre votre propriétaire – la coopérative – dont vous êtes également membre : vous vous poursuivez vous-même dans des rôles différents ! De tels conflits sont assez courants à Zurich et ne posent pas de réel problème. Ils sont typiques de toutes les institutions de communs. Il faut apprendre à composer avec les différentes sphères et institutions des communs mondiaux.

LES FONCTIONS D'UN GLOMO-2

Nous nous en tenons à quelques fonctions essentielles qui doivent être assurées au niveau du quartier. L'idée est de rassembler des choses, de réunifier autant de services du quotidien que possible sur une base territoriale. Toutes ces fonctions sont localisées sur le plan du glomo-2 page 51.

Un quartier d'environ 20000 citoyens est normalement en mesure d'offrir des services comme la gestion de l'eau, le réseau d'électricité, la maintenance des espaces et bâtiments publics, l'administration, la communication, la police et les tribunaux, les pompiers, etc. Il n'y a pas besoin d'innovation ici, seulement de bonne gouvernance.

Nous nous concentrerons sur certaines fonctions moins typiques ou additionnelles, qui requièrent d'innover ou sont en elles-mêmes des inventions.

Les chiffres de superficie indiqués correspondent à notre plan modèle et au plan du centre de quartier page 56. Ils sont des approximations.

Écoles	16 000 m²	jusqu'à 6 étages
Centre de santé	1 500 m² rez-de-chaussée	jusqu'à 10 étages
ABC	1 000 m² rez-de-chaussée	jusqu'à 5 étages
Globex	1 500 m² rez-de-chaussée	+ 1 ou 2 étages
Administration	300 m² rez-de-chaussée	jusqu'à 5 étages
Centre d'activités	100 m² rez-de-chaussée	+ 1 ou 2 étages
Plaza du quartier	1 000 m²	
Industries, ateliers	40 000 m²	autant d'étages que nécessaire

Comme les immeubles du centre de quartier peuvent être plus élevés que ceux des communautés de voisinage, il y a beaucoup de marges de manœuvre pour s'étendre ou rapetisser en fonction des besoins. Les espaces non nécessaires peuvent être transformés en logements ou utilisés par des professionnels: dentistes, avocats, architectes, hôtels, pensions, appartements individuels loués par le glomo-2, et ainsi de suite. Le centre de quartier est un projet en transition.

LE CENTRE DE QUARTIER

Ce que le microcentre fait pour une communauté de voisinage, un centre de quartier le fait au niveau du glomo-2.

Notre plan modèle pour le rez-de-chaussée d'un centre s'intègre dans le carré central de notre grille de 49 unités (n° 7 sur le plan).

Figure 6 : Plan du rez-de-chaussée du centre de quartier

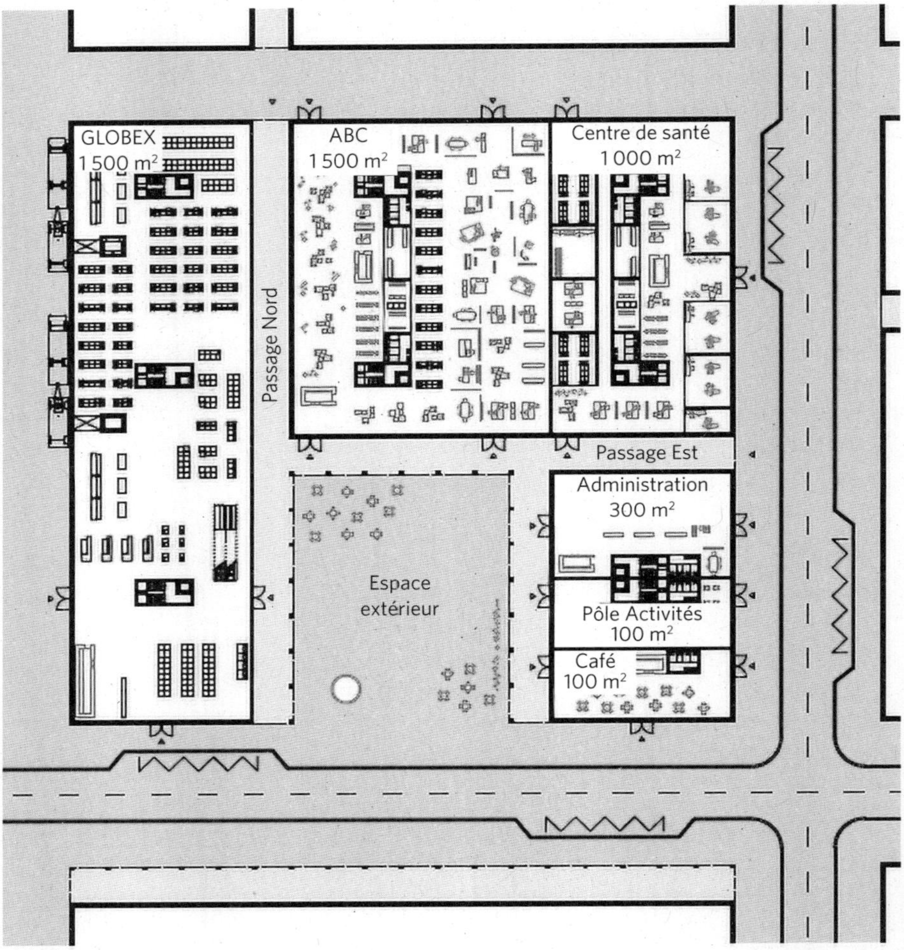

Toutes les fonctions sont organisées autour d'une plaza centrale (d'environ 1 000 m²) ouverte sur la rue et sur les rez-de-chaussée centraux des glomos-1 contigus. Des galeries couvertes connectent la plaza avec le nord et l'est. Comme notre modèle est fondé sur un modèle urbain correspondant à un climat tempéré, la plaza et les rues adjacentes sont entourées d'arcades ou de portiques, de manière que l'utilisation de l'espace extérieur reste possible en cas de pluie et durant la saison froide. Ils constituent en outre des espaces intermédiaires plaisants entre les immeubles et l'extérieur.

Les différentes fonctions d'un centre seront décrites de manière plus détaillée ci-dessous.

Voilà un premier aperçu : à gauche (ouest) de la plaza se trouve le globex, un dépôt alimentaire complémentaire offrant des produits importés de loin et qui ne se consomment pas tous les jours, par exemple des cigares ou de la cannelle.

De l'autre côté de la plaza (est) se situent les services publics : l'administration, la police, les services sociaux, le cadastre, etc. Juste à côté, le centre d'activités (CA) sert de plateforme pour toutes les activités rémunérées, comptabilisées (voir la notion de « loco » p. 69) et bénévoles.

Dans le coin nord-est, il y a le centre de santé (CS) avec des médecins généralistes, des spécialistes et des chambres aux étages supérieurs pour les citoyens qui ont besoin de soins continus. Il est impératif de ne pas exclure les personnes présentant des troubles physiques de la vie publique.

Le cœur du centre est l'ABC, où se tiennent des réunions publiques, des événements informels, où les gens se retrouvent pour toutes sortes de projets. Cet espace ouvert est lié au globex, ainsi qu'à des restaurants, des cafés, des bars et un hôtel (aux étages supérieurs).

Figure 7 : Croquis d'un centre de quartier

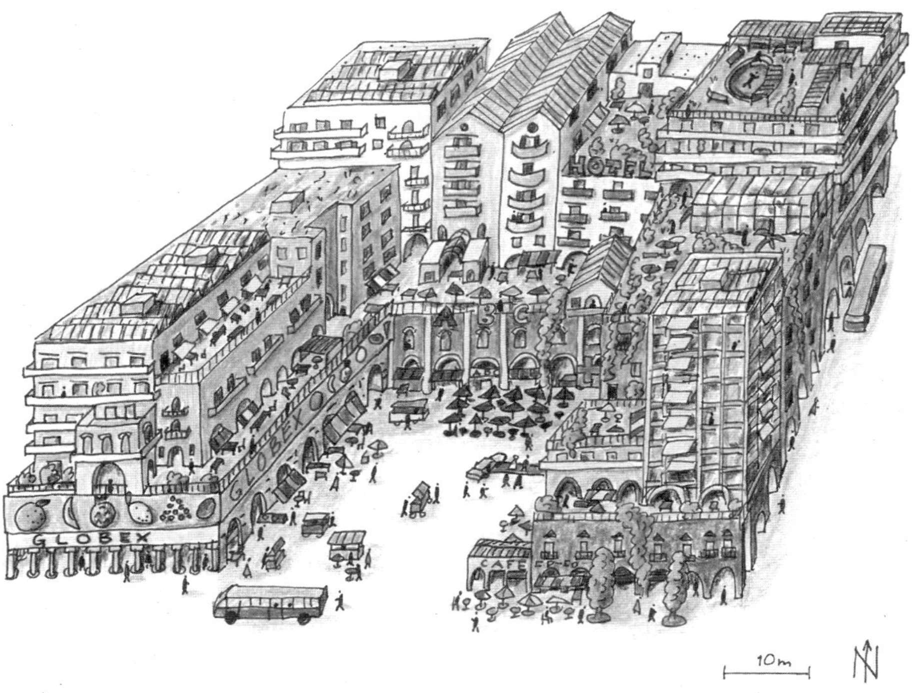

Cette image ne correspond qu'approximativement au plan du rez-de-chaussée présenté ci-dessus. Elle donne une impression générale du charme et de l'atmosphère du centre. Les règles architecturales et les lois de la construction ne sont pas respectées. Le message est que le centre a émergé au fil du temps à partir de bâtiments existants. La plaza elle-même est relativement petite parce que les gens évitent les espaces ouverts et tendent à se retrouver dans les marges qui sont davantage protégées. Il n'y a qu'un petit nombre d'arbres sur la plaza : les arcades protègent du soleil et la présence d'arbres nuit à la flexibilité des usages (sauf si vous les mettez dans des pots, ce qui a l'air ridicule). La plaza n'est pas un parc destiné à la relaxation, mais un espace d'interaction humaine intense, voire agonistique. Des événements publics en plein air de toutes sortes peuvent y avoir lieu. Sur le toit du centre de santé (comme sur d'autres toits), il y a cependant un jardin avec une piscine, afin que ses résidents – dont beaucoup ont une mobilité réduite – puissent s'y rendre en ascenseur et se détendre au milieu du quartier où vivent également leurs amis. À l'évidence, l'arrêt de bus est proche du centre de santé.

Les fonctions du centre se complètent les unes les autres, et leur centralité même est un puissant facteur d'efficience écologique. Ce ne sont pas des fonctions du quotidien, mais tout de même des fonctions essentielles. Le regroupement au niveau du centre est particulièrement efficient en ce qui concerne les qualifications et les équipements, qui sont onéreux et qui doivent être utilisés fréquemment pour être « rentables ». Les machines coûteuses du centre de santé comme les scanners ou les équipements de laboratoire, par exemple, pourront être utilisées collectivement et de manière efficiente. Les médecins ne devraient pas dépenser leur temps, qui est précieux, à se déplacer en voiture de patient en patient. Les commerces dotés d'équipements simples, comme les coiffeurs, n'ont pas besoin de centralité. Ils peuvent être situés n'importe où sur la grille du glomo-2. De même pour les philosophes.

UN ABC GLOBAL

Figure 8 : Croquis de l'ABC

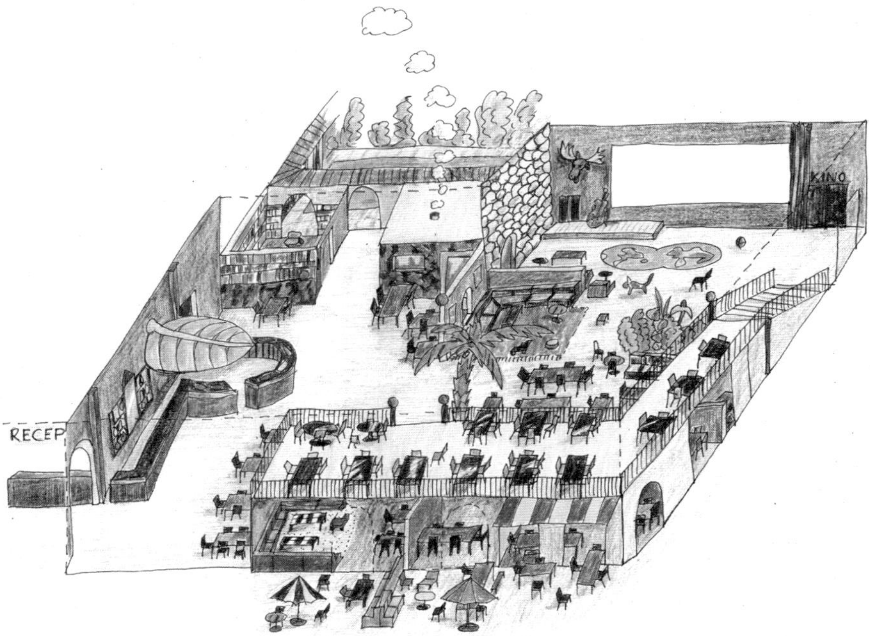

Ce croquis ne correspond pas au plan du rez-de-chaussée présenté ci-dessus. Il donne l'impression d'un espace à usages multiples sur deux niveaux ou un niveau et demi. À gauche, on identifie la réception de l'hôtel et le bar avec une cuisine en arrière-plan qui utilise les aliments (non vendus) du globex. Lorsque ce croquis a été dessiné, il n'y avait personne dans la salle. Il y a un fumoir pour les amateurs. Les meubles peuvent être déplacés en fonction des besoins du jour. Les murs de séparation sont également mobiles.

L'ABC est le lieu où le quartier **pense**. C'est aussi un lien physique avec tous les autres glomos-2. Vous pouvez vous attendre à trouver un ABC dans tous les 40000 glomos-2 de la planète. Les réalisations architecturales et les équipements seront bien sûr adaptés aux conditions locales. L'ABC est le point de rendez-vous général pour les discussions publiques et privées, la communication entre les divers groupes sociaux, l'éducation réciproque, le développement de projets, les groupements politiques, les événements culturels et les expositions. C'est là que les choses se passent. Lorsque vous visitez un quartier, c'est le premier endroit où vous allez.

Le cœur de l'ABC est le hall central, qui peut être utilisé tel quel pour de grands événements ou divisé en plus petits espaces. Son équipement le plus distinctif est l'écran vidéo numérique du mur global, où les rencontres qui se déroulent en parallèle dans les autres ABC du monde peuvent être projetées et où peuvent être retransmises des vidéoconférences intercontinentales. Dans les moments plus calmes, il montrera simplement une vue de l'intérieur d'autres halls centraux ou, de temps à autre, des films.

Au-dessus du hall central sont situées les salles du collège de quartier, qui collabore avec les écoles voisines, des universités et des spécialistes de toutes sortes. Il y a aussi des salles pour des groupes dédiés à des projets ou pour les conseils d'administration d'organisations civiques et d'associations.

L'hôtel de quartier fait partie intégrante de l'ABC. Il vient en complément des chambres d'hôtes des glomos-1. Les conférenciers de passage, les écrivains, les journalistes, les responsables politiques, les scientifiques, les comédiens, les artistes ou tout autre visiteur qui préfère l'hôtel aux chambres d'hôtes peuvent y être logés, au plus près du lieu de l'action. De fait, les hôtels de quartier sont comme le pendant non numérique du mur global : un lieu de présence physique de gens venus du monde entier.

Les différentes sections de l'ABC se soutiennent mutuellement et génèrent de multiples synergies. Les chefs célèbres de passage peuvent séjourner à l'hôtel, les employés du restaurant peuvent garder un œil sur la réception de l'hôtel, le globex et le restaurant travaillent ensemble (mets exotiques), le restaurant sert de cantine pour le personnel médical, vous pouvez attendre le résultat de vos analyses de sang au café, vous pouvez y retrouver votre ami qui est accueilli temporairement dans l'une des chambres de soins du centre de santé, vous pouvez y passer votre pause entre deux périodes de service au globex, ou bien planifier l'activité pour laquelle vous venez de faire une réservation dans le centre d'activités.

Afin d'assurer sa fonction d'espace général de rencontre, l'ABC reste ouvert toute la journée et tous les jours, comme un cœur qui bat de jour comme de nuit. Vous pouvez toujours y aller et y trouver quelqu'un à qui parler. Une nuit où vous n'arrivez pas à trouver le sommeil, vous y faites un tour pour rencontrer d'autres âmes en peine. Si l'atmosphère dans votre glomo-1 devient trop tendue, vous pourrez y trouver de l'aide et du soutien, même à 2 heures du matin. Il vous offre un espace plus anonyme qui peut vous soulager de l'intimité du glomo-1. C'est là l'essence même de l'urbanité : l'ouverture et le sentiment d'être chez soi en même temps.

Le globex : échanges globaux et soutien mutuel

Un glomo-2 n'a pas besoin de supermarché, ni même de marché en général. Chaque glomo-1 a déjà dans son microcentre un anti-supermarché de 400 m^2. Faites le calcul : 40 fois 400 m^2, cela fait 16 000 m^2, soit une surface commerciale importante (l'équivalent d'environ huit supermarchés). Notre quartier modèle n'est pas un désert alimentaire. C'est plutôt un paradis. N'oubliez pas que tous les citoyens peuvent utiliser tous les dépôts des différents glomos-1. Ils ne sont pas réservés aux membres, même si les membres d'autres glomos-1 doivent payer ou bien enregistrer une giro-compensation[6] sur une plateforme numérique créée à cet effet au niveau du quartier.

Il y a cependant tout un ensemble de biens dont la production ou le transport requièrent une forme de coopération territoriale ou globale. Certains peuvent être produits de manière industrielle avec un impact écologique moindre. La distance n'est pas toujours le facteur le plus important pour déterminer la consommation de ressources. L'échange de produits à une échelle plus vaste peut être une bonne chose et être organisé de manière équitable.

Sur un territoire (glomo-4), il y a théoriquement 500 quartiers ou bourgades, et donc aussi 500 globex. La meilleure solution institutionnelle serait qu'une coopérative territoriale ou le gouvernement territorial lui-même prenne en charge la logistique et les contrats. Cependant, les denrées alimentaires ne sont qu'une petite partie d'échanges globaux plus larges. Pour importer de la nourriture, il n'y a pas besoin d'en exporter en retour. Produits industriels, services de toutes sortes, matières premières peuvent être intégrés aux échanges. L'importance des échanges de longue distance va diminuer dans son ensemble à cause de la relocalisation de la plupart des processus de production. L'organisation équitable des échanges restants sera l'affaire du glomo-5. Il est évident que ces échanges ne peuvent pas être fondés sur la « valeur » présumée des biens, mais doivent tenir compte de la situation globale des partenaires : il s'agit de soutenir, non d'exploiter. Il y aura des échanges mondiaux sans marché mondial. Les systèmes numériques peuvent grandement faciliter l'organisation logistique nécessaire[7].

Le globex occupe 2 000 m^2 au rez-de-chaussée, ce qui correspond à un supermarché de taille moyenne[8] d'une chaîne comme Migros en Suisse (2 292 m^2). Des surfaces supplémentaires peuvent être ajoutées au premier étage pour les produits non alimentaires, tandis que la cave peut servir aux réserves et aux préparations. Imaginez une cave à vins. Beaucoup de produits non alimentaires

6. La giro-compensation signifie que les paiements sont effectués *via* des giros (transferts) internes à la banque sans qu'aucune somme d'argent ne soit versée.
7. Cf. P.M., *bolo'bolo*, Autonomedia, 2011, p. 116, où l'Internet fut décrit par accident avant même qu'il ne soit amené à voir le jour cinq années plus tard.
8. Nous ne qualifions pas le globex de supermarché, car ce n'est pas du tout un marché. Les supermarchés d'aujourd'hui ne sont pas non plus des marchés, mais de simples points de vente logistiques d'entreprises oligopolistiques. On n'y marchande pas les prix !

ne seront pas « nouveaux », mais issus des unités de réutilisation des ateliers. Les étages supérieurs peuvent être utilisés pour des activités économiques ou du logement.

Le globex n'est pas seulement un dépôt, mais aussi un lieu de rencontre pour les gourmands et les passants oisifs.

Il ouvre sur la plaza. Les arcades favorisent une osmose sociale avec le reste du centre. Des dégustations sont proposées lors des arrivées de nouveaux vins, fromages ou charcuteries. Certains de ces produits peuvent être consommés dans les cafés adjacents de l'ABC : chocolats, cafés, thés, alcools. Les producteurs individuels peuvent présenter leurs denrées sur des étals.

Les globex fonctionneront grâce à l'argent que nous gagnerons par nos activités rémunérées (environ 50 % des montants actuels). La plupart des produits devront être payés aux niveaux supérieurs de glomo avec une monnaie d'une sorte ou d'une autre. Acheter des produits locaux ou régionaux, qui sont disponibles de toute façon dans le glomo-1, n'aurait aucun sens. Le troc est une option possible dans certains cas spécifiques, mais ne peut pas constituer un principe général, car il s'appuie sur une logique d'échange égal. L'échange doit être une forme de soutien mutuel.

Écoles, apprentissage, éducation

Si l'on se réfère aux données publiques de l'Office fédéral suisse de la statistique (STATPOP), en date du 31 décembre 2018, il y aurait 1 200 élèves en primaire dans un glomo-2 moyen, et le même chiffre dans le secondaire, soit 2 400 en tout. Les jardins d'enfants accueilleraient 800 élèves.

Cela correspond à 60 classes de 20 élèves au niveau primaire et de même au niveau secondaire. Selon un spécialiste de la conception des bâtiments scolaires, 16 000 m² sont nécessaires, soit une surface par étage de 6 400 m² (4,6 m² par personne). Dans ces superficies sont incluses des bibliothèques, des salles de professeurs, des salles de gymnastique. Ces écoles sont relativement grandes et peuvent occuper jusqu'à six étages. Chacun des deux types d'écoles est situé sur une surface d'un hectare, avec une cour spacieuse de 7 200 m² entre les deux, soit sept fois la plaza centrale. Cet espace peut être utilisé pour certaines activités sportives (basket-ball), comme jardin botanique, pour une piscine (à moitié couverte, à moitié extérieure). Ces surfaces ne sont indiquées qu'à titre indicatif, pour la planification générale. Elles n'impliquent pas que nous construisions des écoles selon le modèle traditionnel. Qui a dit que nous avions besoin de 120 classes de 70 sur 100 m² chacune ? D'autres structures plus adaptées à des formes inclusives et non compétitives d'apprentissage peuvent être inventées.

Les enfants en âge d'aller au jardin d'enfants (4 à 6 ans) représentent 4 % de la population, soit environ 20 enfants par glomo-1. Les jardins d'enfants ne devraient pas être centralisés, car pour de très jeunes enfants, une distance de 350 mètres est un peu trop longue. Nous proposons donc que deux ou trois glomos-1 adjacents créent des jardins d'enfants partagés pour 40-60 élèves dans leur rez-de-chaussée. L'organisation et le recrutement du personnel se feront au niveau non pas de la communauté de voisinage, mais de la ville entière. Il est impératif qu'ils soient supervisés de manière professionnelle sous l'égide de la puissance publique. Les jardins d'enfants communautaires ou religieux sont impossibles. Les enfants ne devraient pas vivre dans les mêmes bâtiments qui abritent leurs jardins d'enfants, afin d'apprendre à se comporter et à se déplacer dans l'espace public. Une marche de 100 mètres pour rejoindre le jardin d'enfants à travers des cours intérieures ou des rues sans trafic paraît idéale.

La centralisation permet une réduction des distances et élimine le trafic pendulaire pour rejoindre les écoles, lequel représente une partie significative du trafic actuel. Les enseignants, en revanche (environ 200 personnes pour les écoles primaires et secondaires), ne sont responsables que de 5 % de ce trafic et peuvent arriver de n'importe où dans la ville. Cela signifie rarement pour eux un trajet de plus de 15 minutes en bus ou à pied. Une certaine mobilité est requise pour les enseignants de disciplines très spécialisées au niveau secondaire, afin d'assurer une certaine flexibilité dans la conception des emplois du temps.

La centralisation permet également d'utiliser les équipements, les laboratoires et le matériel de manière plus efficiente et plus flexible. On évite les redondances et la sous-utilisation.

Dès lors que le chemin de l'école représente rarement plus de 5 minutes à pied, les élèves peuvent rentrer déjeuner dans leurs communautés de voisinage. Il n'y aura donc pas lieu de construire des cantines scolaires qui restent vides la plupart du temps. Dans un glomo-1, approximativement 80 élèves pourront manger dans le microcentre ou chez eux – ce qui permettra d'utiliser de manière plus uniforme les cuisines et les espaces collectifs.

Les écoles sont situées au centre des glomos-2, juste à côté du centre de quartier. Il en découle de nombreuses synergies potentielles : la bibliothèque de l'école peut aussi être celle du quartier, la salle de spectacle peut être utilisée par toutes sortes de groupes amateurs de théâtre, les salles de classe et de sport peuvent servir à des associations, les équipements peuvent être partagés, la piscine peut s'ouvrir au public à certaines périodes. Les espaces extérieurs peuvent accueillir des événements plus importants, des festivals ou des rencontres. Les élèves font partie intégrante de la géographie sociale du quartier, au lieu d'être relégués en marge dans des campus monogénérationnels. Que les écoles se rapprochent des lieux d'habitat génère une vie de rue plus dynamique et davantage de contacts entre les citoyens de tous âges. Ce ne sont plus seulement des personnes âgées et des mères avec poussettes que l'on verra dans les lieux publics. Cela créera une dynamique spontanée de soutien mutuel.

La proximité entre les écoles, le centre, le centre d'activités, le centre de santé et l'ABC facilite l'engagement dans des activités bénévoles (et de loco[9]). Les écoles telles que nous les voulons seront inclusives, et pour que cela soit possible, il faut que de nombreuses autres personnes apportent un soutien aux enseignants et une aide aux élèves, sous forme de cours de rattrapage ou d'apprentissages complémentaires.

Tandis que tous les enfants vont à la même école au niveau du primaire, la spécialisation croissante au niveau du secondaire a également un impact écologique. Une école secondaire de quartier ne peut pas proposer toutes les disciplines. Cela génère une quantité considérable de déplacements pour les élèves et les enseignants. Si vous prenez le bus ou le train le matin, vous aurez remarqué qu'ils sont pleins d'élèves se rendant à l'école.

Cette spécialisation précoce s'explique par la pression économique à la sélection, dès lors que les écoles fréquentées prédéterminent la valeur future de la main-d'œuvre, ses revenus et sa carrière. Elles sont un instrument de division et de stratification sociale. En ceci, elles sont au service des structures de pouvoir dominantes, plutôt que d'être des laboratoires de coopération. Sans accès égal au savoir et à la formation professionnelle, tous les discours sur l'égalité, les communs, la coopération et la participation démocratique sont futiles.

Un système scolaire à la fois juste et simple pourrait être organisé comme suit :

- six années d'école primaire ;
- six années d'école secondaire ;
- deux à six années de formation professionnelle (universités, collèges techniques, apprentissage, etc.).

Tout le monde irait ensemble à l'école jusqu'à l'âge de 18 ans et commencerait ensuite à se spécialiser professionnellement : boulanger, médecin, mathématicien, paysan, pilote de chasse. Tous seraient considérés comme similairement qualifiés et donc bénéficieraient de la même rémunération (corrigée du niveau d'efforts et de responsabilités requis). La seule sélection qui resterait serait l'examen organisé à l'issue de la phase de formation. L'objectif étant de s'assurer qu'un boulanger pourra faire du pain, quelles qu'aient été ses notes en mathématiques à l'école primaire.

La spécialisation précoce au niveau secondaire est contre-productive. Pourquoi devrions-nous avoir à choisir un apprentissage à l'âge de 15 ou 16 ans ? Est-ce que l'on se connaît suffisamment soi-même à cet âge ? Est-ce que l'on n'a pas d'autres préoccupations ? C'est une période extrêmement fluide de l'existence. Certes, les établissements secondaires sont souvent trop orientés sur la théorie, et les élèves tendent à s'y ennuyer après avoir passé dix années assis sur des bancs d'école. On peut empêcher cela en enracinant l'instruction dans les institutions sociales et industrielles qui les entourent.

9. « Lo » pour local, « co » pour coopération. Voir p. 69.

C'est précisément pourquoi nous avons situé le bâtiment de l'école secondaire juste à côté de la zone industrielle/ateliers (voir page 51). Les élèves peuvent participer à des activités dans l'ABC ou le centre de santé, apprendre à cuisiner dans les installations de leur microcentre, accomplir des tâches pratiques dans les ateliers, s'occuper dans les agro-bases, aider les élèves plus jeunes ou ceux des écoles primaires. Il est possible d'apprendre partout, pas seulement dans des bâtiments scolaires fermés sur eux-mêmes. C'est la raison pour laquelle ces derniers sont au centre du quartier.

Si les écoles secondaires inclusives offrent une éducation générale relativement large (à l'image peut-être des lycées de jadis, avec du latin ou une autre langue ancienne, des sciences et l'apprentissage d'un instrument de musique), les contacts et les échanges avec les institutions environnantes permettent aux jeunes d'acquérir des compétences sociales et pratiques et les préparent au choix d'une future spécialisation professionnelle. Six ans d'enseignement secondaire sont suffisamment longs pour donner une place à toutes les formes variées d'apprentissage et de participation. La période de l'école secondaire n'est pas seulement une période scolaire; c'est aussi l'âge des aventures de l'adolescence pour toute une génération.

En Suisse, l'apprentissage commence généralement à l'âge de 15 ans et dure trois ou quatre ans. Ce système signifie que l'éducation générale reste inachevée et que le choix de carrière professionnelle est mal éclairé. C'est pourquoi seulement 35 % des apprentis continuent à occuper plus tard le type d'emploi pour lequel ils ont été formés. C'est un gâchis considérable d'énergie. (Par ailleurs, les apprentis sont souvent exploités comme main-d'œuvre bon marché par des entreprises en difficulté, mais c'est un autre sujet.) D'un autre côté, une spécialisation précoce dans une carrière scientifique n'est pas une garantie de succès. Des élèves qui excellaient en grec ancien peuvent donner de brillants astrophysiciens, et les étudiants en calligraphie devenir des développeurs ou des cuisiniers virtuoses. La spécialisation est nécessaire, mais les généralistes savent mieux en quoi se spécialiser. Et ils ont aussi plus de facilités à acquérir de nouvelles compétences et de nouvelles qualifications si les leurs deviennent obsolètes.

D'un point de vue institutionnel, l'ensemble du système d'apprentissage jusqu'aux diplômes professionnels devrait être conçu, financé et organisé au niveau du glomo-4 pour offrir à tous les citoyens, quelles que soient les ressources de leur quartier ou de leur ville, un accès aux mêmes qualifications. C'est également important du point de vue de la mobilité future des diplômés : les qualifications devraient être comparables. Idéalement, certaines des exigences relatives à des professions critiques devraient même être définies à l'échelle globale du glomo-5. L'homogénéisation des conditions de vie à l'échelle du monde est le but même de notre proposition. L'homogénéisation du système éducatif en est une condition préalable. On pourrait appeler ça la justice éducationnelle mondiale.

Les enseignants devraient être rémunérés par les institutions du glomo-4. Cela correspond au niveau où sont collectés les impôts. L'intégration des écoles dans leur quartier, la participation des citoyens à la gouvernance des écoles, l'adaptation des cursus aux besoins locaux, les formes d'apprentissage, etc., seront laissées aux institutions de quartier ou à la discrétion de la congrégation enseignante elle-même.

L'organisation centrale et la gestion locale, loin d'être contradictoires, sont complémentaires. L'interaction entre les deux peut être régulée de façon à donner suffisamment d'autonomie aux établissements éducatifs locaux (universités comprises). Après tout, un gouvernement de glomo-4 est tout autant un organe démocratique que l'est un conseil de quartier. Les débats sur le système scolaire relèvent de la vie politique du glomo-4. L'école parentale ou l'école à domicile, en revanche, est un facteur de division propice à tous les abus (les parents riches peuvent y recourir, mais pas les parents pauvres). Il est indéniable que certains systèmes scolaires publics sont dans un état de délabrement avancé et que leurs méthodes peuvent être autoritaires et bornées. La solution n'est pas la privatisation, mais davantage d'investissement dans les écoles publiques, de bonnes conditions de travail pour les enseignants, une démocratie interne et une organisation plus ouverte et inclusive. Les écoles ne sont pas des boîtes noires, mais des carrefours d'interaction sociale.

Le centre de santé (CS)

Pour le centre de santé, nous avons réservé 1 000 m² au rez-de-chaussée du centre de quartier. Il est intégré aux autres institutions centrales et facile à atteindre. Un arrêt de bus est situé à côté, et des taxis électriques peuvent y amener n'importe qui n'importe quand.

Le centre de santé inclut des salles accessibles au public, dont une réception, une petite salle d'urgences, une pharmacie, des salles d'examen, des chambres physiothérapeutiques et un bureau pour les soins ambulatoires. Les cabinets des généralistes, des spécialistes et des psychiatres peuvent être installés aux étages supérieurs. Les laboratoires, les dépôts de matériel et les studios d'exercice sont au sous-sol.

Le centre de santé est le lieu où vous vous rendez en premier lorsque vous vous sentez sérieusement malade ou que vous avez un accident mineur. Les petits problèmes de santé peuvent être réglés directement dans les microcentres des glomos-1, lesquels disposent d'une petite pharmacie interne et d'une liste des membres formés en médecine qui peuvent être appelés. En cas de risque sérieux (AVC, crise cardiaque, accidents graves), on peut appeler l'ambulance de l'hôpital de la ville. Le centre de santé comme lieu de soins primaires est crucial pour éviter les doublons et la surcharge des services d'urgence de l'hôpital de la ville. Cela contribue à réduire les coûts des soins de santé, coûts monétaires mais également écologiques. Le système de santé consomme énormément de ressources – matériel, espace, médicaments, technologie médicale – qui doivent donc être utilisées de manière efficiente. Le centre de santé est à 350 mètres, l'hôpital de la ville à environ 2 kilomètres. Les neuf hôpitaux régionaux d'un glomo-4 et les hôpitaux de ville forment un réseau dense de services médicaux couvrant tout le territoire.

Le centre de santé est organisé sur le modèle des couches successives d'un oignon. Les cas les moins graves peuvent être traités par les généralistes ou les infirmiers. Des spécialistes peuvent être appelés. Aux étages supérieurs, quelques salles sont pourvues d'équipements de soins avancés pour les patients temporaires. Plus haut encore, il y a des chambres pour les patients qui ont besoin de soins et d'aide en continu – si leur condition empire, ils peuvent être déplacés dans les unités de soins avancés. Des médecins et des infirmiers sont disponibles toute la semaine à n'importe quelle heure de la journée. Que toutes ces infrastructures soient regroupées dans le même bâtiment, connectées par des ascenseurs, améliore la coordination et la sécurité, et économise du temps et des ressources.

Selon une étude sur le soin aux personnes âgées en Suisse (2011), on peut estimer que 5 personnes par communauté de voisinage ont besoin d'assistance professionnelle, 200 dans le quartier dans son entier. Mais il n'y a pas besoin de 200 chambres pour tous ces patients. Il est possible d'établir des groupes professionnels de soins en combinant trois ou quatre glomos-1 pour les cas plus légers ou moins risqués. Les anciens peuvent rester dans leur lieu de vie habituel, maintenir leurs liens amicaux et participer à la vie de tous les jours, ce qui est également important pour leur état de santé. Si l'on compte 10 groupes de soins s'occupant chacun de 16 patients, cela fait 160 personnes âgées qui peuvent être prises en charge dans les communautés de voisinage sur la base d'une combinaison de soins professionnels et bénévoles. Ceux qui ont besoin de soins plus intensifs peuvent être transférés au centre de santé, et ceux qui ne sont plus du tout autonomes placés dans des hôpitaux de la ville.

Les personnes âgées ne sont pas les seules à avoir besoin de soins. Nous en avons tous besoin. S'ils n'en sont pas empêchés par les circonstances, les humains se soutiennent les uns les autres sans s'organiser de manière formelle. Il existe une tension éthique inévitable dans le soin entre l'attitude professionnelle (« Pardon, mais je sais mieux que vous ») et l'attachement personnel (« Je sais qui vous êtes et je sympathise avec vous »), tension aussi complexe que la vie elle-même. La protection de la sphère intime est un enjeu : par exemple, vous ne voulez pas que ce soit votre voisin qui change vos pansements. Dans certains cas, on se sent en effet plus à l'aise avec des étrangers qu'avec des amis. Faire attention aux autres est essentiel. Il est possible de mettre en place des rendez-vous réguliers, des applications numériques ou des boutons d'urgence pour que personne ne soit oublié et retrouvé par terre des heures ou des jours après être tombé.

Les citoyens souffrant d'infirmités mentales ou physiques peuvent trouver un foyer dans des appartements avec assistance au sein des communautés de voisinage ou dans des logements spécialisés au centre de santé. Il sera possible de les intégrer à la vie quotidienne de la communauté et du quartier dès lors que davantage de temps et d'espace sera consacré aux activités de soin. Il est impossible d'offrir toutes les formes de soins dans les environs immédiats, mais il est possible d'y prendre en charge bien plus de citoyens qui en ont besoin.

Les statistiques suggèrent qu'il y a en Suisse 160 médecins par glomo-2, 4 par glomo-1. Ce chiffre ne veut pas dire grand-chose, puisqu'il peut d'agir de généralistes, de spécialistes ou de chercheurs. De nos jours, de plus en plus de médecins préfèrent travailler à temps partiel comme employés et ne veulent pas gérer de petites entreprises. Le vieux médecin de famille est une espèce en voie de disparition. Le système du centre de santé leur offre des conditions optimales : les fonctions administratives sont prises en charge pour eux, les heures sont flexibles, les équipements sont à leur disposition, le contact est continu avec les citoyens du quartier (les généralistes étant souvent les meilleurs historiens de leur quartier), les pressions existentielles sont inexistantes. Ils peuvent se concentrer sur leur pratique médicale.

Si des médecins préfèrent gérer leurs propres affaires, ce n'est pas un problème. Être médecin n'est pas seulement un service public, c'est aussi une vocation similaire à celle d'un philosophe ou d'un artiste. Certains médecins ne travaillent pas en équipe. Tant qu'il y a un service public de santé suffisant, l'initiative privée peut se développer librement. (Ceci est un principe général de toute société fondée sur les communs.)

Le centre d'activités (CA)

Les différentes communautés de voisinage d'un quartier réservent chacune 1 500 m² aux activités liées au foyer rien que dans les microcentres, soit un total de 6 hectares. Cela suffit à occuper, selon les besoins et les aspirations, entre 800 et 1 600 personnes actives. Le reste des rez-de-chaussée des glomos-1 est attribué à des fonctions de glomo-2 : jardins d'enfants, groupes de soins, dépôts médicaux, etc., ou à des coopératives et entreprises privées de toutes sortes. Cela représente 2 756 m², soit 11 hectares à l'échelle du quartier dans son entier. Les glomos-1 sont des lieux d'activités, pas seulement des dortoirs.

Les écoles et les autres fonctions centrales offrent d'autres opportunités d'activités, de même que les rues et les cours intérieures. Au niveau du quartier, 4 hectares (dans le coin en haut à droite du plan du glomo-2) peuvent être utilisés pour le CRR2, pour des industries, des parcs de véhicules, des machines de construction. Il y a 4 zones industrielles de 49 hectares chacune au niveau de la ville (voir le plan p.51). Tous ces lieux sont facilement accessibles en bus ou à pied. Du fait des changements dans nos modes de vie (l'adieu à la société de consommation), nous aurons besoin de beaucoup moins de production industrielle et de beaucoup moins de nouveaux produits. Les importations de produits lointains seront également réduites, grâce à la généralisation de la réutilisation locale. Il n'y aura plus beaucoup de raisons de se déplacer sur de longues distances.

Toutes ces activités nécessitent une plateforme centrale pour la communication et la coordination. Le centre d'activités du quartier est un lieu public (100 m^2) dont la destination est de faire correspondre des offres d'activités avec des personnes qui souhaitent les prendre en charge. Il suffit pour cela de simples panneaux d'affichage, voire de Rolodex, ou d'applications qui fonctionneraient un peu sur le même principe que Tinder. Les offres peuvent être présentées directement par les personnes intéressées dans le centre d'activités ou dans le café de l'ABC. Il est important de maintenir la possibilité de formes de communication diverses, y compris non numériques, pour que le système reste accessible à tous. Certains préfèrent les contacts personnels, d'autres apprécient l'anonymat et la discrétion. Le centre d'activités est régulé et supervisé par un comité élu, responsable devant les citoyens du quartier. C'est un service public.

Le comité du centre d'activités est également chargé d'organiser les activités dites de « loco » (« lo » pour local, « co » pour coopération). Un quartier peut décider d'obliger tous les citoyens aptes entre l'âge de 18 et de 65 ans à donner un certain nombre d'heures d'activité non rémunérée (typiquement 3 par mois, donc 36 par an, ou selon les besoins). Ces activités ont lieu dans un certain nombre d'entreprises publiques comme le globex, l'ABC, le centre d'activités lui-même, le centre de santé, les écoles, les ateliers.

Le système loco est une forme hybride d'activité rémunérée et non rémunérée. Il n'y a pas de salaire monétaire, mais les périodes de travail sont contrôlées et comptabilisées. Cela contribuera à sevrer les citoyens du monde des valeurs d'échange. Les décisions relatives à l'attribution de locos à telle ou telle activité font l'objet d'une discussion publique. Le système loco permet de réduire le prix des services publics : une tasse de café dans l'ABC coûtera moins cher si le coût du travail reste bas. Les réparations dans les ateliers seront moins onéreuses si des artisans non rémunérés y participent. Les activités de loco rendent la vie moins chère pour tout le monde, et particulièrement pour ceux qui ne peuvent pas accomplir d'activités de loco parce qu'ils sont trop jeunes, trop vieux ou ont des handicaps. Les visiteurs apprécieront également cette forme d'hospitalité. Le loco s'apparente à une aide mutuelle organisée.

Les activités de loco sont flexibles et peuvent être choisies en fonction des compétences et des préférences de chacun. C'est pourquoi ce système fonctionnera mieux au niveau du glomo-2 ou à un niveau supérieur. Les communautés de voisinage auront leurs propres plateformes pour les tâches internes avec une gamme plus réduite de possibilités. Les obligations liées au loco ne doivent pas être trop lourdes, sans quoi elles empêcheraient de consacrer le temps nécessaire à ces activités de proximité.

Il n'y a pas besoin que les locos soient des objets physiques. La meilleure option serait une comptabilité numérique. Ils ne sont pas une monnaie, mais un moyen de s'organiser. Ils ne peuvent pas être échangés, mais il est possible dans une certaine mesure de les thésauriser, par exemple si vous souhaitez travailler davantage telle année et moins l'année suivante. Le conseil du quartier peut cependant décider d'exprimer sa reconnaissance par de petits cadeaux (chocolat, vin, miel – pas de récompense monétaire !) ou via une loterie destinée aux participants au loco.

Pour résumer, le centre d'activités organise les activités suivantes :

- les locos ;
- les emplois rémunérés réguliers (en collaboration avec les centres publics régionaux d'emploi) ;
- les emplois rémunérés temporaires ;
- les activités bénévoles non rémunérées dans des associations, des ateliers ou pour d'autres citoyens ;
- les activités d'échange de temps (nettoyage de vitre contre leçons d'allemand, assistance informatique contre cours de tricot) avec des systèmes d'échanges locaux, des monnaies de temps ou d'autres systèmes non monétaires (voir le tableau ci-dessous) ;
- la participation bénévole à toutes sortes d'activités récréatives (observation des oiseaux, randonnée, chorale), spontanées ou d'urgence (comme dégager les routes après de fortes chutes de neige).

Le centre d'activités peut également servir de plateforme pour d'autres formes de coordination des besoins et des offres de services. Les quartiers peuvent y afficher les appartements ou les chambres disponibles. On peut y offrir des denrées en surplus ou d'autres articles. Les emplois dans les glomos-1 peuvent également y être affichés, en coordination avec les plateformes locales. Le centre d'activités est une plateforme générale de communication.

La monnaie, la comptabilité et les communs

Par Jens Martignoni*

Comment mesurer et équilibrer les contributions faites et les avantages reçus par chaque individu dans une société ? Comment garantir le plus de liberté personnelle possible ? Ce sont des questions fondamentales auxquelles chaque société – y compris nos communautés de voisinage et nos quartiers – doit répondre.
C'est à cette fin que la monnaie a été inventée, il y a des milliers d'années. Initialement, il n'y avait pas de pièces ni de billets : on comparait et on représentait les biens sous la forme d'une certaine quantité de sel, d'un certain nombre d'animaux, ou à travers d'autres objets précieux.
La monnaie est un système de comptabilité et de documentation en vue de la gestion du foyer, et notamment des réserves, au sein de communautés plus vastes. Babylone utilisait ce type de système pour ses réserves de céréales. Les livraisons de céréales de paysans étaient enregistrées sur des tablettes en argile dans les temples. Ce système était au service de l'économie des communs de cette époque :

tout le monde pour tout le monde. Au fil du temps, des rois, des aristocrates, des prêtres et des marchands itinérants ont créé des foyers plus petits, indépendants et concurrents, qui luttaient entre eux pour le pouvoir et l'influence. L'économie de marché a fait son apparition, et avec elle la lutte *de tous contre tous.* C'est dans ce cadre qu'ont été inventées des pièces faites de métaux précieux, que l'on pouvait accumuler, transporter et voler.

Ces systèmes monétaires existent toujours à notre époque, mais ont été transformés au bénéfice des classes dominantes. La comptabilité communautaire a survécu sous la forme des services publics. Le système bancaire et financier s'est approprié les pièces et les billets. En principe, il y a un monopole d'État sur la monnaie, mais en pratique la monnaie est contrôlée par les banques privées, qui créent autant d'argent qu'elles veulent à travers leurs crédits – de la monnaie scripturale qui n'existe que dans les comptes bancaires. Malheureusement, nous n'avons qu'un seul type de monnaie. L'État lui-même doit utiliser l'argent de l'économie de marché (pas tout le monde pour tout le monde, mais tous contre tous). Les marchands et les aristocrates ont imposé leur système – parfois par la violence – afin qu'il ne soit mis aucune limite à leur enrichissement personnel.

Une communauté de voisinage ou un monde de glomo-5 fondés sur les communs sont donc confrontés à deux défis :

- Comment créer un système interne de comptabilité (un système monétaire) qui soutienne le fonctionnement et la gestion des communs.
- Comment se défendre contre les monnaies dominantes du marché (dollars, euros, francs, etc.) ou les utiliser de manière contrôlée, en se limitant à des formes d'échange compatibles ou dans le cadre de marchés internes clairement définis et limités.

Le centre d'activités incarne une approche prometteuse pour coordonner les contributions personnelles et les avantages retirés du commun par le biais d'un système d'unités, les locos. C'est, de fait, une sorte de comptabilité domestique. Quiconque consacre du temps et des efforts à la communauté reçoit un certain nombre de locos sur un compte personnel. Les locos sont un système de comptabilité limité territorialement. Les locos de différents quartiers ne sont pas interchangeables. Les villes/régions peuvent utiliser des systèmes similaires, mais séparés. Les locos ne sont pas universels et ne sont pas flexibles. Quand de telles caractéristiques restent nécessaires, il vaut mieux utiliser ce qui reste de monnaie traditionnelle (voir ci-dessus).

En tant que monnaie des communs, les locos sont différents des systèmes monétaires traditionnels. Ils ne peuvent pas être accumulés (ou en quantité très limitée). Ils servent principalement de moyen pour vérifier ses obligations et ses droits. Ils vous indiquent si vous avez besoin de faire un effort ou si vous pouvez vous détendre.

Pour compléter l'échange non monétaire, une forme d'échange direct de biens redondants ou de compétences spéciales peut être organisée via une plateforme d'échange de temps. Il existe de nombreux exemples de tels systèmes aujourd'hui : les banques de temps, les cercles d'échange, les systèmes d'échanges locaux, etc.

Il est essentiel que ce genre de petits marchés, comme c'était habituel dans le passé, opère dans un environnement contrôlé et n'interfère pas avec la structure des communs. Les citoyens d'un quartier doivent se voir offrir des moyens de dépasser le mode de vie monétarisé. Les monnaies de marché encouragent l'égoïsme, la compétition et la fraude (comme avec le bitcoin). Elles incitent en outre à l'accumulation de capitaux et génèrent des inégalités et des hiérarchisations sociales. Les communautés de voisinage et les quartiers peuvent se libérer de l'argent, de la monnaie du marché, et utiliser d'autres formes d'organisation sociale pour coopérer de manière équitable et engendrer des libertés nouvelles pour tout le monde.

***

* Jens Martignoni, *Das Geld neu erfinden* [« Réinventer l'argent »], Versus, 2018.

Les ateliers

Le tissu industriel des villes a été détruit ou affaibli dans les années 1980 et 1990, lorsque la division internationale du travail a subi une transformation profonde et que la production industrielle de masse a été délocalisée dans les pays à bas salaires nouvellement intégrés (la mondialisation la plus récente). La dislocation des fonctions n'a pas seulement eu lieu à l'échelle des villes ou des nations, mais à l'échelle du globe. Les conséquences s'en sont fait sentir durant la pandémie, qui a mis un violent coup de frein au commerce international. Des biens qui auraient très bien pu être produits localement se sont révélés soudain indisponibles ou trop onéreux. Le coût de la vie a augmenté fortement.

La séparation actuelle entre les sites de production et de consommation n'est pas seulement dysfonctionnelle d'un point de vue logistique. C'est aussi une aberration écologique, car elle génère des besoins non nécessaires de transport sur de longues distances. Elle entraîne aussi une perte de diversité, de créativité et de moyens de subsistance dans les villes elles-mêmes : la plupart d'entre elles sont des centres monofonctionnels dédiés à l'administration, aux services financiers, au marketing et au divertissement. Elles sont devenues non seulement plus dépendantes du reste du monde, mais aussi moins vivantes. Une ville sans production matérielle est certes problématique d'un point de vue écologique, mais elle est aussi incomplète d'un point de vue culturel. Nous avons un droit à l'*atelier*.

Clairement, et nécessairement, la production industrielle ne peut pas revenir dans les villes sous la même forme que par le passé. Ce type de production correspondait aux besoins de la société de consommation de masse. Dans les villes de demain, nous ne fabriquerons pas de voitures, nous les exploiterons pour en extraire des métaux. À la limite, nous réparerons seulement les voitures les plus belles et les plus anciennes (Rolls-Royce ou Ferrari), pour le plaisir. Ce nouveau type de production industrielle sera plus modeste en termes quantitatifs, de conception écologique, et priorisera la réutilisation, la valorisation *(upcycling)* et le recyclage, le tout en collaboration étroite avec les usagers (qui seront aussi des producteurs). Il sera capillaire plutôt que concentré dans des sites géants. L'*exnovation*, c'est-à-dire l'identification des technologies que nous ne voulons plus utiliser, sera aussi centrale que l'innovation. Les glomos auront besoin d'une technologie d'un type différent : moins présente, plus légère, multifonctionnelle, modulaire, durable. L'objectif est de réduire notre impact écologique, pas d'augmenter la production. Il n'y aura plus de pression du marché. Tout cela n'est possible que sur la base d'une forme de gestion inclusive et démocratique.

L'industrie sera plus proche des citoyens, partie intégrante de l'agencement des quartiers et des villes.

Au niveau d'un glomo-2, l'industrie prend la forme d'un réseau d'ateliers plus ou moins grands, distribués sur tout le territoire : dans les rez-de-chaussée et les cours des glomos-1, ainsi que dans les carrés du coin supérieur droit sur le plan (cf. graphique 5 p. 51), où sont situés les ateliers les plus importants, les machines spécialisées, les dépôts et le CRR2. Ce ne sont pas des forteresses surprotégées, où se passeraient des choses aussi terribles que secrètes, mais des lieux de rencontre ouverts pour les coopérateurs. Tout ce qui ne peut pas être fabriqué ou réparé au niveau du glomo-1 peut être apporté aux ateliers.

Les ateliers sont aussi un endroit où des biens imposants ou spécialisés peuvent être stockés et prêtés aux glomos-1 ou aux individus. Personne n'aura besoin d'acheter un ordinateur, une voiture, un équipement audio, une caméra ou un appareil de cuisson. Au niveau du glomo-1, cela signifie aussi que personne n'aura besoin d'acheter des vêtements, des meubles, des chaussures, des jouets, des tapis ou autres. On peut être pauvre et avoir néanmoins tout ce dont on a besoin. Les glomos-1 auront eux aussi besoin des spécialistes des ateliers pour fabriquer ou réparer leurs équipements de cuisine, leurs ascenseurs, leurs systèmes de chauffage, leurs installations solaires, leurs toits ou leurs fenêtres.

Les ateliers sont intégrés verticalement à l'échelle de la ville/région (ateliers de ville, industries, quartiers dédiés à l'innovation et à la coopération), constituant ainsi les bases du réseau global des Fab Cities (voir ci-dessous). Ce qui ne peut pas être fait dans les ateliers du glomo-2 peut être envoyé à ceux du glomo-3, et ainsi de suite.

La taille et la structure des ateliers peuvent varier de quartier en quartier, et une certaine spécialisation est possible. Dans certains glomos-2, les ateliers occuperont 100 employés sur 500 m^2, dans d'autres 200 sur 10000 m^2. La surface totale, autrement dit le nombre d'étages, peut être plus ou moins importante selon les besoins. De manière générale, un noyau de travailleurs rémunérés sera complété par des bénévoles rémunérés, non rémunérés ou passant par le système des locos (voir ci-dessus à propos du centre d'activités).

De nos jours, les petites entreprises de toutes sortes sont menées à la ruine sous la pression de la mondialisation. Les ateliers peuvent constituer une solution de repli pour tous les mécaniciens virtuoses, artisans et artistes aujourd'hui menacés, ce qui leur permettra de rester utiles et de transmettre leur expertise aux générations suivantes. Les regroupements coopératifs au sein de tels ateliers peuvent d'ores et déjà permettre de survivre. Mieux vaut survivre unis que disparaître divisés.

Comme tous les autres départements fonctionnels d'un glomo-2, les ateliers doivent avoir une forme démocratique de gouvernance en phase avec les besoins généraux du quartier. Il reviendra aux citoyens du glomo-2 de débattre et de décider de ce qui est produit dans les ateliers. Les citoyens actifs dans les ateliers, de leur côté, auront le droit de décider *comment* ils atteignent ces objectifs. Les ateliers ne peuvent pas être des entreprises indépendantes sur un marché libre.

Différents systèmes d'échange cohabiteront au sein des ateliers : une partie des actifs seront rémunérés, d'autres non. Certains des services des ateliers seront payés par le quartier ou la ville avec leurs recettes fiscales. Si vous y louez des biens, vous paierez un forfait monétaire. Vous pourrez y acheter des biens à bas prix, parce qu'ils seront produits par des activités non rémunérées. Pour certains de ces services, les ateliers passeront des contrats avec les communautés de voisinage ou d'autres fonctions du glomo-2. De nombreux biens pourront être empruntés gratuitement, avec peut-être un dépôt de garantie.

Le glomo-2 sous la forme d'une bourgade rurale

Le plus souvent, un glomo-2 sera un quartier urbain. Toute autre forme de réalisation de cette sphère des communs aurait un impact écologique plus important, parce que les fonctions de bases seraient trop dispersées ou que cela entraînerait un suréquipement (par exemple, un hôpital dans une ville de 5 000 habitants). Mais l'urbanisation ne concerne pas seulement les grandes villes ou les mégapoles ; elle concerne aussi les petites bourgades, qui peuvent se réorganiser en glomos-2.

Les bourgades rurales étaient naguère des nœuds relativement denses de services et d'échanges, typiquement concentrés dans les « grand-rues ». En Europe, certaines de ces bourgades d'origine médiévale présentent une grande qualité urbanistique. Ces communautés très solidaires étaient écologiquement efficientes pour leur époque, avant l'explosion de la société de consommation. Tout pouvait se faire à pied : le boulanger était au coin de la rue, l'épicier à 20 mètres, le cordonnier dans l'allée suivante. L'essor de l'automobile et le processus de périurbanisation qui a suivi ont littéralement vidé ces bourgades de leur substance. Elles sont devenues de simples curiosités touristiques, des musées. Les magasins et les services ont été transférés dans des centres commerciaux en marge du centre. Même les bourgades plus importantes comme Venise (50 000 habitants) ont connu une déperdition de leurs services quotidiens. Venise est un musée. Les zones autour de ces ex-bourgades se sont transformées en un mélange informe de pavillons dispersés, de résidus d'agriculture (ou de golfs) et de rares petites usines.

Le mode de vie impérial n'était pas compatible avec un logement dans de petits appartements modestement équipés. Mais il est à la fois nécessaire et écologiquement faisable de « sauver » et de réorganiser ces petites villes. Une des particularités de ces bourgades est d'être immédiatement adjacentes à des terres agricoles, ce qui offre à la fois un approvisionnement alimentaire direct, des possibilités d'activités dans les champs et un accès facile à l'environnement naturel à des fins récréatives.

D'un autre côté, l'éloignement des services spécialisés comme les universités, les hôpitaux, les laboratoires, les ateliers industriels d'une certaine taille, certains services professionnels ou les institutions culturelles est plus important dans ces bourgades que dans les quartiers urbains. Ce désavantage peut être atténué au moyen d'un système de transport public bien organisé, qui évite des déplacements modulaires massifs.

Notre bourgade est un glomo-2 typique, mais intégré au milieu d'un paysage naturel. Ce modèle suit de près le plan présenté page 51.

Figure 9 : Image d'une bourgade rurale

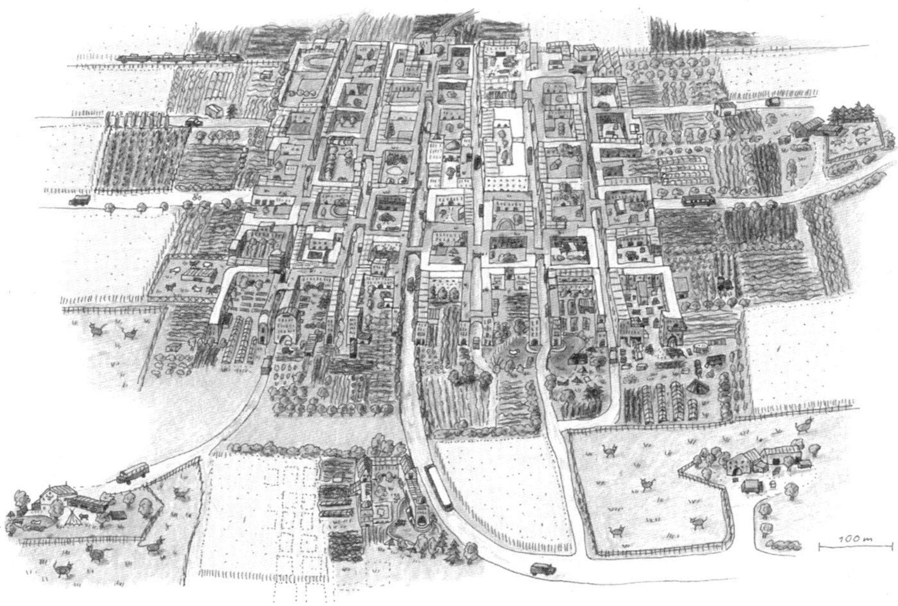

Les proportions ne sont pas rendues de manière exacte, et ce, pour améliorer la visibilité. Les bâtiments sont trop hauts, les véhicules, les plantes et les animaux trop grands. Les surfaces agricoles sont indiquées de manière symbolique. Les unités individuelles (jardins) sont plus petites à proximité de la bourgade, les parcelles plus grandes sont plus éloignées (vaches, céréales, pommes de terre...). Les fermes signalent des agro-bases, qui en réalité se trouvent plus loin. Il y a au premier plan des glomos-1 qui ont incorporé leur propre agro-centre. Au milieu, on peut voir le centre de la bourgade, ici sous un dôme. Les écoles sont à droite, les zones industrielles dans le coin supérieur droit. À l'extrémité nord de la grand-rue se trouve une gare.

Cette bourgade est un modèle. Il est évidemment impossible de faire rentrer tous les différents types de petites villes dans une grille unique. Les bourgades particulièrement historiques s'efforceront de préserver leur centre ancien et pourraient y localiser l'ABC ou le globex, voire les écoles. Notre ville a réussi à « nettoyer » l'étalement suburbain incontrôlé et à reloger les habitants dans de confortables glomos-1. Au premier plan, on peut apercevoir le contour de maisons monofamiliales qui ont été démolies. Un glomo-2 redensifié comme notre bourgade n'est pas aussi bon qu'une grande ville, mais bien meilleur que l'étalement urbain. Il est aussi plus agréable et plus vivant. (C'est probablement pourquoi les sections les plus populaires des parcs Disneyland sont *Main Street* et le village médiéval[10].)

De manière exceptionnelle, un ancien centre commercial (au premier plan à côté du bus) a été transformé en un glomo-1 rebaptisé Éden. Les distances entre Éden et le centre du glomo-2 sont un peu plus grandes que de coutume, et les synergies avec les autres communautés de voisinage plus difficiles, mais ses membres peuvent avoir leur propre agro-base à l'intérieur même du glomo-1 et autour du rez-de-chaussée. Ce type de glomo-1 séparé peut constituer une formule intéressante pour des villages denses dans des conditions particulières (en montagne, dans la jungle, sur de petites îles). On peut encore en trouver en Grèce, au Maroc, au Mexique, dans les Alpes et en Polynésie. Nous en parlerons ci-dessous. Les glomos-1 isolés ne sont pas un modèle viable, mais une exception : il faut résister à la tentation de sauver les « villages qui meurent ». Cependant, des améliorations sociales et écologiques restent possibles. De meilleures liaisons avec les glomos-1 urbains peuvent être utiles. Par exemple, un glomo-1 rural peut tenir lieu d'agro-base et de lieu de loisirs pour un glomo-1 urbain. Mais les liaisons avec les services spécialisés resteront toujours problématiques et probablement coûteuses. Déménager en ville est l'option la meilleure et la plus agréable.

Dans notre bourgade, des jardins maraîchers et d'autres champs sont directement adjacents au bâti, mais c'est une illusion d'optique et cela ne la rend pas plus verte. L'impact écologique de l'alimentation n'est que partiellement lié au transport. Les méthodes de production (par exemple, l'utilisation d'énergies fossiles) sont plus déterminantes, de même que le régime alimentaire, le stockage, l'emballage et le gaspillage. La distance aux champs n'excède pas 200 mètres (2 minutes à pied) pour les glomos-1. Dans une grande ville, la distance est, dans le cas optimal, de 15 kilomètres (couvrant 67 500 hectares, 1 000 glomos-1 n'ont besoin que de 62 000 hectares sur ces 67 500). Dans des conditions topographiques plus réalistes, la distance pourrait être de 20 kilomètres, un trajet d'une demi-heure avec un petit camion, pour transporter 3 tonnes deux fois par semaine[11].

Routes, rues, allées, transports

Comme tous les autres glomos-2, notre ville a une grille de 14 rues de 10 mètres de large. Pour les rues où passent des bus plus gros, il est possible d'aller jusqu'à 15 mètres, les glomos-1 concernés payant l'accès facilité aux lignes de transport en commun en cédant une partie de leur foncier.

10. Certains urbanistes estiment que Disneyland est avec Venise la structure urbaine la plus réussie de la planète. Pourquoi ne pas avoir son propre Disneyland dans son quartier, au quotidien ? Pourquoi ne pas creuser des canaux et simuler des façades d'immeubles délabrées dans votre ville ? Cela économiserait bien des dépenses et bien des heures de vol

11. Cf. P.M., *"The Power of Neighborhood" and The Commons, op. cit.*, p. 38.

La priorité n'est pas de créer des systèmes de transport, des rues, des canaux, des autoroutes et autres moyens de se déplacer, mais de réduire le besoin de transport en lui-même. Il faut que davantage de choses se passent plus près, il faut relocaliser. Cela déterminera quels sont les mouvements de choses ou de personnes qui demeureront.

Les rues ne sont pas de simples couloirs pour le trafic automobile, comme c'est le cas aujourd'hui. Elles sont des « flânoirs », des espaces dédiés à une multiplicité d'usages extérieurs. Imaginez une rue orientale ou médiévale. Les carrefours peuvent être transformés en petites places. La vie des rues peut aussi déborder sur les cours intérieures, les glomos-1 n'étant pas des communautés closes, mais des lieux traversés par toutes sortes de voies de passage, comme à Venise. La plupart des rues seront entourées d'arcades, comme dans le centre ancien de Berne en Suisse. Il y aura des bancs partout. Dès lors que les rues elles-mêmes sont des espaces d'interaction sociale, il n'y a pas besoin de places supplémentaires, si ce n'est la plaza du centre du glomo-2. Les gens seront partout et seront rarement dérangés par le passage occasionnel d'un agro-camion, d'un vélo-cargo électrique, d'un taxi, d'un minibus ou d'une Chevrolet. Les rues seront propres et douces, pavées de céramique comme à Marrakech ou de dalles en marbre comme à Dubrovnik. De mai à octobre, la plupart des gens pourront marcher pieds nus. Par la couleur du vernis de leurs ongles, on pourra deviner de quels glomos-1 ils viennent ; les miens sont bleus et orange. Les vélos sont un bon antidote contre le trafic automobile d'aujourd'hui. Mais lorsque nous nous serons débarrassés des voitures, ils deviendront surtout une source de nuisance. Ils vont trop vite et prennent trop d'espace. Dans le monde des glomos, il n'y aura pas besoin de se hâter.

Les rues étant plus vivables, elles contribueront à compenser la réduction de la taille des logements privés. Certaines d'entre elles pourront être transformées en passages couverts et donc être utilisées sous des climats froids ou en cas de mauvais temps.

Les bus sont plus flexibles et ont besoin d'une infrastructure moins sophistiquée que les trams ou les trains. Une poignée de lignes de bus et un système d'autobus à la demande et de taxis suffiront pour les glomos-2 et les grandes villes. Entre les glomos-2 isolés et les grandes villes, les trains sont la solution idéale. Ils pourront à leur tour être connectés entre eux via des réseaux territoriaux ou continentaux. Si la vie de rue devient plus intense, les bus seront plus appropriés car ils peuvent s'arrêter rapidement et contourner au besoin les activités ou les personnes. Les bus seront électriques, avec des stations de chargement partout. Ils n'auront pas besoin de dépôts – ils pourront être simplement garés le soir à côté du domicile du chauffeur en poste le lendemain matin. Ils pourront également être utilisés par des groupes pour des excursions improvisées à la campagne. De fait, il est possible de traverser les continents à bord de bus électriques.

Dans les villes, les véhicules motorisés seront généralement électriques, ce qui permettra d'éviter la pollution locale de l'air. Ils seront plus écologiques non pas parce qu'ils fonctionneront à l'électricité (tout dépend de la manière dont celle-ci est produite), mais parce qu'ils seront peu nombreux et qu'ils parcourront de courtes distances.

Les ateliers disposeront de véhicules pour tous les usages spéciaux: construction, camions de pompiers, mariages, etc. Pour les petits transports (qui seront les plus fréquents), les vélos-cargos d'une capacité maximale de 200 kg sont idéaux. Les animaux (ânes, chevaux, chiens, chameaux), aussi mignons soient-ils, requièrent des étables, du fourrage (qui pourrait être utilisé pour les humains), ainsi que des soins constants. Si les enfants veulent voir et toucher un animal, l'agro-base est l'endroit idéal. Faire venir des chevaux, des ânes ou des chameaux (ou même des vaches) à des fins récréatives sur la plaza n'est bien entendu pas un problème. Nous n'allons pas entrer ici dans une discussion sur les animaux domestiques en général.

Quel vert est vraiment vert ?

La plupart des gens utilisent le terme « vert » comme synonyme d'« écologique », ce qui est absurde. Une ville verte peut être très peu écologique. Houston, au Texas, est beaucoup plus verte que Manhattan, mais beaucoup moins écologique[12]. Les villes vraiment vertes ne sont pas vertes, mais denses. Les petites maisons au milieu d'une verte campagne sont un désastre écologique. Une étude menée en Suisse[13] a montré que les coûts des infrastructures à la campagne sont trois fois plus élevés que dans les zones urbaines: des routes plus longues, des câbles plus longs, des canalisations plus longues... à chaque nouvelle personne.

Mais les gens n'ont-ils pas besoin de verdure pour être heureux? Il n'y a aucune preuve de cela. Pensez aux tribus du désert ou aux Inuits. Ne vivent-ils pas des vies dignes de ce nom? Personne n'a jamais découvert de pulsion verte (comme la pulsion sexuelle ou la pulsion de mort). Les loisirs verts sont plutôt un fait historique, une conséquence de l'urbanisation brutale et industrielle du XIXe siècle. Lorsque les villes deviennent des lieux hideux envahis par une circulation bruyante, par des productions toxiques et soumis au chantage économique, toute échappatoire est la bienvenue. Certes, les villes du XIXe siècle étaient malsaines, mais les villes du XXIe siècle pourraient être aussi saines que la vie à la campagne. Et puisque nous serons plus actifs, nous n'aurons pas besoin de loisirs supplémentaires.

12. David Owen (*Green Metropolis*, Riverhead Books, 2009) cite Phoenix, dans l'Arizona, dont la population est le double de celle de Manhattan, mais sur une surface 200 fois plus importante. Les New-Yorkais consomment 4 696 kWh d'énergie par an, les habitants de Dallas au Texas 16 116 kWh. Les New-Yorkais émettent 7,1 tonnes de CO_2 par personne, les Américains 24,5 tonnes. Cela ne signifie pas que New York soit un paradis écologique. Ses émissions sont simplement partagées entre davantage de personnes.

13. Ecoplan, B+S, Hunziker Betatech, *Infrastrukturkosten unterschiedlicher Siedlungstypen*, Berne, 2017. Les résidents urbains engendrent des coûts d'infrastructures de 1 148 francs suisses par an, les ruraux de 3 232 francs suisses. Ce coût reflète la consommation de ressources. Les populations urbaines marchent plus et sont donc en meilleure santé que les rurales.

La verdure n'a donc aujourd'hui pour fonction que de compenser des problèmes que nous allons surmonter. Les parcs ont été créés pour donner à des prolétaires épuisés et en colère des lieux pour se défouler : se promener dans un parc est une alternative au risque de manifestations dangereuses pour l'ordre établi. Les parcs qui étaient l'apanage de l'aristocratie ont été ouverts au public pour l'apaiser. Pour le prolétariat industriel, les parcs étaient une sorte de remède à la perte du lien avec la campagne, avec l'agriculture. Nous proposons de rétablir ce lien de manière fonctionnelle.

Vivre dans des villes où il n'y a pratiquement pas d'arbres, de parcs ou de jardins peut être extrêmement agréable – il suffit de penser aux villes italiennes. Venise n'a que quelques parcs dans sa périphérie orientale.

Les espaces verts occupent de l'espace (sauf sur les toits et les façades), ce qui allonge les distances entre les fonctions et génère davantage de trafic. Le vert nous divise (une bonne chose peut-être si nous ne pouvons pas nous supporter les uns les autres). Optimiser une ville pour maximiser la verdure est donc pure folie. Les fonctions principales des villes sont la démocratie, les synergies et l'interaction humaine. La ville rassemble des gens, pas des arbres. Le jardin d'Épicure – le *kipos* – se trouvait à l'extérieur d'Athènes. Nous voulons la ville agora, pas la ville verte.

La plupart des espaces verts qui se trouvent dans les villes sont défensifs. Les pelouses, les haies et les buissons épineux dans les jardins sont censés nous protéger contre les voisins, les intrus, voire les cambrioleurs. Or nos glomos-1 ne sont pas des refuges, mais des structures ouvertes connectées à l'ensemble de la vie urbaine. Nous voulons être accueillants, non hostiles.

Une fois cela dit et compris, il devient possible d'évoquer certaines utilisations secondaires des plantes dans les glomos. Les plantes sont bonnes pour le microclimat et pour un peu de jardinage urbain. Si vous considérez notre petite ville, vous y verrez 40 cours intérieures de 3 800 m² chacune, qui peuvent être utilisées pour des plantations. Cela représente 15,2 hectares pour l'ensemble du glomo-2 (7,6 m² par personne). Si l'on utilise environ 25 % des toits pour y mettre de la verdure (pas d'arbres !), on obtient 4 hectares supplémentaires (40 x 1 000 m² sur une surface au sol de 4 256 m²). La particularité de notre croquis (cf graphique 6) est que les toits ont été reliés entre eux par des ponts, de sorte que l'on peut se promener dans le quartier soit dans les rues, soit sur les toits (c'est un autre avantage d'une hauteur standardisée de six étages). Les autres surfaces de toit sont utilisées pour des panneaux solaires ou sont peintes en blanc pour refléter la lumière du soleil. Dans l'ensemble, et même sans compter les 2 hectares de verdure possibles dans les carrés en haut à gauche, notre glomo-2 offre plus de 8 m² d'espace vert par habitant, ce qui est précisément l'objectif de l'ambitieux programme de « ville verte » de Zurich. Notre ville n'a pas de parc, elle est en pratique *sous* un parc. Un avertissement à ce propos : la verdure sur les toits n'est pas sans problème et nécessite beaucoup d'entretien, les toits devant être construits spécialement pour cela. Dans certaines situations, cela peut représenter un inconvénient écologique. La verdure sur les façades de la cour (s'il vous plaît, pas de façades vertes donnant sur la rue – elles pourraient tranquilliser la vie urbaine) contribuera également à entretenir le microclimat. Mais les façades doivent également être utilisées pour y mettre des panneaux solaires. Un compromis est donc nécessaire entre le microclimat et le climat.

Les verdures décoratives soignées de toutes sortes dans les appartements, les halls d'entrée, au bord de certaines rues ne posent aucun problème. On peut avoir une discussion politique sous un tilleul. On peut aussi le faire au café ABC.

Le vert n'est pas véritablement nécessaire *dans* la ville, c'est la densité de la ville elle-même qui rapproche les gens du véritable vert *autour* de la ville. Une promenade de 5 minutes dans notre bourgade, ou de 15 minutes dans une grande ville, vous amènera à un environnement naturel régénéré autour de la ville, libéré de l'étalement urbain. Ainsi, notre ville n'a pas de parc, mais elle se trouve au milieu d'un « parc ».

Les jardins urbains ont le même effet que les espaces verts en général : ils créent de la distance. Et ils sont totalement inefficients. Ils orientent les ressources dans la mauvaise direction. Selon Ursina Eichenberger[14], seulement 2 % environ de l'ensemble de notre approvisionnement alimentaire pourrait raisonnablement être produit dans les villes elles-mêmes (la surface totale nécessaire pour un seul glomo-1 est de 62 hectares, un glomo-2 couvre 49 hectares). Elle cite le miel, les herbes aromatiques, les baies et les fruits, quelques lapins et poules (par exemple, dans l'arrière-cour ; avec un coq, on a du même coup un réveil gratuit). Grâce à des méthodes de haute technologie (aquariums, serres sur les toits, etc.), il est possible de produire davantage, mais cela requiert des ressources techniques et énergétiques. Il y a encore de la vraie terre à la campagne – nous ne sommes pas si désespérés que ça. Utilisons mieux les terres disponibles et prenons soin du sol au lieu de construire de coûteuses plantations hors-sol. Libérons davantage de terrains proches des villes de l'emprise des centres commerciaux et des franchises. Certes, le jardinage urbain et le bricolage high-tech peuvent avoir une fonction pédagogique ou scientifique : les enfants peuvent apprendre à connaître la culture des plantes ; les ingénieurs peuvent expérimenter de nouvelles technologies. Mais au lieu de jardins-écoles dans les villes, il sera beaucoup plus facile et intéressant de visiter des agro-bases aussi souvent que possible. Là, vous pourrez entrer en contact avec de vraies pommes de terre et de vraies vaches, dont vous connaîtrez les noms.

---

14. *In* Hans Widmer, *Die Andere Stadt*, *op. cit.*

CHAPITRE 4
LE GLOMO-3

La grande ville et la région

En divisant un territoire (glomo-4, environ 50 000 km²) en neuf carrés, on obtient neuf régions fonctionnelles avec une grande ville en leur centre pour les services plus sophistiqués ou spécialisés.

Notre ville modèle de 500 000 habitants est située dans une région de 5 555 km², dans laquelle vivent 1,1 million de personnes. Nous supposons que, dans beaucoup de régions du monde, la plupart des gens vivront dans les plus grandes villes d'entre 200 000 et un million ou plus d'habitants. La région modèle est un carré de 75 kilomètres de côté.

Ceci est une région de 5 555 km² de superficie, avec 1,1 million d'habitants, quelques bourgades rurales et une grande ville de 500 000 habitants.

Il serait possible, en théorie, de loger les 1,1 million de personnes dans une seule grande ville de 55 quartiers et de libérer la terre pour des usages agricoles et industriels. Ce serait cependant très éloigné de la réalité vécue. Si 500 000 personnes vivent dans la grande ville, et 250 000 supplémentaires dans des bourgades plus petites, il reste 25 % de la population dispersée dans les zones rurales. L'objectif d'un taux d'urbanisation de 75 % est donc atteint.

L'idée d'une ville centrale dense comme centre de services pour une région à 35 kilomètres ou 35 minutes en train, en bus ou en camion semble faire sens d'un point de vue écologique tout en restant réaliste.

Une grande ville entre dans une grille de 6 carrés sur 6, qui représentent les glomos-2. La ville entière fait 4,2 kilomètres sur 4,2 kilomètres, soit 17,64 km².

L'arrangement des services obéit aux principes de centralité et de synergies : hôpital et université, I/C (innovation/coopération, voir p. 95) et université, I/C et culture, etc.

Une gare ferroviaire ou routière est située au centre géométrique et garantit une connexion avec le centre de santé régional et l'administration pour les autres quartiers et bourgades de la région. Quarante-neuf hectares sont alloués à chaque fonction générale – ce qui, comme nous le verrons, devrait être suffisant. Comme la plupart de ces zones sont adjacentes, il est facile d'échanger des terrains entre elles. Une spécificité de notre plan est que nous avons mis à part un carré catégorisé « réserve, divers » pour favoriser la flexibilité et l'ouverture à des utilisations variées futures. Quelles pourraient être ces utilisations ? Des carnavals ? Des cirques ? Des expositions temporaires ? Des patinoires ? Des bains thermaux ? Des foires ? Des conventions ? Des festivals ? Des parcs d'attractions ? Des rassemblements de nomades ? Que le centre d'une ville soit ainsi doté de réserves foncières non utilisées va à l'encontre de toute logique immobilière commerciale, mais c'est nécessaire pour ne pas bloquer le développement d'une ville avec des servitudes d'usage trop rigides. Toutes ces utilisations se trouveraient alors reléguées dans les marges, au lieu d'être des attractions qui animent le centre-ville. De telles erreurs ont été faites dans la plupart des grandes villes sous la pression du développement immobilier. La réutilisation de zones industrielles, de lignes ferroviaires redondantes ou d'anciens entrepôts et usines peut offrir de nouvelles opportunités.

La grande ville n'a pas besoin de grandes places emblématiques – il n'y a plus personne à impressionner. Le remodelage des centres-villes historiques pour en faire des espaces démocratiques, créatifs et conviviaux est souvent un défi. Lorsque ces villes ont été fondées, elles ont été conçues pour servir de scène à l'aristocratie, à de riches magnats ou à d'autres élites, pour accueillir des parades militaires et autres cérémonies permettant de faire de l'esbroufe. Ces espaces peuvent être transformés par des ponts provisoires, des pavillons, des tentes ou des illuminations tapageuses créant un effet ironique de détoxification.

Si la hauteur des immeubles varie généralement entre cinq et huit étages, le centre-ville peut être plus varié, formant un contraste avec les usages habituels. C'est le bon endroit pour les miracles architecturaux, les tours, les dômes, les grandes galeries et les halls. Gehry et ses collègues peuvent en faire leur terrain de jeu.

Le centre-ville n'a pas la même importance pour les citoyens que les centres de quartier. Vous n'y allez que si vous avez quelque chose de spécial à y faire ou lorsque vous avez besoin de services spécialisés, comme une opération chirurgicale à l'hôpital, une procédure judiciaire au tribunal, une visite à l'opéra, au théâtre ou dans un musée. Comme toutes ces fonctions sont rapprochées les unes des autres, certaines de ces démarches peuvent être combinées pour éviter des déplacements supplémentaires. Sont également regroupées dans le centre-ville des entreprises privées : restaurants de luxe ou exceptionnels, joailliers, magasins de mode, commerces spécialisés de toutes sortes qui ne peuvent subsister que s'ils ont la clientèle d'un vaste territoire.

Que le centre-ville soit une fonction de la région – tout en accueillant des visiteurs d'autres villes et du monde entier – n'exclut pas la présence éparse de logements ou de glomos-1. Les centres sans habitants tendent à se vider à certaines heures et donc à devenir moins attractifs et moins sûrs. On y trouve également des hôtels publics et privés et des maisons d'hôtes.

Le *métrofoyer* (voir ci-dessous) près de la gare accueille des visiteurs du monde entier et les aide à trouver à se loger dans des glomos-1 ou des hôtels.

Le centre d'une grande ville aura des caractéristiques différentes de ceux d'une grande ville d'aujourd'hui, parce que l'essentiel de la vie urbaine aura lieu dans les 25 centres de quartier, et particulièrement dans leurs ABC. Comme ces centres de quartier n'existent pas actuellement et que de larges parties des villes sont des déserts sociaux et culturels, les centres subissent des afflux massifs et temporaires de touristes, de citoyens en quête de divertissement, d'acheteurs qui les transforment en centres commerciaux le jour et en espaces vides et sans vie la nuit. Le shopping de masse n'étant plus nécessaire, le centre deviendra un lieu dédié à d'autres activités non commerciales plus durables. Notre ville modèle sera une ville qui ne dort jamais. Il y aura suffisamment de place dans les rez-de-chaussée pour des entreprises privées de toutes sortes, de petits marchés, des brocantes, etc. Les espaces extérieurs profiteront de l'absence de trafic automobile ou autre. De grands événements avec des milliers de participants pourront, bien entendu, toujours être organisés.

Les grandes villes ne peuvent pas être remplacées par des unités urbaines plus petites. Elles ne sont pas simplement une addition de grands villages ou de bourgades, mais quelque chose de qualitativement différent. Elles ont une qualité sociale unique qui requiert une certaine diversité, un nombre suffisant de citoyens et, par conséquent, une région dont elles sont le « centre de services » (à travers, par exemple, les hôpitaux et les universités). Le nombre d'habitants les rend efficientes d'un point de vue écologique. Les villes de 200 000 à 2 millions d'habitants peuvent remplir ces fonctions selon les circonstances et les exigences locales. Les villes plus petites qui tentent de jouer le même rôle auront besoin de plus de ressources par personne ou devront renoncer à la diversité, à certaines qualités et à certains services. Elles tendent également à être moins internationales, à abriter moins de ressources culturelles et à devenir « provinciales ». Les gens finiront par les quitter pour une « vraie ville », ce qui entraînera une sélection négative des talents. Il n'y a qu'un seul monde, et tout le monde veut en faire partie. Seule une grande ville peut garantir quelque chose comme la « joie de l'urbain ». L'idée de renvoyer les migrants dans leurs villages est franchement impérialiste.

La taille n'est pas seulement importante pour des raisons écologiques et fonctionnelles. Elle génère des qualités nouvelles grâce à la multiplicité de talents, de ressources, de philosophies, de gastronomies, d'idées et de personnalités qui entrent en contact les uns avec les autres. Les idées ont besoin d'une certaine résonance pour s'épanouir. La probabilité qu'un projet prenne son envol, réussisse ou soit démenti est tout simplement plus importante dans un lieu plus grand doté d'une population plus nombreuse. La taille crée des opportunités, de la résilience (un facteur important de résilience est la diversité), de la mobilité interne sans défections, de la flexibilité dans les utilisations et les réutilisations, des plans B, C ou D. Elle est un générateur aléatoire, un attracteur, un réservoir d'heureuses surprises. **La qualité d'une grande ville est l'émergence liée à la taille**, comme pour le cerveau humain. La conscience n'est apparue que lorsque le cerveau a atteint une certaine taille. Une grande ville permet la survie d'un plus grand nombre de sous-systèmes, de sous-ensembles sociaux, de sous-langues. Une langue avec trop peu de signes sera un mauvais outil pour s'exprimer. Une grande ville est un gigantesque dictionnaire de signes. Bien sûr, on peut mener une vie heureuse dans un village de montagne, mais cela implique de réduire ses options : vaches ou chèvres. La plupart des gens quittent ce genre d'endroit parce qu'ils sentent qu'ils ont un plus grand potentiel. S'ils ne le font pas, ils n'ont pas le droit de se plaindre. S'ils ne le peuvent pas, ils ont besoin d'être aidés.

Les villes trop grandes ne génèrent pas de qualités supplémentaires, mais simplement davantage de trafic. New York n'a pas de meilleurs hôpitaux que Zurich, de meilleurs théâtres ou de meilleures universités, elle en a simplement plus et de plus grands. En même temps, New York présente tous sortes d'inconvénients, comme la surcharge des services publics ou leurs pannes occasionnelles, et subit de plein fouet la problématique des mégapoles et des villes d'arrivée (toutes les villes seront des villes d'arrivée, mais les arrivées seront plus dispersées – et il y aura aussi des départs). Les mégapoles n'ont pas été créées dans l'intention de construire de grands lieux fascinants, mais comme des machines économiques. La plupart de ce qu'une petite élite riche juge fascinant n'est que pure horreur pour la grande majorité. Nous ne devons donc pas succomber au mythe de la grande ville. La « Belle Époque » n'était pas belle pour tout le monde. Si vous regardez de plus près, les grandes villes sont plutôt ordinaires. Elles ont atteint la limite de leurs possibilités. Il y a en leur sein un certain ennui, qui est devenu manifeste lors de la pandémie. L'histoire est intéressante, mais nous devrions considérer ces structures urbaines telles qu'elles sont réellement dans la vie de tous les jours. L'histoire de Paris, Shanghai, Londres ou Buenos Aires et les bâtiments qui nous la rappellent sont irremplaçables, mais un autre avenir doit être possible. Les mégapoles existantes ont besoin d'un nouveau souffle, d'une régénération (voir les lamentations de Jane Jacobs), d'une nouvelle fondation sociale. Les aristocraties et les bourgeoisies, qui constituaient le cœur des villes de l'Ancien Monde, n'y habitent même plus physiquement. Les inégalités comme reflet du glamour métropolitain ont perdu de leur séduction cynique. La diversité est possible sans divisions sociales. Nous sommes tous suffisamment divers en tant que personnes. Ce qui nous a manqué depuis trop longtemps, c'est une scène ouverte sur laquelle nous exprimer tous et interagir librement les uns avec les autres. Une poignée de riches dans leurs limousines n'a rien de satisfaisant. Nous devons prendre les rênes.

L'approche est la même à tous les niveaux : construire des communs depuis la base jusqu'au sommet – des glomos-1 adaptés du point de vue social et environnemental, des glomos-2 revitalisés et des centres de services régionaux fonctionnels à la bonne distance. D'ores et déjà, des villes comme Paris ou Londres n'ont pas de centre unique. Il y a quelques centres symboliques, comme Times Square à New York ou Piccadilly Circus à Londres, mais ce ne sont pas des lieux fonctionnels d'un point de vue matériel. Les mégapoles qui se sont développées sur la base de la logique impériale devront changer. Imaginez simplement Los Angeles ou Lagos sans voitures et vous verrez qu'elles deviendront des endroits complètement différents.

Si l'on prend 500 000 habitants comme ordre de grandeur moyen (dans certaines parties du monde, ce sera plutôt 5 millions), cela donne 7 200 villes mondiales formant un réseau (voir ci-dessous la Fab City). Elles seront le monde en acte. C'est là que les choses se passeront.

La vie urbaine a traditionnellement été interprétée dans une perspective occidentale, coloniale et impériale. Autour d'un noyau de citoyens riches et puissants était tolérée une périphérie pittoresque de communautés multiculturelles, principalement ethniques, comme une sorte d'ingrédient additif coloré. Cette sorte de multiculturalisme subalterne sera remplacé par l'accès universel à toutes les ressources culturelles et scientifiques. Il n'y a donc pas de sens à classifier les villes comme européennes, africaines, américaines ou asiatiques et à s'enfermer ainsi dans des cages ethniques ou historiques. Les villes seront architecturalement différentes du fait de l'adaptation au climat et des matériaux de construction disponibles. Mais elles devront toutes rester dans les limites écologiques de la planète et être fondées sur un métabolisme social non économique. Les terrains, les constructions ou les infrastructures pourront être moins chers dans certaines régions, mais la densité restera nécessaire. Créer des distances sur des terrains chers ou bon marché ne fait pas de différence – le transport reste le transport.

La richesse culturelle n'a pas besoin d'être ethnique. Cependant, pour mettre notre ville mondiale en perspective, on pourrait pour un moment visualiser la composition ethnique/nationale de notre ville modèle.

Sur 500 000 habitants, on trouve, entre autres :
- 65 000 seraient indiens ;
- 62 500 chinois ;
- 60 000 africains subsahariens ;
- 18 750 états-uniens ;
- 5 000 allemands ;
- 500 suisses ;
- 250 danois ;
- 7,7 liechtensteiniens.

Une ville mondiale ne sera certainement pas une ville « occidentale ». Mais elle ne sera pas non plus orientale. Personne ne s'intéressera à l'apparence ou à l'origine des gens, mais à ce qu'ils pensent ou font, à la manière dont ils contribuent aux communs et à la vie urbaine en général : sont-ils des membres fiables d'une coopérative, des citoyens politiquement actifs, de bons voisins, des interlocuteurs intéressants ? C'est l'activité qui compte, pas l'identité.

Un autre type de densité

Notre ville modèle est très dense – 28 000 personnes par kilomètre carré. La ville de Paris, dont la structure bâtie est comparable (six étages, périmètre des immeubles), a une densité de 20 755. Deux grands parcs aux franges est et ouest de la ville, d'une superficie d'un kilomètre carré chacun, sont cependant inclus dans ce chiffre, de sorte que notre densité correspond à peu près à celle des parties effectivement habitées de Paris.

Cela signifie que nous avons la densité d'une ville agréable et vivante où l'on aimerait se rendre en tant que touriste. Les villes moins denses – si elles méritent même encore ce nom – tendent à être moins attrayantes : la vie urbaine y est tout simplement trop diluée pour s'épanouir. Manhattan a une densité de 27 500 habitants au kilomètre carré, mais leur répartition est plus inégale que celle de Paris : des gratte-ciel côtoient des immeubles plus bas de type *brownstones*, de sorte qu'il y a des quartiers intéressants et d'autres qui le sont moins. Los Angeles ne compte que 905 habitants au kilomètre carré. Kowloon, le district le plus dense de Hong Kong, a une densité de 48 000 personnes par kilomètre carré, ce qui le rend plus dense que notre grande ville, tout en restant populaire et agréable à vivre. Après tout, si les Hongkongais ont manifesté dans les rues, ce n'était pas contre la densité, mais bien pour la démocratie[1].

La densité de notre ville modèle ne peut cependant être comparée à celle des grandes villes d'aujourd'hui, car elle a un caractère social et économique complètement différent. Ce n'est pas une monstruosité commerciale et exclusive. Elle offre des espaces publiquement accessibles pour les activités réelles de citoyens réels. L'un de ses centres d'attraction sera certainement l'I/C, où des inventions et des projets sont développés dans le cadre d'un processus de recherche et de production pair à pair. Comme nous l'avons mentionné plus haut, la grande ville n'est pas d'abord « verte », bien qu'il y ait encore plus d'espaces verts distribués qu'aujourd'hui. Les grands parcs ne sont toutefois pas nécessaires et seraient presque un obstacle, car c'est la densité qui réduit la distance avec la campagne autour de la ville.

Les environs d'une grande ville se trouvent en moyenne à une distance de 2,05 kilomètres, soit 30 minutes à pied ou 5 minutes et 58 secondes à vélo. Ajoutez les 15 lignes de bus et les bus à la demande, et nous avons une ville de 15 minutes. Le centre est, bien sûr, tout aussi proche.

1. Selon une étude de Bruno S. Frey, la démocratie rend heureux : www.nzz.ch/feuilleton/macht-demokratie-gluecklich-1-18042453

Figure 10 : Image d'une grande ville

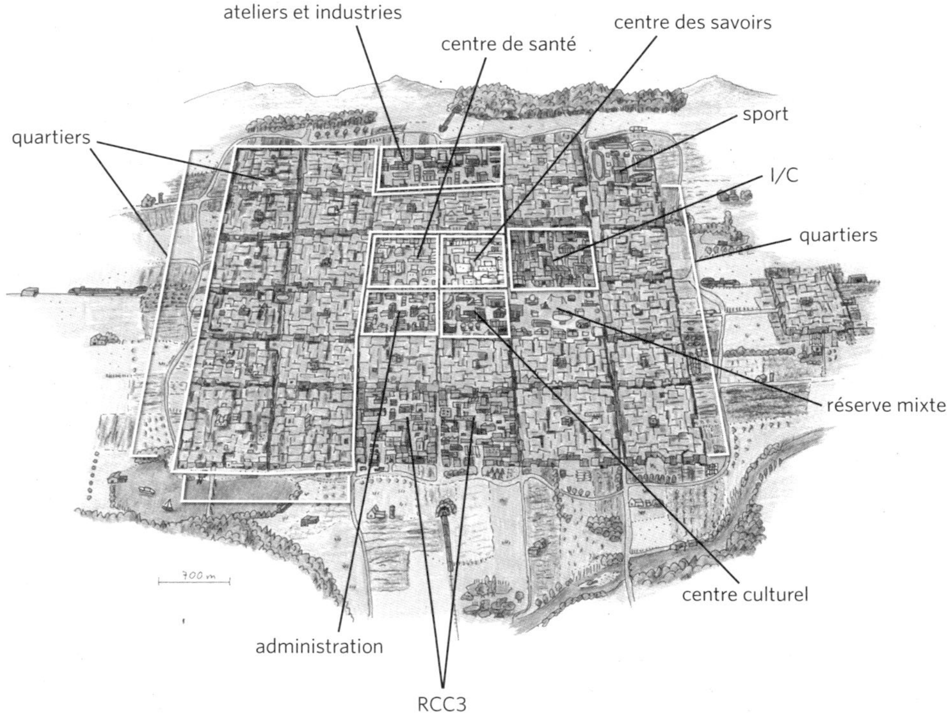

Ceci est l'image d'une grande ville mondiale de 500 000 habitants sur 17,6 km². Elle est située dans une région tempérée de la planète. La proportionnalité n'est pas strictement respectée pour améliorer la visibilité : les bâtiments, les rues, les bus, les arbres sont trop grands. La forme architecturale est symbolique. Le réseau de rues est à peine ébauché. Les surfaces agricoles sont symboliques : les jardins sont plus proches de la ville, les champs et les prairies plus éloignés. Les fermes représentent des agro-bases. Il manque beaucoup de choses : des cimetières, des CRR3, des industries. Sur le côté droit, on voit une bourgade de 20 000 habitants liée à la ville – elle pourrait aussi bien être beaucoup plus éloignée.

À titre de caractéristique spéciale, les habitants de cette ville ont décidé de construire une route circulaire de 17 km tout autour de la ville. Il faut compter pour la parcourir en entier 4 heures de marche, 1 heure de vélo et 30 minutes de bus. Cette route permet d'accéder au « parc » – un paysage de lacs, d'étangs, de forêts, d'auberges de campagne, de rivières, de sites de pique-nique, de champs et de marais, dans lequel la ville est insérée.

La région du glomo-3

La région est définie par les fonctions situées dans la grande ville. Le terme de région est utilisé dans des contextes très différents et ne nous aide pas beaucoup en lui-même. Cela peut aller de la région autour d'une bourgade (20 000 habitants) à la région Provence-Alpes-Côte d'Azur en France (5 millions d'habitants), aux *regioni* en Italie, à l'Eurodistrict autour de Bâle, et ainsi de suite. Il est aussi question de régions métropolitaines, de biorégions, de régions autonomes. Il y a toutes sortes de districts, de raïons, d'oblasts, de comtés et de provinces qui se réfèrent à des territoires historiques ou purement administratifs. Aucun d'entre eux n'est utile pour structurer les communs.

Notre région (glomo-3) est purement fonctionnelle. C'est un territoire correspondant à certaines spécialisations et à des impératifs logistiques. C'est un territoire qu'on peut parcourir en 30 minutes (bus, train). C'est aussi le territoire qui permet (en fonction de la zone de végétation) un approvisionnement de base en nourriture. Deux mille deux cents quartiers (glomos-1), 1,1 million de personnes vivant dans la grande ville et la région ont besoin de 136 40 hectares de terres agricoles ; notre région a une superficie de 555 500 hectares. Cela devrait suffire, même si l'on soustrait les terres bâties, les forêts, les lacs, les mers et les zones improductives. Les agro-bases agricoles des communautés de voisinage n'ont pas forcément besoin d'être situées à l'intérieur des frontières de la région.

La longueur d'un côté de notre région modèle est de 75 kilomètres, et la distance moyenne à une agro-base est de 37,5 kilomètres, soit 30 minutes avec un petit camion. Si une base est plus éloignée, disons à une heure de distance, elle est encore suffisamment proche pour que les salades ne se flétrissent pas en chemin. Même de très grandes villes comme New York pourraient trouver suffisamment de terres dans des agro-bases agricoles situées dans le nord de l'État, dans le New Jersey ou à Long Island, à une distance de 100 km[2].

Le glomo-3 est le niveau où la réurbanisation et la reruralisation coïncident. C'est la première unité territoriale autosubsistante d'un point de vue matériel. Le niveau supérieur, celui du glomo-4, ne fera qu'ajouter des fonctions de communication, de péréquation et de régulation.

Il existe cependant de nombreuses exceptions à ce modèle. Il se peut qu'il n'y ait pas de grande ville dans une région. En construire une à partir de rien (ou dans un désert, comme cela semble être la mode aujourd'hui) consommerait trop d'énergie polluante : les vieilles villes devraient être recyclées, revalorisées, réutilisées. En fonction des conditions climatiques, topographiques ou géologiques, il faudra plus (ou beaucoup moins) de terrain, ou bien il pourrait y avoir des obstacles majeurs à surmonter en termes de transport. Ces cas particuliers peuvent être optimisés en les rapprochant autant que possible du

2. Cf. P.M., *"The Power of Neighborhood" and The Commons*, *op. cit*, p. 33.

modèle : l'une des petites villes au centre géographique de la région peut être améliorée pour abriter les services centraux, les moyens de transport peuvent être optimisés (canaux, trains, au lieu des voitures), deux régions adjacentes peuvent partager leurs services centraux (après tout, elles ne sont distantes que de 75 km). La taille des régions variera entre 1 000 km^2 et 10 000 km^2. Le glomo-3 peut être interprété comme un *attracteur systémique* et non comme une unité de planification rigide. Certaines zones peuvent être classées en réserves naturelles et ne pas être utilisées du tout. L'homme n'est pas obligé de peupler toute la terre si l'impact écologique est trop important (pensez à Las Vegas). *La Ville d'une seule planète* peut également signifier laisser la terre tranquille. Il est plus facile de déplacer les humains que de transformer tout un environnement naturel (cf. Biosphère 2 ou la terraformation de Mars).

Surtout, les territoires de la taille de nos régions sont les premiers milieux naturels de la préservation desquels nous pouvons être directement responsables. Il n'y a pas beaucoup de nature sauvage dans les communautés de voisinage, les quartiers et les grandes villes – même si l'on peut construire des villes sans détruire l'environnement naturel. Les régions sont les zones idéales pour la gestion responsable par les humains du sol, des lacs, des rivières, des forêts, des jungles, des marais, des montagnes, des plantes et des animaux. Après tout, notre projet même de régénérer les espaces bâtis est orienté vers zéro émission, un impact physique limité, zéro déchet – notre modèle est un projet de préservation de la nature. Les régions sont suffisamment proches pour que les habitants des agglomérations puissent facilement et à courte distance (pas de transports modulaires de naturalistes !) prendre soin de la planète en tant que nature. Les méthodes agricoles peuvent être adaptées de manière à utiliser peu de terres et à ne pas polluer. De grands progrès ont été réalisés dans le domaine de l'agriculture biologique. L'I/C ne se préoccupe pas seulement d'innovation industrielle, mais aussi d'innovation agricole.

L'essentiel de l'activité dans la région consistera à réparer l'environnement naturel. Cette réparation mobilisera un grand nombre d'activités socialement utiles, pour lesquelles nous aurons désormais assez de temps car nous réduirons les autres activités. L'un des objectifs est de ne plus générer de dommages. Étant donné que la majeure partie du territoire n'est pas simplement de la nature, mais consiste aussi en paysages culturels et historiques dont il faut prendre soin et qu'il faut entretenir (un bon exemple : les Alpes suisses ne pourraient exister sans l'intervention constante des humains et des bovins). La région (**notre** région) est une zone d'appropriation prudente, dont nous sommes matériellement capables d'être responsables. Bien sûr, nous sommes aussi responsables de la planète tout entière, de continents entiers ou de territoires plus vastes (comme l'Amazonie, les Everglades, les Alpes et leurs glaciers, les montagnes Bleues), mais dans ces cas-là, le jeu se joue à d'autres niveaux et à travers des formes d'action plus indirectes : l'action politique à l'échelle du glomo-4, des coalitions planétaires ou continentales, des contrats et des régulations. Les glomos sont des modules définis à l'échelle mondiale et, en tant que tels, ils font partie d'un système planétaire.

Sans cela, tous les efforts locaux seront voués à l'échec. Au-delà de cet engagement à des niveaux supérieurs et politiques, le niveau pratique direct reste néanmoins important. Nettoyer **sa** rivière, planter des arbres dans **sa** forêt, sauver les espèces menacées dans **sa** ville (pensez aux chauves-souris et aux oiseaux, aux serpents, aux araignées – pas de chats !) et dans **sa** région, rendre les marécages aux grenouilles et aux tritons, veiller à ce que les hérissons trouvent des endroits où se cacher, trouver un bon équilibre entre l'agriculture et les zones sauvages – tout cela requiert de la continuité, une expérience personnelle, une connaissance pratique et un attachement émotionnel.

Les régions étant vastes – elles peuvent contenir des lacs entiers –, elles abritent des bio-habitats relativement diversifiés. Si elles sont trop grandes, comme la région PACA mentionnée ci-dessus, elles contiendront trop de bio-habitats trop éloignés et trop diversifiés : la mer Méditerranée, les zones subtropicales, les vignobles, les Alpes, les estuaires des rivières, etc. Il est assez difficile d'être expert à la fois en flamants roses et en marmottes. En termes de savoir-faire et de facilité d'accès, les petites régions – par exemple, la Camargue et elle seule – sont plus commodes. Vous pouvez atteindre la forêt la plus proche en 30 minutes à bicyclette. On ne peut pas prétexter d'engagements naturalistes pour rouler en 4x4 vers des biotopes lointains (ou prendre l'avion pour des destinations à l'autre bout de la planète). La proximité est toujours une bonne chose.

Le centre de la grande ville

Le quartier du savoir (Recherche, Formation, Services, ou RFS)

Dans une région de 1,1 million d'habitants, il y a, en se fondant sur les statistiques suisses, environ 100 000 personnes impliquées dans l'éducation tertiaire (bfs 2018/2019). Un tiers d'entre elles fréquentent une université ou une école spécialisée. Deux tiers suivent un apprentissage professionnel. Ces formations ne se déroulent pas exclusivement dans les bâtiments scolaires, comme c'est le cas pour l'enseignement primaire et secondaire. La présence physique des étudiants n'est pas toujours nécessaire, et leur formation peut se dérouler sur un lieu de travail ou dans des institutions (comme les hôpitaux). Les apprentissages se font dans divers ateliers ou bureaux ; certains étudiants travaillent dans des institutions spécialisées en dehors de la ville, comme des laboratoires d'agronomie, de météorologie ou de haute sécurité.

Notre quartier universitaire (Recherche, Formation, Services, ou RFS) offre suffisamment d'espace pour environ 100 000 étudiants et enseignants, si nous retenons (par analogie avec les autres écoles) une surface de 5 m² par personne (490 000 m² divisés par 5). Comme les bâtiments du centre peuvent offrir une plus grande quantité de surface utilisable (davantage d'étages), il y a beaucoup d'espace et suffisamment de flexibilité. En cas de besoin, les zones adjacentes (I/C, institutions culturelles, hôpitaux) peuvent être mises à contribution.

Si la présence physique est requise ou préférée, les établissements d'enseignement supérieur doivent, dans le cadre de la ville de 15 minutes, être facilement accessibles à pied ou par un court trajet en bus. C'est pourquoi il est essentiel que ces établissements soient situés au centre de la ville. La proximité de la gare centrale est importante, car toutes les matières ne peuvent pas être proposées dans chacun des neuf RFS régionaux d'un même territoire (glomo-4) : certains étudiants devront donc faire la navette en train ou en bus. Cependant, aucun étudiant n'est obligé d'étudier dans sa ville ; il lui est possible de déménager dans une autre ville, un autre glomo-1, et de trouver une chambre dans une pension ou une colocation. Il n'y a pas besoin de dortoirs pour les étudiants du RFS, car les étudiants peuvent trouver un logement dans leurs glomos-1 disséminés dans toute la ville et se rendre à pied à leurs cours. Un glomo-1 spécial (de type hôtel 4 étoiles) réservé aux étudiants, avec une densité supérieure (1/2 ha), serait une bonne option supplémentaire. Quant aux enseignants, ils sont de toute façon des citoyens « normaux ».

Il était normal naguère que les universités soient situées au centre de la ville et non dans des campus éloignés : elles devaient être accessibles à pied. Les étudiants et les enseignants étaient un élément important de la vie urbaine et, en tant qu'*universitas* (comparable aux guildes), un acteur économique significatif. La plupart des universités les plus anciennes ont encore leurs principaux bâtiments dans la ville : la Sorbonne à Paris, l'université et l'ETH à Zurich, la City University à New York. Elles sont parties prenantes de la vie urbaine, ouvertes aux citoyens (parfois également en tant que collèges communautaires) et reliées à de nombreuses autres institutions, comme les hôpitaux, les théâtres, les musées, les bibliothèques et les zoos. Leurs salles peuvent être utilisées pour des débats publics, des discussions, des réunions, des concerts. Le RFS est relié aux quartiers et à leurs services, aux agro-bases et aux CRR.

Un RFS central reste nécessaire comme maison mère d'une multitude d'instituts, de cours, d'administrations et de lieux sociaux qui ne doivent pas fonctionner comme des sociétés parallèles isolées ou des ghettos. Dans la plupart des villes anciennes, il semblera impossible d'accueillir toutes les universités au centre, parce que les villes ne peuvent pas le faire grandir et que l'enseignement supérieur est passé du statut de privilège pour les élites à celui de phénomène de masse. Cependant, les espaces de bureaux délaissés, les entrepôts ou les garages à plusieurs étages vides ou encore les anciennes zones industrielles désaffectées pourront être utilisés pour garder les universités – avec leur personnel et leurs étudiants – dans le centre. Les étudiants et les professeurs sont un élément important du tissu social urbain et de la vie de la rue. Le RFS ne saurait être exclusivement virtuel et en ligne. De nombreux domaines de recherche et d'études nécessitent une présence physique (médecine). Le travail de partenaires de recherche peut être facilité par des rencontres en personne. La résonance est importante. Souvent, de nouvelles idées naissent dans l'un des cafés de la faculté. La présence physique des membres de l'université dans la vie politique d'une ville est essentielle.

L'échange entre les magistères produit de l'innovation (ou de l'exnovation). Ce que nous appelons RFS n'est pas seulement une université traditionnelle, mais un réseau d'institutions, de laboratoires, d'installations de recherche, de médias et de services publics tels que les essais de matériaux, la météorologie, la toxicologie, la médecine légale, l'architecture, etc. Les différents niveaux de l'enseignement supérieur (collèges techniques, enseignement supérieur, écoles spécialisées) peuvent être combinés et reliés entre eux sur un même site pour profiter des synergies qui en découlent. Souvent, les barrières institutionnelles ne sont que des reliques historiques.

Sur le plan architectural, les vieux temples de la sagesse en pierre peuvent être complétés par des structures plus flexibles, transformables et redimensionnables. Les espaces traditionnels de tranquillité et de méditation, tels les cloîtres, les musées ou les bibliothèques, sont précieux comme contrepoint à l'intensité de la communication numérique. La vie ne se résume pas à regarder des écrans.

Un RFS est connecté aux 7 200 autres RFS du monde. Les données sont échangées dans le cadre de communs mondiaux de la connaissance et du savoir-faire. Étudiants et enseignants se rendent dans d'autres RFS pour des études spécialisées et y restent pendant des années, voire pour toujours.

Le RFS est lié spatialement aux autres fonctions centrales, en particulier aux centres de santé, aux hôpitaux, à l'I/C et à la culture au sens le plus large du terme. Tous se trouvent à quelques minutes les uns des autres. Ce simple fait et l'ouverture des institutions engendreront une qualité de vie nouvelle dans le centre-ville, au-delà du shopping, des banques et des affaires.

Le centre de santé régional (CSR)

Tandis que les centres de quartier assureront un service de santé de base, les hôpitaux régionaux seront exclusivement chargés des cas difficiles et aigus. Cette répartition des tâches permettra d'utiliser les équipements, les machines et le personnel hautement spécialisé, tous très coûteux, de manière plus efficiente. La proximité de l'université, et en particulier de son département de biologie, créera des synergies évidentes.

Statistiquement, il y a 4,5 lits d'hôpitaux pour 1 000 habitants en Suisse. Cela signifierait 4 950 lits pour l'ensemble de la région, dont deux tiers de « soins généraux » (pas de soins aigus). Au Japon, il y a 13 lits pour 1 000 personnes, en Suède seulement 2,2. Ces divergences importantes s'expliquent par le type de médecine pratiqué et les types de lits pris en compte (maisons de soins, maisons de réadaptation, etc.). Nous supposons qu'un grand nombre de lits de soins généraux peuvent être localisés dans les centres de soins des glomos-1 (2 200 x 4 = 8 800), qu'il y a 50 lits supplémentaires dans les centres de santé de quartier de la région (55 x 50 = 2 750, dont 1 250 rien que dans la grande ville), et enfin que seuls les cas aigus et difficiles aboutissent dans le centre de santé régional. Dès lors, nous avons des marges de manœuvre importantes. Un hôpital central n'a pas besoin d'offrir plus de 2 000 lits.

Il y a 1 662 lits dans les trois grands hôpitaux de Zurich, qui desservent l'ensemble d'une région d'environ un million d'habitants, ce qui confirme notre estimation (il y a d'autres hôpitaux dans la région, mais pas de véritable centre de santé de glomo-2 – les chiffres ne sont donc pas vraiment comparables). L'Allgemeines Krankenhaus de Vienne (AKH), l'un des plus grands hôpitaux d'Europe, compte 1 763 lits (dont seulement 130 lits de soins intensifs). L'AKH s'étend sur 24 hectares, avec un personnel d'environ 8 000 personnes comme à Zurich. La Charité, à Berlin, qui compte 3 600 lits et 16 000 employés, dessert une région beaucoup plus vaste. Mount Sinai, à New York, dispose de 1 100 lits. Les hôpitaux de cette taille semblent viables.

Les 49 hectares que nous avons réservés pour notre centre de santé régional suffiront largement à héberger un hôpital d'environ 2 000 lits et les infrastructures associées.

Des amphithéâtres, des instituts divers, des unités de recherche, des laboratoires spécialisés, voire de petits parcs, y trouveront également leur place. Les bâtiments n'ont même pas à être aussi monstrueux que ceux de l'AKH ou de la Charité. Les 49 hectares ne constituent pas une limite rigide, les surfaces pouvant être partagées parmi l'ensemble des services centraux.

Le personnel (environ 10 000 personnes) peut se rendre au centre de santé régional à pied ou en bus, de même que les visiteurs et une partie des patients (cette proximité est d'autant plus appréciable pour les patients qui sortent). Depuis la région, une ambulance peut atteindre le CSR en 30 minutes maximum, un hélicoptère en 5 minutes. Depuis la ville elle-même, une ambulance n'a pas besoin de plus de 5 à 10 minutes. S'il existe des agglomérations secondaires dans la région (par exemple, une petite ville de trois ou cinq glomos-2), des unités d'urgence supplémentaires (et des salles de réanimation) peuvent être localisées dans certains centres de santé afin de réduire le délai d'intervention.

Les membres du personnel hospitalier n'ont pas besoin de logements supplémentaires : ils vivront leur vie normale dans leurs glomos-1 de la ville. S'il y a besoin d'un hébergement spécial pour un certain nombre de médecins urgentistes ou spécialisés, des hôtels peuvent être aménagés dans le centre de services ou dans les bâtiments du centre de santé.

Notre territoire modèle (glomo-4) compte neuf de ces centres de santé régionaux, qui garantissent un accès universel aux pratiques médicales de pointe. Ils sont en outre reliés à travers des réseaux continentaux ou mondiaux, ce qui peut être important pour les maladies très rares ou en cas de pandémie. Les 7 200 centres de santé régionaux relèvent d'un commun mondial. Dans le jargon actuel, ils constitueront un programme de développement de l'égalité d'accès aux soins médicaux au niveau mondial.

Nous n'avons aucune opinion particulière sur le type de médecine qui doit être pratiquée (la meilleure possible !). Nous ne savons pas quel sera l'état de santé général des membres de la future société modèle fondée sur les communs. Nous supposons qu'un mode de vie lent et socialement riche dans un environnement sain contribuera à l'améliorer. D'un point de vue architectural, il semble que les grandes cliniques où les patients restent allongés pendant de longues périodes pourraient être remplacées par des formes de chirurgie moins invasives et par les nombreux centres de soins au niveau des glomos-1 et glomos-2. Si vous pouvez rester dans votre propre foyer avec vos proches, vous vous sentirez mieux que dans des institutions anonymes. Vous pourrez rentrer chez vous plus tôt si des soins appropriés sont disponibles à proximité. La combinaison d'interventions de pointe dans les centres régionaux de santé et d'une convalescence dans les communautés de voisinage offre des perspectives prometteuses, tout en étant écologiquement efficiente (les soins médicaux ont un impact). Le rétablissement peut également se faire dans des agro-bases spécialement équipées dans les montagnes ou dans d'autres zones calmes de la région.

Des espaces pour les activités culturelles

Les ressources culturelles – les arts, le design ou le théâtre, par exemple – ont besoin d'espaces où elles puissent être mises en pratique. Dès lors que la « culture » peut être considérée comme un aspect essentiel de toutes les pratiques sociales, il est logique que ces espaces soient situés à proximité des institutions scientifiques, technologiques et politiques. Nous avons réservé un carré de 49 hectares de surface urbaine pour la vie culturelle au sens large. Cela est significatif et offre certainement assez d'espace libre pour des utilisations hybrides, ainsi que pour des installations, des activités et des expériences temporaires.

Les villes ont besoin de ces espaces pour tester des pratiques, des hypothèses et des points de vue nouveaux à travers une multiplicité de moyens et de méthodes. Historiquement, les théâtres étaient des laboratoires politiques où les idées pouvaient être présentées publiquement et ils servaient de chambre d'écho pour les conflits sociaux. La démocratie urbaine et l'existence de ces laboratoires virtuels sont intrinsèquement liées : avant que l'on commence à se battre, la fiction urbaine permet de tester le terrain. Aujourd'hui, le cinéma et les plateformes numériques ou de réalité virtuelle jouent ce même rôle. La proximité de la sphère politique (Parlement, conseils exécutifs, tribunaux) et de l'université peut faciliter le processus et créer les conditions d'un échange productif.

Les institutions culturelles traditionnelles comme les musées d'art, les théâtres, les opéras, les salles de concerts, les académies et les conservatoires trouveront aussi leur place. La concentration spatiale de toutes ces institutions et d'institutions nouvelles engendrera des synergies et de multiples possibilités d'échange et d'inspiration mutuelle. Le centre culturel abritera aussi des hôtels pour des artistes de passage, des acrobates, des invités, ainsi que des restaurants, des salles de musique et des cabarets. Un ou deux glomos-1 résidentiels pourront servir de bases pour les résidents permanents.

Le centre culturel sera également un lieu d'activités artisanales et industrielles (costumes, décors de scène, équipements électriques et électroniques). Le centre d'innovation et de coopération se trouve juste au coin de la rue.

Innovation/coopération (I/C)

Aujourd'hui, la recherche et le développement se font presque exclusivement dans des entreprises privées et des institutions publiques. Aucune de ces deux formes d'organisation n'est très démocratique. Les décisions essentielles se prennent dans des salles de conseils ou de comités divers, de manière secrète, parce que la coopération et la transparence ne sont pas compatibles avec le régime de la concurrence et de la recherche du profit. Si nous voulons un commun gouverné démocratiquement, nous aurons besoin de formes nouvelles et ouvertes de coopération entre toutes les parties prenantes – producteurs aussi bien que consommateurs. Les banques, qui jouaient un rôle essentiel d'évaluation et de distribution de crédits, ont abandonné cette fonction sociale et sont devenues de plus en plus de simples institutions financiarisées sans aucun lien avec ce que l'on appelle l'« économie réelle ».

La mission de recherche/développement est assurée au niveau du glomo-3 par les centres d'innovation/coopération (I/C). Ils jouent un rôle de coordination entre les banques, les entreprises, les universités, les associations professionnelles, les syndicats, les organisations politiques et sociales et les individus de toutes sortes en vue de réaliser des projets privés ou publics.

Le fonctionnement d'un I/C est relativement simple : si vous avez une idée qui dépasse votre capacité individuelle et si vous cherchez les moyens de la réaliser, il suffit de l'apporter à l'I/C. De nos jours, il faudrait trouver une entreprise, élaborer un plan commercial et s'adresser à une banque. Il n'est pas étonnant, dans ces conditions, que la plupart des start-up finissent par faire faillite. Les entreprises de droit privé sont – qu'elles le reconnaissent ou non – insérées dans une multitude de relations sociales et ont également un impact écologique externe. Dans le monde réel, il n'existe pas d'entreprise véritablement privée.

Dès lors que nous considérons l'utilisation générale des ressources comme une question d'intérêt public, comme un commun, nous devons trouver de nouveaux moyens d'organisation pour convertir les idées en projets au service de l'intérêt général (qui est aussi l'intérêt privé à long terme). On peut se représenter l'I/C comme un ensemble de lieux d'échange coopératifs. Certains de ces lieux seront physiques, d'autres à la fois physiques et virtuels, d'autres encore seulement virtuels. Ils fonctionneront comme les centres d'activités, mais à un niveau supérieur : les inventeurs (c'est-à-dire nous tous) rencontrent des partenaires intéressés, développent leurs projets, le présentent à des jurys spécialisés, obtiennent des prêts d'une banque publique, rassemblent des producteurs, trouvent les matériaux et les espaces, puis se lancent. Des auditions publiques auront lieu pour évaluer les projets sous l'angle de leur compatibilité écologique, de leur utilité sociale, de la disponibilité des ressources et autres priorités. Ainsi, ce ne seront pas seulement ceux qui ont beaucoup d'argent qui pourront faire ce qu'ils veulent. Ce seront ceux qui parviennent à convaincre les spécialistes et le public. (Encore une fois, cela ne vaut que pour les projets dépassant un certain seuil en termes d'impact, qui peut être une limite monétaire ou la quantité de personnel requise : tout le monde pourra ouvrir à tout moment un stand de nourriture ou un salon de coiffure.)

Il y aura des chambres spécialisées pour différents types de projets. L'implication des fédérations professionnelles et des syndicats, ainsi que des universités et de leurs instituts, rend possible une approche complexe associant excellence scientifique et ouverture sur la société. Les syndicats apporteront non seulement le point de vue des producteurs et une attention aux conditions du processus de production lui-même, mais aussi le savoir-faire de leurs membres en matière de développement de produits avant leur matérialisation effective. Ce faisant, ils feront un peu revivre l'héritage historique des guildes, dont le rôle allait de la recherche et de la formation à la protection du bien-être de leurs membres et de leurs familles. La participation d'un public aussi bien généraliste que spécialisé garantit que les projets ne deviendront pas des éléphants blancs, mais qu'ils répondront à un besoin. Elle sera aussi un garde-fou contre le risque de collusion entre les organes politiques et les entreprises privées dans la conception des projets publics. Ce seront les citoyens/consommateurs qui commissionneront les projets correspondant à leurs souhaits. La mise en concurrence, aussi redondante qu'inefficiente, entraîne un énorme gaspillage de ressources. Les ingénieurs des différents organismes de production pourront coopérer sans avoir à défendre leurs intérêts corporatistes. La concurrence sera remplacée par une émulation entre collègues pour le bénéfice de la société. En ce sens, tous les projets seront publics – des communs. Il sera encore possible d'être le meilleur dans son domaine et d'en être fier.

Pour les citoyens de notre grande ville et de la région, l'I/C sera un lieu de participation, d'éducation et d'interaction sociale, et peut-être même de divertissement. Ils seront invités à de nombreux ateliers, forums, présentations, activités pratiques et théoriques de toutes sortes. L'I/C pourrait devenir un lieu où l'on se rend pendant son temps libre, juste pour voir ce qui s'y passe, d'autant qu'on y trouvera aussi une offre de restaurants, cafés, fumoirs, bibliothèques et médiathèques.

L'I/C sera aussi un lieu de production – de modèles en développement, de prototypes, de processus expérimentaux. L'articulation avec les ateliers et les zones industrielles des quartiers et de la grande ville permettra d'engendrer et de nourrir d'autres synergies. Vous pourrez amener vos projets directement sur les lieux de production. En outre, les 7 200 I/C de la planète formeront un réseau intégré de développement et de planification (voir ci-dessous la Fab City). Ils constitueront un commun mondial.

En résumé, l'I/C rassemblera des personnes, des institutions (y compris des banques), des savoir-faire et des ressources qui, jusqu'à présent, fonctionnent séparément, ce qui cause de terribles crises et dysfonctionnements, des défaillances du marché et un gaspillage d'énergie et de matériaux. Il créera les conditions d'une production relocalisée, connectée à l'échelle mondiale, reposant sur la participation des citoyens. Dans la terminologie actuelle, on pourrait dire que les futurs consommateurs feront des études de marché avant même que l'on fabrique un produit.

Ateliers et industries de la ville

Comme il n'y a pas de séparation entre la sphère politique et la sphère économique, la ville elle-même gérera un certain nombre d'entreprises industrielles. La plupart d'entre elles seront chargées de faire fonctionner les services publics comme les bus, l'eau, l'électricité, les systèmes informatiques, les cuisines de glomo-1 et les appareils de réfrigération, les imprimeries pour les écoles, le mobilier pour l'ABC, les machines agricoles, la construction et l'entretien des bâtiments, ainsi que les CRR2/3. Ces entreprises industrielles travailleront en étroite collaboration avec l'I/C et utiliseront de nouvelles machines ou autres dispositifs qu'elles auront mis au point de manière collaborative.

Ces ateliers urbains seront aussi des points de rencontre pour toutes sortes de participants bénévoles. Des apprentis de tous âges s'y formeront. Avec leurs cafés et leurs restaurants, ce seront des espaces conviviaux pour des technologies conviviales.

La coopération mondiale de tous les ateliers et de toutes les industries au sein d'un réseau de Fab Cities est essentielle. Certains composants ne peuvent être produits de manière efficiente qu'à grande échelle ou à l'échelle mondiale, et certaines matières premières ne sont disponibles que dans certains territoires.

De manière plus importante encore, les nouvelles industries fondées sur les communs ne seront pas obligées de se développer et de produire toujours plus. Elles s'attacheront au contraire à trouver des méthodes et des moyens pour produire moins tout en remplissant les mêmes fonctions. La majeure partie de la production consistera en réparation, recyclage, valorisation ou réutilisation. Les mines urbaines – consistant à récupérer des métaux dans les voitures, les machines et les biens de consommation superflus – seront la norme. Il y a suffisamment de matières premières pour des décennies. L'automatisation des processus dangereux ou fastidieux sera développée. Les activités agréables qui ont un aspect créatif ou convivial peuvent être réalisées avec des niveaux de productivité inférieurs : fabrication de chaussures, construction de bus/camions combinés, ébénisterie, assemblage de nouveaux ordinateurs, couture, programmation de nouvelles applications, céramique, architecture, systèmes énergétiques. Les avancées technologiques seront conçues selon deux principes : l'écologie et la satisfaction personnelle. C'est cela qu'on appellera l'efficience.

De manière générale, l'industrie lourde sera réduite au minimum et localisée à l'extérieur de la ville.

Nous avons réservé quatre carrés de 49 hectares chacun à ce type d'activité productive. C'est probablement plus que nécessaire. Le message est le suivant : notre nouvelle ville n'est pas seulement une ville résidentielle, mais un lieu qui abrite toutes sortes d'activités et de production matérielle. On en trouve dans les glomos-1 eux-mêmes, dans les ateliers des glomos-2 et surtout au niveau des glomos-3. La part de la production matérielle relevant des glomos-4 et 5 doit être la plus réduite possible, parce que cela impliquerait des coûts de transport importants. Les sites industriels des glomos-3 interviendront en appui des sites aux niveaux inférieurs, par exemple pour prendre en charge certains processus plus lourds ou parce qu'ils sont accessibles à des camions de 40 tonnes ou au transport ferroviaire.

La Fab City comme concept transitionnel

Par Niels Boeing, membre du conseil de la Fab City Hamburg e.V.

Cinquante ans de mondialisation ont mené la division du travail et la distribution des moyens de production à un point maximal de non-soutenabilité et d'inefficience, pour ne pas dire de stupidité. La fabrication des objets et des équipements est concentrée dans quelques points névralgiques à travers le monde depuis lesquels ils doivent être expédiés dans le monde entier pour atteindre les endroits où l'on en a besoin. L'essentiel de la fabrication des puces électroniques les plus indispensables est même confinée dans une seule région : Taïwan en produit les deux tiers. La pandémie a démontré que cette forme d'organisation n'était absolument pas résiliente. Avec le blocage des routes de transport, les chaînes d'approvisionnement se sont rompues beaucoup trop facilement. Sans parler des coûts environnementaux et sociaux de cette division mondiale du travail.

Pourtant, loin des regards du grand public, une approche différente se développe depuis 2014 : le concept de la Fab City. La Fab City Global Alliance a été lancée cette année-là dans le but de transformer les villes (ou les régions) en économies améliorées par le numérique et entièrement circulaires d'ici à 2054. Si le paradigme actuel de l'économie mondialisée est PITO, abréviation de *products in, trash out* (« des produits entrent, des déchets ressortent »), le paradigme économique des Fab Cities est plutôt DIDO, c'est-à-dire *data in, data out* (« des données entrent, des données ressortent »). Dans le paradigme DIDO, la production de toutes les choses nécessaires a été relocalisée dans les villes (où elle se trouvait il y a des siècles). Seules les données nécessaires à la fabrication des objets – manuels de construction, nomenclatures, logiciels de contrôle si nécessaire – sont échangées parmi une multitude de régions urbaines qui fabriquent leurs objets elles-mêmes. Les matériaux nécessaires sont issus du recyclage ou, pour le dire de manière plus incisive, de l'exploitation minière urbaine.

À ce jour, une quarantaine de villes ou de régions de tous les continents se sont engagées à devenir une Fab City d'ici à 2054, et d'autres les rejoignent chaque année. Il y a quarante ans, la Fab City aurait été un concept utopique. Deux évolutions majeures ont permis de le mettre à portée de main.

La première est l'approche *open source*, ou en source ouverte. D'abord conçue dans le domaine des logiciels, elle s'est étendue dans les années 2000 à la sphère de la production matérielle. De plus en plus de machines mais aussi d'objets du quotidien sont conçus par une pléthore d'individus inventifs qui partagent les instructions de fabrication sans revendiquer de droits de propriété exclusifs sur celles-ci. Une grande partie de l'infrastructure numérique d'aujourd'hui, qu'il s'agisse de serveurs, de systèmes d'exploitation, de navigateurs ou d'autres applications personnelles, repose sur des logiciels libres. De même, il existe aujourd'hui de nombreuses machines en source ouverte, parmi lesquelles des imprimantes 3D, des découpeuses laser ou des fraiseuses, qui peuvent être assemblées par n'importe qui dès lors qu'il ou elle dispose des matériaux nécessaires et d'un peu de main-d'œuvre compétente.

La seconde est le mouvement des *makers*, lancé involontairement en 1998 par Neil Gershenfeld lorsqu'il a créé le premier Fab Lab, abréviation de *fabrication laboratory* (« laboratoire de fabrication »), au sein du MIT. L'objectif explicite de cet atelier ouvert était de donner aux citoyens accès à des machines et à des technologies de fabrication numérique qui étaient jusqu'alors enfermées dans les entreprises et les universités. De démocratiser la technologie, comme le disait Gershenfeld. Depuis, plus de 2 000 Fab Labs ont été créés dans le monde, ainsi que de nombreux *makerspaces* dédiés au bricolage, à l'apprentissage de pair à pair de la technologie et à l'« innovation citoyenne ». Ces ateliers ouverts donnent également aux citoyens l'opportunité de passer du statut de simples consommateurs de produits mondialisés à celui de producteurs à part entière d'objets et d'appareils utiles.

À l'instar des glomos qui vont du niveau 1 au niveau 5, la Fab City entend développer l'esprit des Fab Labs et des *makerspaces* (le niveau des glomos-1 ou 2) à l'échelle, au moins pour commencer, d'une ville entière (le niveau glomo-3). Bien que la Fab City n'en soit qu'à ses débuts, elle marque un profond changement de paradigme : la production est réintégrée dans le tissu urbain, et les designs, comme les moyens de production, sont libérés des entraves de la propriété privée. Leur caractère ouvert signifie que l'ensemble de la société urbaine peut participer à la production. Dès lors que les objets et les appareils ne sont plus des boîtes noires verrouillées par le secret commercial ou le secret des affaires, leur conception elle-même peut être rendue explicitement circulaire afin de permettre toutes sortes d'améliorations, de réparations, de rénovations ou de recyclage.

Les Fab Labs ne sont qu'une première étape. Dans la Fab City, ils servent surtout d'« interfaces » donnant aux citoyens accès aux technologies de production, de laboratoires pour la conception de nouveaux modèles circulaires et d'ateliers de réparation pour les habitants des quartiers urbains. À l'avenir, ils seront complétés par des « Fab usines » capables de fabriquer des objets *open source* en réponse à la demande locale. Notez qu'il ne s'agit pas du tout ici de production « juste à temps », un modèle de production de biens à la demande qui s'accompagne d'un lourd fardeau environnemental et contribue à renforcer le paradigme PITO. Dans le modèle « juste à temps », les infrastructures de fret deviennent un entrepôt mobile, encombrant toujours plus les voies de transport.

La question de savoir si ces objectifs de strict confinement aux territoires urbains et d'une économie à 100 % circulaire sont réalisables ou même souhaitables n'a pas encore de réponse claire. Il est sans doute plus réaliste de s'attendre à ce que le concept de Fab City s'applique à l'ensemble des régions urbaines (une ville, mais aussi ses environs). Il y aura des catégories d'objets – comme les trains, les voitures, les bus, éventuellement les avions – dont la fabrication devrait être assurée au niveau du glomo-4 pour des raisons de commodité et d'efficience. En matière agricole, toutes les Fab Cities/Fab Regions ne seront pas aptes à produire tout ce qui est vendu aujourd'hui dans les supermarchés européens. Le café, les piments ou les bananes – pour ne citer que quelques exemples – ne poussent pas sous tous les climats, et on peut douter que les cultiver dans des sortes d'usines urbaines d'agriculture de synthèse soit une bonne idée.

Les Fab Cities d'aujourd'hui, comme Barcelone, Paris ou Hambourg, commencent tout juste à jeter les premières bases d'une économie fondée sur le paradigme DIDO, à explorer les moyens d'étendre les possibilités de la fabrication en source ouverte, à encourager leurs citoyens à prendre part à la reconception écologique des objets du quotidien, à identifier les productions prioritaires. Car il est clair qu'une Fab City ne saurait viser à répliquer intégralement le mode de vie impérial des villes occidentales d'aujourd'hui. Il faudra faire des choix entre les besoins essentiels et ceux qui sont artificiellement encouragés par le marketing, les campagnes de communication et les influenceurs des médias sociaux. Mais le concept de Fab City est certainement une voie de transition qui peut nous permettre d'« atterrir ». De fait, c'est sans doute la plus prometteuse que nous ayons à ce jour.

***

Le métrofoyer

Les services centraux à eux seuls ne constituent pas encore un vrai centre-ville incarné comme tel, car ils restent liés à des fonctions spécifiques. Puisque toutes les villes seront des « villes d'arrivée », cela nécessite un endroit défini où l'on puisse concrètement arriver, une sorte de zone urbaine d'accueil. Beaucoup de gens ont voyagé dans de nombreuses villes, mais n'y sont jamais véritablement arrivés. Ils viennent comme des étrangers et repartent comme des étrangers – des touristes typiques. Lorsque le tourisme en tant que modèle commercial aura disparu, nous serons des hôtes bienvenus partout.

Figure 11 : Le métrofoyer

Telle est la fonction du métrofoyer. Idéalement, il sera situé à côté de la gare principale ou au-dessus (selon le contexte). Nous imaginons une salle de rencontre centrale d'environ 3 000 m² surmontée d'une galerie comprenant des bars, des boutiques, des bistrots, des salles d'exposition, dont certains joueront également le rôle d'ambassades d'autres villes du monde (un bar d'Omaha à Paris, un bistrot parisien à San Francisco, un café cairote à Tokyo, un bar zurichois à Barcelone, un salon de thé d'Omsk à Lagos, etc.). Ceux qui préparent un voyage pour Sydney, Buenos Aires ou Oaxaca pourront obtenir des informations auprès de résidents originaires de ces villes. Tout en buvant un lassi, vous pourrez réserver un logement à Mumbai. D'autres villes du monde pourront organiser des expositions pour présenter leurs attractions et vous mettre en relation avec leurs services centraux (RFS, I/C, arts et spectacles). Des vidéos pourront être projetées, des vidéoconférences organisées.

La ville elle-même disposera d'un bureau d'information qui s'occupe de l'hébergement des visiteurs dans les chambres d'hôtes des glomos-1, les hôtels des glomos-2 ou autres lieux d'hébergement. Il proposera aussi des informations sur les transports publics, les services de santé, la gastronomie, les sites, les événements et les excursions. C'est un point de rencontre général, où les membres de glomos-1 viendront accueillir leurs invités. Lorsque vous direz: « Retrouvons-nous l'année prochaine à Quito », vous saurez où attendre votre ami.

Un restaurant généreux proposera des plats bon marché et délicats, peut-être typiques de la région. Dans le hall lui-même auront lieu des événements, des rencontres sociales, des concerts, des expositions, des fêtes. Sous les climats les moins pluvieux, cet espace pourrait être en plein air. On y trouverait des stands de nourriture, des espaces de dégustation saisonniers.

L'étage supérieur sera dédié à des organisations de toutes sortes, partis politiques, mouvements et initiatives de citoyens, groupes d'études, et à des salles de réunions (spontanées). La proximité avec la sphère politique est importante: on pourra rencontrer des conseillers ou des représentants et se rendre ensuite au Parlement. Le métrofoyer est comme une agora moderne: la place centrale de la ville (analogue à la plaza d'un quartier). On y trouvera aussi un globex de la ville.

La crise des restaurants

Le concept même de « restaurant commercial » n'est plus viable. La pandémie en a apporté la preuve. À Zurich, il y avait 2 127 restaurants en 2014, dont 62 % n'étaient pas commercialement rentables[3]. Dans les autres villes, la situation n'est guère différente. Comme le souligne Glaeser[4], le secteur de la restauration occupe 5,4 fois plus de personnes que l'ensemble

3. Cf. *Tages-Anzeiger*, 23 mai 2014.
4. Edward Glaeser, *Triumph of The City*, Penguin Books, 2012, p. 123.

des magasins d'alimentation. Il n'est donc pas anodin que ce secteur soit aujourd'hui sous pression, voire au bord de l'effondrement. Les restaurants ont aujourd'hui un rôle ambivalent. D'un côté, ils peuvent être des lieux d'exploitation extrême de gens économiquement vulnérables. Personne ne veut vraiment savoir qui travaille dans les cuisines et quelles sont leurs conditions de travail et leurs salaires. La plupart des serveuses semblent être des étudiantes à temps partiel. D'un autre côté, un poste dans la restauration est souvent la seule possibilité pour les migrants d'entrer sur le marché du travail. Mais la contrainte économique ne peut être un modèle pour l'avenir.

Préparer des repas pour des congrégations plus nombreuses que les petites familles deviendra de plus en plus important, parce que c'est écologiquement efficient et que cela permet d'économiser des heures de travail. Les cuisines bien équipées des glomos-1 deviendront la norme. Avant l'apparition des restaurants, la plupart des lieux de travail disposaient de leurs propres cantines, qui étaient également ouvertes aux clients. Les ateliers culinaires, les stands de nourriture, la restauration de rue et les échoppes de vente à emporter existent depuis des milliers d'années. On en a retrouvé à Pompéi. Le restaurant bourgeois, où l'on s'assoit, où l'on salue les autres convives et où l'on les impressionne par sa tenue et les plats coûteux que l'on commande, est une invention relativement récente.

Le secteur de la restauration est soumis à une concurrence extrême qui conduit même les chefs les plus réputés à l'épuisement et au désespoir. Il leur est difficile de trouver des successeurs lorsqu'ils prennent leur retraite (s'ils le peuvent). Des chefs trois étoiles préfèrent rendre leurs étoiles et proposer des plats simples et populaires, d'autres se suicident. De nombreux chefs en herbe tentent leur chance et abandonnent rapidement. Même le noma à Copenhague a dû fermer ses portes. Le gaspillage alimentaire dans les restaurants est immense.

Aujourd'hui, la plupart des cuisiniers, des restaurateurs et des travailleurs hôteliers choisissent de travailler comme employés de cuisines institutionnelles dans des immeubles de bureaux, des écoles, des hôpitaux ou des foyers, car les salaires y sont décents, les équipes bien organisées, et les emplois relativement stables. Il est plus facile de se syndiquer. Il en va de même dans le secteur médical, avec lequel celui de la restauration et de l'hôtellerie présente d'ailleurs certaines similitudes structurelles. Tous deux relèvent du secteur de la reproduction et comportent une importante dimension émotionnelle et de relations humaines. Ils font partie des coûts de reproduction de la force de travail qui ne sont pas directement productifs pour l'économie – c'est pourquoi ils ne sont généralement pas rentables.

Pour autant, manger au restaurant et préparer des plats succulents font partie des joies fondamentales de la vie urbaine. Comment sauver ces plaisirs ? Tout d'abord, dans notre ville modèle, il y aura 1 000 restaurants dans les microcentres (où l'on pourra aussi s'asseoir et saluer d'autres convives), qui seront accessibles à tous et ouverts 24 heures sur 24 et 365 jours par an.

Chacun d'entre eux servira un type de nourriture différent. Le personnel sera rémunéré par le glomo-1 ou composé de bénévoles supplémentaires (qui feront ainsi la connaissance des hôtes nouvellement arrivés). Il n'y aura pas d'exploitation, il n'y aura pas d'urgence et les chefs auront le temps d'inventer des plats raffinés. Ces chefs pourront passer de microcentre en microcentre et s'inspirer les uns les autres. Il y aura ensuite les 25 restaurants de l'ABC des glomos-2, qui travailleront à partir d'ingrédients du monde entier fournis par les globex adjacents. C'est là que les chefs de passage des 400 000 autres ABC pourront pratiquer leur métier et enseigner (ou apprendre) de nouveaux tours de main. Ajoutez-y les restaurants des institutions du centre-ville : le métrofoyer, les institutions culturelles, et même les hôpitaux et les cantines des ateliers et des zones industrielles. Comme nous l'avons signalé plus haut, ces cantines seront moins nombreuses, car les travailleurs pourront facilement rentrer chez eux à pied pour déjeuner dans leur glomo-1.

Les liens d'approvisionnement directs entre les microcentres des glomos-1 et leurs agro-bases éviteront le gaspillage alimentaire, réduiront les coûts de la logistique et du stockage et permettront à chaque restaurant de préparer des plats frais et typiques. D'ores et déjà, certains des restaurants les plus célèbres s'enorgueillissent d'avoir leur propre jardin. L'utilisation de la viande « du museau à la queue » est plus facile à expliquer et à faire entrer dans les mœurs d'une cuisine si vous connaissez son chef dans votre vie de tous les jours.

Les glomos et leurs institutions constitueront donc une base gastronomique solide pour la ville. Mais rien n'empêchera des entrepreneurs privés d'ouvrir leurs propres cafés, bars, pubs, bistrots, tavernes et restaurants. De fait, beaucoup d'espaces de rez-de-chaussée autour des microcentres sont explicitement réservés à de telles initiatives privées. Le microcentre lui-même peut être un point d'ancrage précieux pour les commerces privés qui l'entourent : il leur garantira une base significative de clients potentiels tout au long de la journée. La sécurité existentielle fondamentale offerte par les glomos permettra de consacrer du temps et des ressources à toutes sortes d'initiatives commerciales, coopératives ou volontaires (jouons au restaurant pendant notre temps libre, ouvrons un bar spécialisé dans le whisky ramené d'Écosse par des visiteurs). De tels lieux existent déjà aujourd'hui, par exemple Le Chapeau rouge à Nantes (voir partie II). On peut supposer que, dans notre ville modèle, il y aura beaucoup plus d'établissements de ce type qu'aujourd'hui. (La taille idéale d'un bar est seulement de 20 m^2, soit dit en passant. À Barcelone, il y en a qui font 4 m^2.) Pouvoir fréquenter anonymement d'autres bars ou restaurants dans d'autres quartiers est vital pour la santé psychique d'une ville : il y aura toujours une issue, toujours d'autres personnes que vos chers compagnons du glomo-1, il y aura d'autres bières, d'autres vins, d'autres plats. Si certaines de ces petites entreprises font faillite, ce n'est pas une tragédie : leurs propriétaires ou partenaires seront également membres de glomo-1 et pourront trouver d'autres activités, rémunérées ou non, dans les centres d'activités. La scène gastronomique pourra devenir très fluide et créative, car il y aura toujours un plan B. Puisque les membres de glomos auront beaucoup de temps libre (le travail salarié n'occupant plus que 50 % du temps actuel), les frais de personnel pourront être nuls ou minimes.

De la même manière, les stands de nourriture de toutes sortes, les boutiques de gaufres, les camions de glaces, les vendeurs de saucisses grillées ou de bretzels seront les bienvenus sur les plazas des glomos-2 ou dans les rues libérées des voitures. Les petites entreprises pourront prospérer sans chantage économique. (Les grandes entreprises, en revanche, seront gérées par des entités publiques.) Il n'y aura pas de pression, du fait de l'insécurité existentielle, à créer des petites entreprises fondées sur l'auto-exploitation (cf. certains systèmes actuels de microcrédit).

Notre ville modèle est un paradis pour les petites entreprises, pour lesquelles les principales causes de faillite sont aujourd'hui le prix du foncier, les loyers et les taux d'intérêt sur les prêts hypothécaires. Même durant la période transitoire, il sera possible de réduire les loyers grâce à la propriété coopérative des terres et à la disparition progressive de la spéculation immobilière (voir l'histoire d'EMMA ci-dessus). Le loyer représente souvent 10 % des coûts ou davantage. Même Starbucks a dû fermer des cafés à Manhattan à cause de la hausse des loyers. La pression immobilière a tué l'infrastructure alimentaire de villes entières et les a transformées en déserts alimentaires. Pouvez-vous imaginer devoir prendre votre voiture pour vous rendre au bar ou au restaurant le plus proche ?

Que vont devenir les restaurants de classe supérieure avec des chefs de renommée mondiale ? Sans eux, une ville n'est pas une vraie ville. L'une des raisons pour lesquelles nous voulons des grandes villes est précisément qu'elles rendent possible ce niveau de luxe, parce qu'il y a suffisamment de clients potentiels et de gourmands. Pour atteindre un certain niveau de culture gastronomique (appelons cela un art), il faut une certaine taille, une base démographique suffisante. On ne fréquente ces restaurants de premier ordre qu'au mieux une ou deux fois par an, et c'est précisément pour cette raison qu'ils ne sont pas importants sur le plan écologique. En fait, leur impact pourrait être positif : il ne sera pas nécessaire de se rendre à Paris ou à Copenhague, à Tokyo ou à Singapour pour déguster des mets raffinés. Votre ville sera suffisamment grande pour accueillir un bon restaurant français, un bon restaurant chinois, un bon restaurant indien, un bon restaurant vegan. Même si les ingrédients sont acheminés par avion depuis des pays lointains, leur production a plus de sens là-bas et ils sont plus légers à transporter que les chefs et leurs clients. En supposant qu'un citoyen d'un glomo-3 se rend dans l'un de ces restaurants deux fois par an – soit un million de clients – et en divisant ce chiffre par 365, on obtient 2 739,7 clients par jour. Avec des restaurants de 80 places, on aura besoin de 34,2 restaurants (qui seront toujours complets !). Par rapport au millier ou davantage d'autres restaurants, cela ne représente que 3 %, ce qui est négligeable. Aujourd'hui, ce ne sont pas les restaurants de luxe qui génèrent des dégâts écologiques importants, mais les innombrables restaurants de milieu de gamme (de type *greasy spoon*, pizzeria, restaurant de hamburger, steakhouse, etc.) qui servent des aliments produits en masse à base de quantités excessives de viande de bœuf. Évidemment, nos restaurants de luxe seront situés au centre de la ville et contribueront à son attractivité. Il existe aujourd'hui sur la planète 3 363 restaurants étoilés selon le *Guide Michelin* (dont seulement 141 avec trois étoiles). En comptant 800 glomos-4, cela fait environ 4,2 restaurants par glomo-4 et seulement 0,46 par grande ville. Certes, il ne faut pas oublier les restaurants distingués par le *Guide Gault et Millau* et les nombreux chefs qui restent en dehors de ces systèmes d'évaluation. Il est probable que chaque grande ville comptera un chef de classe mondiale. Près de la moitié de ces villes se trouveront dans ce qui est aujourd'hui la Chine et l'Inde.

Le grand vert

La vie dans notre grande ville n'est ni mauvaise pour la santé (pas de voitures !) ni stressante. Mais la densité urbaine est élevée, et vous aurez peut-être envie de contempler de vastes paysages et un horizon lointain. Bien sûr, vous pourrez prendre l'ascenseur pour profiter du jardin sur le toit et de la vue – dès lors que la plupart des bâtiments n'ont pas plus de six étages. Mais ce n'est pas la même chose.

D'un autre côté, l'environnement naturel (pas nécessairement vert) sera proche. Il y aura une zone de jardins autour de la grande ville, accessible depuis les 15 glomos-2 extérieurs (sur 25) en 0 à 5 minutes. Pour les autres, il faudra compter 2 kilomètres au maximum. Autour de la ville se trouveront des lacs, des rivières, des forêts (dans la zone tempérée – peut-être des oasis dans d'autres zones). Il y aura des auberges de campagne, des sentiers de randonnée (la fameuse route circulaire), des montagnes et des collines, le tout accessible à pied ou à vélo. Les 1 000 agro-bases serviront également de gîtes ruraux et de bases de départ pour des randonnées plus longues. Les bus pourront vous amener partout à la demande.

En lieu et place de la création illusoire de petits paradis privés autour des maisons qui ne pourront jamais tenir leurs promesses (vous n'êtes jamais seul) et qui contribuent au désastre écologique, le paysage naturel sera nettoyé, rapproché de la ville et ouvert à une diversité plus généreuse d'usages. Le reflux des habitants mécontents de la campagne ou de la pseudo-campagne vers les centres-villes plus animés a d'ores et déjà commencé. Les appartements dans les vieilles bourgades sont très recherchés. Cela pourrait être une aubaine pour les habitants de maisons à la campagne : les vendre et investir l'argent dans des coopératives d'habitat urbaines.

LA VIE À LA CAMPAGNE

La plupart des gens ont déjà quitté les zones rurales ou sont sur le point de le faire, y compris à l'échelle mondiale : les migrants ne se déplacent généralement pas de la campagne vers la campagne, mais vers les villes (d'arrivée). Mais même si 75 % de la population mondiale va bientôt vivre dans les villes, il restera 25 % de celle-ci en zone rurale. Nous ne parlons pas ici des pseudo-campagnards des banlieues, ni de ceux qui font une navette physique ou virtuelle et qui ne jouent les villageois que le soir ou le week-end. Les déplacements pendulaires de masse ne seront jamais une forme de vie viable. Il faut choisir un point central dans sa vie.

Il y a de « vrais » villages dans les montagnes ou au loin qui ont encore un semblant de vie économique autonome : de vrais agriculteurs sur de vraies terres. Ils sont souvent menacés par les intrusions de l'industrie : grands barrages, centrales électriques, plantations (y compris d'arbres), aéroports, agro-industrie, infrastructures touristiques. La première raison de quitter la campagne n'est pas la vie à la campagne en soi, mais le fait que la vie à la campagne soit aujourd'hui menacée, mutilée et en voie de disparition. Même les villages relativement fonctionnels dépendent des services produits dans les villes ou à proximité des villes : santé, écoles, justice et police, machines, ordinateurs. La prétention de se « déconnecter » est souvent illusoire. Lorsque les intellectuels de la ville choisissent la vie à la campagne, ils ont tendance à oublier que leur éducation supérieure elle-même est une importation de services urbains. Mais le but n'est pas l'autarcie. Une coopération raisonnable entre ces villages et avec les villes semble à la fois possible et prometteuse.

Les communes rurales (villages, hameaux) d'une région donnée peuvent coopérer au moins pour l'enseignement primaire et certains services de santé de base. Elles peuvent mettre en commun ou échanger d'autres ressources comme les machines, les qualifications en matière de construction, la production de lait et de viande, les engrais ou les services juridiques. Nous avons mentionné que la viande bovine a un impact écologique élevé, indépendamment de la forme et de l'origine de la production. Les prairies qui remplacent les forêts ou autres environnements sauvages réduisent la diversité des espèces, et où qu'elles vivent, les vaches produisent du méthane. Il n'existe pas de viande bovine alternative. Mais la consommation de viande de bœuf pourrait être beaucoup moins importante. La viande de bœuf doit devenir un mets rare. Le reliquat (disons 10 %) pourrait être produit de manière que les animaux et les humains qui les élèvent vivent bien, que le paysage ne soit pas détruit par la monoculture et que les émissions restent limitées. Les fermes biologiques (= agro-bases) associant production de légumes et de céréales et élevage de manière synergique et à une échelle moyenne (62 hectares) sont l'avenir. Ce type de polyculture est plus efficient, car plus circulaire que l'agriculture industrielle et moins gourmand en énergie et autres apports matériels. (Le lait actuel est surtout produit à base de fourrage de soja et de pétrole.) Les oies pourront manger de l'herbe, des carpes pourront être élevées dans des étangs, les poules pourront se nourrir des fanes de légumes du potager ou picorer les grains dans les champs récoltés. Le fumier sera ramené sur les prairies (mais pas trop). Les communes rurales pourront coopérer à la fabrication de produits prêts à cuire et relocaliser ainsi une partie de la transformation des aliments à la campagne. Ce sera d'autant plus efficient si elles coopèrent à long terme avec des glomos-1 ou des globex. Cela permettra aussi de générer des revenus monétaires supplémentaires. Imaginez : champignons séchés, haricots, prunes, châtaignes, choucroute, lait de coco, olives, fromages, saucisses, pâtes et pâtés, conserves.

Des coopératives villageoises ou des coopératives regroupant plusieurs villages pourraient aider les vrais agriculteurs en difficulté à vivre de leurs terres et à se créer un avenir commun en coopération avec les villes. L'ancien système de la transhumance – le déplacement de bovins ou de moutons vers les alpages en été – pourrait être appliqué aux activités saisonnières des agriculteurs et des citoyens urbains. En été, les membres du siège urbain d'une coopérative rurale/urbaine se rendraient à la campagne pour participer à des activités rurales. En hiver, lorsque les champs et les alpages sont au repos, les agriculteurs iraient en ville et contribueraient à des activités urbaines. Les villages de montagne ou d'autres régions éloignées pourront être utilisés par les citadins pour leurs vacances. Les habitants de la campagne pourront s'installer dans des chambres d'hôtes en ville et participer à des activités culturelles.

Voici un exemple venu de la vallée de la Surselva en Suisse, décrit par un membre d'une telle coopérative :

L'agriculture solidaire dans les Alpes (par Tex Tschurtschentaler)

La coopérative BergSoLaWi, fondée en 2021 dans la Surselva, est un exemple intéressant de connexion entre la ville et la campagne. Dans l'agriculture actuelle, beaucoup de choses sont faites à contrecœur, du point de vue tant des consommateurs que des producteurs. SoLaWi est l'abréviation de *solidarische Landwirtschaft* (« agriculture solidaire »). Comme dans d'autres projets de ce type, les producteurs de la Surselva et les consommateurs de la ville unissent leurs forces pour organiser la production agricole de manière que toutes les personnes concernées puissent s'y retrouver – avec leur cœur comme avec leur raison. Au lieu de laisser les décisions à un marché anonyme, les membres de la SoLaWi se rencontrent pour discuter de problèmes concrets et trouver des solutions raisonnables. La SoLaWi ne repose pas seulement sur un apport d'argent, mais aussi sur l'engagement personnel et actif de ses membres.

Si un agriculteur s'occupe d'une centaine d'arbres fruitiers de manière très attentive, il crée un paradis pour les oiseaux, les insectes et les coléoptères dans les arbres et sur le sol. L'agriculteur en retire de la satisfaction, mais en général personne ne veut payer les coûts supplémentaires qui en découlent.

Dans la SoLaWi, si ! La coopérative organise des week-ends d'activité collective avec ses membres, récolte les pommes et les poires, fabrique du cidre et le distribue. De plus, l'agriculteur reçoit une rémunération juste et décente.

Qu'en est-il des loups qui sont revenus dans les Alpes suisses ? Faut-il les abattre ? Ils ne s'approchent pas d'un troupeau de chèvres lorsque celui-ci est accompagné d'un humain. Cependant, la tradition séculaire des bergers a été effacée par la « main invisible du marché ». La SoLaWi organise des semaines pastorales avec ses membres urbains. De cette manière, les loups peuvent remplir leur fonction écologique en tant qu'agents de la biodiversité : en vitalisant les proies (c'est-à-dire en les forçant à rester en mouvement) et en laissant des charognes pour les prédateurs plus petits, les oiseaux et les insectes, ainsi que pour les bactéries, les vers et les champignons. Pour les humains, ce sont de nombreuses heures d'exercice, de plaisir et d'air frais en compagnie des chèvres.
Parlons de la qualité de vie des chevreaux. Ont-ils le droit de boire le lait de leur mère ? Bien sûr. Comme ils n'en boivent que la moitié, nous trayons l'autre moitié et nous en faisons du fromage. Le marché pense que c'est inefficient. La SoLaWi pense : pourquoi gaspiller ce lait ? Combien de temps les bébés chèvres sont-ils autorisés à vivre ? Et où ? Le marché pense : laissons-les grandir un peu pendant l'hiver dans les étables et envoyons-les ensuite directement chez les consommateurs pour Pâques. La SoLaWi n'est pas d'accord : non, laissons-les vivre sur l'alpage pendant un an. Et ensuite mangeons l'agneau de l'automne, du museau à la queue. L'agriculture de montagne opère principalement avec des animaux. De manière générale, la SoLaWi ne souhaite pas encourager la production de viande. Mais en tout état de cause, celle-ci doit avoir lieu dans des territoires où c'est écologiquement adéquat, par exemple là où le sol et la topographie ne conviennent pas à la culture de céréales et de légumes. Cependant, la SoLaWi a l'intention d'intégrer certaines productions végétales, comme des herbes aromatiques, des fruits, des baies et du bois.

***

CHAPITRE 5
LES GLOMO-4 ET 5 : LES TERRITOIRES ÉCOLOGIQUES ET LA PLANÈTE

Le seul module qui ne pose pas de problème de frontières, c'est la planète elle-même. La catastrophe climatique nous a rappelé cette vérité et les limites écologiques auxquelles nous sommes confrontés.

En 2023, le jour du dépassement global tombait le 27 juillet. C'est la date où les ressources écologiquement durables ont été épuisées pour l'année. Aux États-Unis, c'était le 13 mars. En Jamaïque, c'était le 20 décembre. Devrions-nous donc tous vivre comme des Jamaïcains ?

Le jour du dépassement de la Terre et autres statistiques du même type illustrent l'extrême injustice climatique qui règne sur la planète. Si l'on veut considérer la planète comme un commun, il faut un mode de vie compatible avec les ressources planétaires pour tous, corrigé des conditions locales (le chauffage n'étant pas un problème majeur en Jamaïque). Ce dont nous avons besoin est un programme visant à rééquilibrer la surconsommation et la sous-consommation à l'échelle mondiale.

L'inégalité entre nations s'est légèrement réduite au cours des dernières décennies, tandis que l'inégalité au sein même des nations s'est accrue. Les États nationaux ne sont pas homogènes, et le fait de savoir que les États-Unis sont une nation riche n'est pas d'une grande utilité lorsque l'on vit dans la pauvreté dans les rues de San Francisco. Ce que cela signifie, c'est qu'une minorité riche s'est encore enrichie et a ainsi fait grimper la moyenne nationale. Il y a plus de pauvres que jamais.

Les États-nations comme anti-modules

Si nous considérons le niveau immédiatement inférieur à celui de la planète, il n'y a pas de quoi se réjouir. Nous avons des États-nations, mais qu'ont en commun les États-Unis et, par exemple, Andorre ? Ou bien les îles Cook et le Mexique ? Les États-nations sont le résultat d'accidents historiques qui n'ont aucun rapport avec les enjeux sociaux ou écologiques. Ils sont inutiles en tant que modules des communs parce que leur raison d'être historique était exactement contraire : bloquer l'émergence des communs du peuple et perpétuer le pouvoir d'une petite élite. Il y a l'ONU, mais la plupart des nations n'ont pas vraiment voix au chapitre et cinq grandes puissances décident de ce qui doit être fait et de ce qui ne doit pas l'être. Les nations sont un obstacle à une planète de communs. Il faut les dépasser.

C'est un défi de taille. Changer des frontières est une entreprise on ne peut plus délicate. Il vaut mieux vivre avec les frontières absurdes de maintenant plutôt que de risquer des guerres sans fin pour des frontières plus raisonnables. Changer les frontières de manière pacifique est cependant possible. La Tchécoslovaquie s'est scindée sans incident violent. L'Allemagne de l'Est a pu rejoindre l'Allemagne de l'Ouest sans conflit frontalier. La Yougoslavie, en revanche, a éclaté au prix de terribles guerres. L'ancienne Union soviétique s'est divisée pacifiquement dans la plupart des cas, mais non sans provoquer des guerres horribles en Géorgie, en Tchétchénie ou en Ukraine. Ces conflits n'ont rien à voir avec des problèmes ethniques ou autres, mais s'expliquent par les jeux de pouvoir au sein des États, qui finissent par faire des milliers de victimes parmi des ennemis intérieurs ou extérieurs artificiels. Les identités ethniques et les prétendues identités culturelles peuvent facilement être manipulées pour créer des conflits qui détournent l'attention des vrais problèmes.

Les territoires tels que nous les concevons ne recoupent pas des entités ethniques, linguistiques, culturelles ou historiques – avec quelques exceptions pour les peuples autochtones. Ils sont purement fonctionnels et ne concernent que les services publics, les limites écologiques et le bien-être social. Les limites de ces territoires peuvent coïncider avec des frontières ethniques ou linguistiques, ou non (comme en Suisse où quatre langues cohabitent sur 44 000 km^2, avec des religions, des « cultures » et des folklores très différents). L'accès aux ressources culturelles ne signifie pas qu'il faille s'enfermer dans des identités culturelles ou nationales, qui sont dans la plupart des cas des communautés imaginaires inventées au XIXe siècle pour consolider les structures nécessaires au développement d'économies de marché industrielles.

Les nations ne sont cependant pas seulement des artefacts culturels, mais aussi des espaces où certaines conquêtes ont été obtenues au prix d'une longue série de luttes pour le bien-être social, la démocratie, les droits civils, la réglementation du temps de travail, les salaires, l'écologie, la planification, etc. Sous la pression de la mondialisation, les partis de gauche, en particulier, se sont souvent repliés sur la nation comme bastion contre l'érosion de ces acquis et de ces droits. Un moineau au creux de la main vaut mieux qu'un canari sur le toit, dit un proverbe allemand. Les luttes de libération nationale contre la domination impériale ont une longue histoire. Pourquoi abandonner le fruit de guerres et de sacrifices de longue haleine ? Les nations peuvent être progressistes, impérialistes ou autoritaires. Si nous avons de la chance, nous sommes nés dans une nation progressiste. Ne pensons donc pas à changer. En puisant dans l'histoire des nations et de leurs frontières, on peut justifier d'innombrables revendications territoriales pour des raisons linguistiques, ethniques, racistes ou autres (« Cela nous a appartenu », « Ce n'est qu'un dialecte »). C'est pourquoi les réparations de nation à nation ne peuvent devenir une règle générale. Les Romains/Italiens ont-ils jamais dédommagé la Suisse pour le massacre de 200 000 Helvètes par Jules César en 58 avant J.-C. ? De nombreuses injustices se sont accumulées au cours des millénaires. Elles ne pourront être vraiment réparées que par une justice mondiale pour tous à l'avenir.

Pour essayer d'adapter les territoires existants aux besoins futurs, il faut adopter une perspective d'avenir, et non s'appuyer sur les droits et les acquis du passé. Pour rendre possible un véritable changement de perspective, les avantages des futurs territoires communs doivent être clairement définis et apparaître plausibles. En outre, sans les formes renouvelées de reproduction sociale dans les glomos-1 et les formes nouvelles d'autodétermination démocratique aux autres niveaux, le glomo-4 sera comme un toit sur une maison sans fondations. La régénération doit commencer depuis la base, mais avec une vision d'ensemble claire.

De nouveaux communs territoriaux peuvent être formés avec l'assentiment démocratique de toutes les parties concernées. Les référendums dans les territoires potentiels devront être ratifiés par des référendums dans les nations auxquelles ils appartenaient jusqu'ici – conformément aux Constitutions en vigueur. La séparation de territoires sans le consentement de l'entité dont ils se séparent est illégale. Sans frontières légales, les communs sont impossibles. Il ne peut y avoir de démocratie si l'on ne peut pas savoir et documenter qui est membre ou citoyen de quel glomo.

Le glomo-4 comme territoire fonctionnel

Plusieurs régions et grandes villes constituent une entité territoriale, qui doit être aussi grande que nécessaire mais aussi petite que possible, selon le principe de subsidiarité qui est aussi un facteur de résilience. Dans l'ensemble, cette entité aura moins de fonctions et nécessitera moins de personnel et de ressources qu'aujourd'hui. L'État tel que nous le connaissons diminuera de taille, non pas parce que nous voulons être de bons anarchistes, mais parce qu'il aura moins à faire. Il est difficile de quantifier cette réduction, mais elle pourrait être d'un tiers. Les glomos-1 à 3 peuvent assumer la plupart des fonctions nécessaires à un mode de vie confortable et compatible avec les limites planétaires, mais pour certaines fonctions, ils sont trop petits. Pour gérer un réseau ferroviaire, des canaux, un filet de sécurité sociale, des installations industrielles et de recherche adéquates et, logiquement, une forme de péréquation entre les entités plus petites, il faut une masse critique de ressources. De multiples formes d'échange, d'entraide, de transferts et de contrats auront lieu entre tous les glomos et entre les individus. Cela suppose un cadre juridique, un système de justice et de sanctions qui garantisse leur équité et leur validité. Les États actuels ont essayé de prendre en charge autant de fonctions diverses qu'ils le pouvaient, que ce soit sous la pression d'intérêts privés, en raison du dysfonctionnement des entités plus petites ou pour obtenir plus de contrôle sur nos vies. Ces fonctions peuvent revenir à leur juste échelle ou disparaître.

Figure 12 : Croquis d'un glomo-4

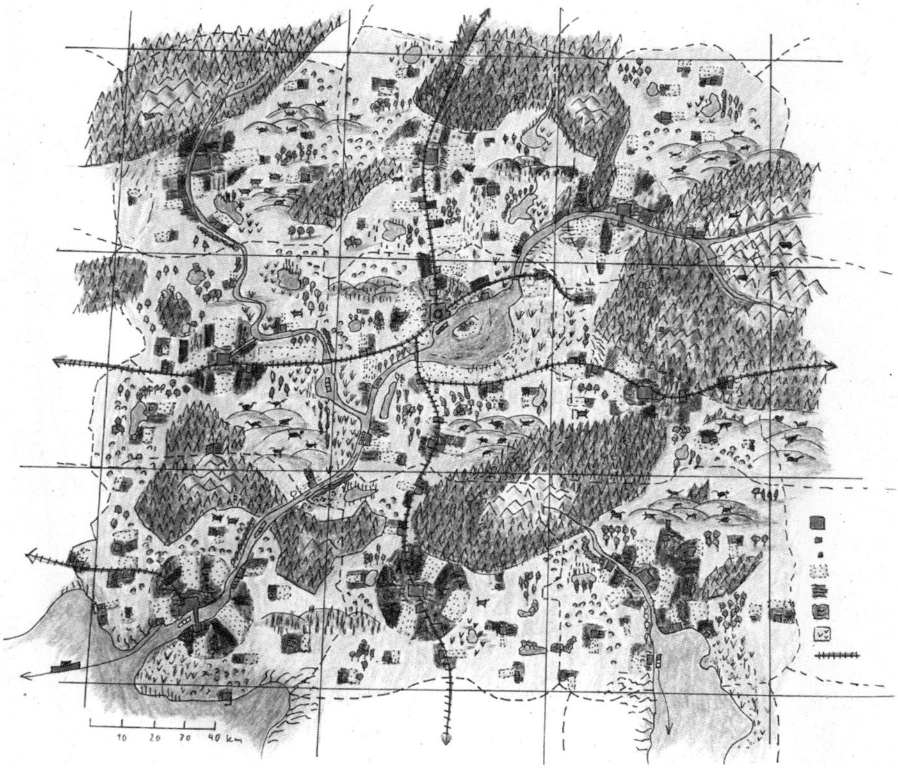

> 500 000
10 000-5 000
500-1000
Céréales
Champs
Jardins
Tourbières
Voies ferrées

Ceci est la visualisation d'un territoire de glomo-4 presque conforme au modèle dans une zone climatique tempérée. Il y a neuf grandes villes (500 000 habitants chacune) entourées de leurs zones agricoles et de leur région (1,1 million d'habitants). La ville au bord du lac dans la région centrale est le centre administratif. Pour 1 000 glomos-1 dans une ville, il faut 620 km² de terres agricoles, soit un rayon de 14 km. La production de viande et de produits laitiers étant principalement située dans les régions vallonnées, cette superficie est largement suffisante. Certaines productions alimentaires (poisson, volaille, vin, etc.) ainsi que les fermes et jardins individuels ne sont pas représentés. Les distances entre les agglomérations urbaines et leurs bases agricoles sont optimisées. Il existe deux lignes principales de chemin de fer.

Les industries sont intégrées dans les villes (cf. la Fab City). La condensation spatiale des zones bâties laisse une large place aux espaces naturels : landes, zones humides, forêts, bruyères, lacs, étangs, arbres, rivières, vallons, régions herbeuses. Les routes ne sont pas indiquées. Le résultat est une mosaïque harmonieuse et durable d'utilisations naturelles et culturelles du sol. Les petites localités (bourgades, villages, hameaux) ne sont pas toutes indiquées. La production d'énergie repose sur des panneaux solaires, la géothermie et l'hydroélectricité – qui n'apparaissent pas sur l'image.

Ces réflexions, et d'autres considérations, conduisent à privilégier une entité territoriale de taille moyenne du point de vue de sa population et de sa superficie. Nous voulons quelques millions d'habitants sur un territoire physique où les communications internes soient aisées. Par exemple, il doit être possible de se rendre n'importe où en train sur ce territoire et de revenir dans la même journée. En fonction de la topographie, les ressources naturelles disponibles et les surfaces de végétation varieront plus que la population. Comme module, nous supposons donc un territoire de 225 km de côté, soit 50 000 km^2 (100 km en train prennent une à deux heures), et de 10 millions d'habitants répartis en neuf régions. Dans la pratique, cela se traduit par une fourchette de 20 000 à 100 000 km^2 et de 4 à 20 millions d'habitants. Des entités plus grandes ou plus petites sont possibles ou inévitables dans certains cas particuliers, mais elles poseront des problèmes d'équipement et de communication. Nous imaginons intuitivement un monde de territoires plus petits, mais pleinement fonctionnels, qui ressemblent à des États/provinces actuels comme la région PACA en France, l'Irlande, la Suisse, la Grèce, le Costa Rica, le Berlin-Brandebourg, la Pennsylvanie, le Maryland, la Belgique, le Kerala, le Rwanda ou encore la Finlande. Tous ces territoires ne correspondent pas exactement à notre modèle, mais présentent des traits similaires qui illustrent sa plausibilité. Certains ne sont pas entièrement équipés pour être un glomo-4 modèle, d'autres sont suréquipés et doivent gérer des fonctions et des dépendances particulières dans leur contexte national. Ces exemples ne signifient pas qu'il faille créer des glomos-4 à partir d'entités existantes et selon des critères ethniques. Mieux vaut ne pas le faire.

Comme il est indiqué ci-dessus, les glomos-4 fournissent un cadre pour toutes sortes de services suprarégionaux : monnaie, banque centrale, impôts, gestion des frontières, régulations diverses[1]. Pour accomplir ces fonctions, il n'y a pas besoin de grandes nations ni de superpuissances. Si vous comparez le Danemark (42 000 km^2, 6 millions d'habitants) avec les États-Unis, vous constaterez que les systèmes de santé et de sécurité sociale, les réseaux

1. Aura-t-on 700 monnaies de glomo-4 différentes ? Et pourquoi pas ? Le passage d'une monnaie à l'autre à l'aide de cartes de crédit ne se fera même pas sentir. Changer les billets et les pièces peut être amusant et fournit une occasion facile de premiers contacts avec les locaux lorsque vous voyagez. Le fait de disposer d'une monnaie démocratique territoriale est important pour assurer une certaine autonomie économique de la sphère des communs. Du moins avant que l'argent ne disparaisse complètement.

ferroviaires, les infrastructures industrielles, etc., fonctionnent aussi bien des deux côtés, voire mieux dans le pays plus petit. Le Danemark est suffisamment grand pour égaliser les fluctuations et les disparités en son sein. Pourquoi être un éléphant quand on peut vivre heureux comme une loutre? (Bien entendu, les États-Unis ne sont pas une puissance nationale comme les autres, mais une superpuissance militaire qui s'est emparée de fonctions qui devraient relever de la responsabilité d'une future institution de glomo-5. Puisque l'ONU est dysfonctionnelle, les États-Unis sont le plan B. Les États-Unis sont le soutien *de facto* du système économique mondial actuel.)

Il va sans dire que le processus de transformation de territoires dysfonctionnels en territoires écosociaux ne se fera pas du jour au lendemain. De nombreuses habitudes devront être abandonnées, peut-être de nouvelles langues apprises, des liens rompus et d'autres renoués. La première tâche sera d'expliquer à chacun les avantages et la nécessité d'une telle entreprise. Le choix est clair: si nous voulons garder la biosphère intacte pour la vie humaine, des changements devront avoir lieu à tous les niveaux, du personnel au global. Ces changements ont une logique interne dans de nombreuses dimensions. Le glomo-4 n'est que la conséquence d'un mode de vie non impérial.

Le plus grand défi sera de reterritorialiser les grandes nations qui se sont construites au cours de l'histoire. Tant de guerres ont été menées pour les créer, tant de vies humaines ont été investies (ou gaspillées) pour qu'elles existent. Mais posons-nous la question: par qui? En réalité, un processus de dissolution est déjà en cours. Qui aurait pensé en 1980 que l'Union soviétique, apparemment monolithique, s'effondrerait dix ans plus tard[2]? Dans d'autres pays, des processus de régionalisation sont en cours pour exactement les raisons que nous évoquons ici. La gouvernance centralisée est maladroite, éloignée de la réalité, coûteuse et souvent inefficiente. Les nouvelles technologies telles que l'informatique, l'automatisation et les unités de production plus petites relocalisées ont réduit l'avantage des grandes nations, tout comme la facilitation de la communication non physique. Après tout, les grandes puissances actuelles sont le résultat du triomphe du chemin de fer, puis des autoroutes. La production locale (cf. la Fab City) réduit le besoin de transport physique, et le trafic automobile doit de toute façon devenir obsolète. Il n'est pas nécessaire d'avoir de vraies banques physiques décorées de marbre pour faire de la banque. Les effets bons et mauvais de la mondialisation ont vidé de leur substance les économies des grandes nations. La voie à suivre est celle d'une relocalisation de la production, de la recherche et des institutions. Les régions qui sont des glomos-4 potentiels peuvent devenir lentement plus autonomes sur le plan matériel et s'éloigner de leurs systèmes nationaux. La dissolution des grandes nations peut devenir synonyme de processus de paix mondial. Tout dépend de l'action des citoyens.

2. J'en ai eu l'intuition dans *bolo'bolo*, Autonomedia, 1983, p. 58.

Les États-Unis peuvent utiliser leur système d'États comme point de départ de cette transformation – même si tous les États américains ne doivent pas être maintenus dans leurs frontières actuelles. Washington assumera davantage de fonctions de coordination que de fonctions exécutives : la ville pourrait devenir un point de rencontre pour les glomos-4. Des glomos-4 de toutes les Amériques pourraient se former par-delà les frontières actuelles et coopérer librement du Canada à la Patagonie : les glomos coopératifs d'Amérique, ou CGA. La Chine peut renforcer et remodeler ses provinces et les rendre autonomes. Les Länder allemands disposent déjà d'une grande autonomie. Au lieu d'un Empire allemand uni, nous verrons plutôt une coopération croisée de ses Länder avec les anciens petits États voisins nouvellement constitués en glomos-4. L'Union européenne, qui est aujourd'hui dominée par une poignée de grandes nations, peut devenir un forum de coopération d'égal à égal à l'échelle non seulement européenne, mais aussi ouest-asiatique et méditerranéenne.

Un territoire modèle peut répondre à toutes les exigences de la civilisation moderne. C'est également l'entité optimale pour le type de planification industrielle nécessaire à la gestion de cette sphère de communs. La planification est devenue un gros mot, parce qu'elle a été un instrument de pouvoir et de contrôle politiques, au lieu d'être une méthode itérative et inclusive par laquelle les besoins et les ressources sont mis en adéquation à travers un processus participatif fondé sur la subsidiarité. Comme pour n'importe quelle planification domestique, il est nécessaire d'utiliser les ressources avec précaution et d'éviter le gaspillage. La plupart des activités de planification auront lieu dans des sphères inférieures, comme la planification des cultures par le glomo-1 pour son agro-base. Pour certains secteurs spécialisés, interdépendants et à forte intensité de ressources, toutefois, une planification à l'échelle du glomo-4 est essentielle. Les industries et les processus pertinents, le savoir-faire, les réseaux de communication, les matériaux rares, les grands travaux (canaux, tunnels, usines d'hydrogène) doivent être planifiés sur plusieurs décennies. Pour le reste, la déplanification, c'est-à-dire le fait de laisser la main aux niveaux inférieurs, sera la forme de planification pertinente. Qui veut planifier la production de chaussures ? Ou les systèmes de transport locaux ? Ou la production de crèmes glacées ? En revanche, dans le secteur pharmaceutique, la planification au niveau du glomo-4 est vitale, comme nous l'avons appris durant la pandémie lorsque les chaînes d'approvisionnement se sont rompues. De même, l'approvisionnement en énergie doit faire l'objet d'une planification territoriale, si ce n'est mondiale.

Pour ce qui est de l'inclusion et de la communication démocratiques, les glomos-4 constituent un terrain de jeu optimal. Ils peuvent soutenir l'ensemble des institutions – Parlement, exécutif, justice – et maintenir la distinction entre questions privées et intérêt général. Ils peuvent jouer le rôle de l'« État » lorsque c'est nécessaire, par exemple pour garantir l'état de droit. Vous connaîtrez personnellement un certain nombre des responsables politiques, mais vous ne connaîtrez pas tout le monde. La distance et la connaissance seront équilibrées. Ils seront suffisamment petits pour que soit possible une supervision par les citoyens, un contrôle par les médias, une responsabilisation des délégués vis-à-vis de leur base. La corruption ne paiera pas vraiment et sera rapidement découverte. Ils ne généreront pas trop de « pouvoir sur » (Holloway). Les fonctionnaires devront rendre des comptes, les lignes de commandement seront courtes, l'État sera trop proche de nous pour prendre ses aises avec la démocratie. Les régions pourront être utilisées comme circonscriptions électorales pour élire un Parlement territorial, afin de garantir une représentation équilibrée des intérêts régionaux. Un conseil de gouvernement pourra à son tour être élu par ce Parlement. Tous les types de Constitutions sont possibles. L'important est qu'il n'y ait pas d'intérêts économiques privés particuliers qui influencent et tentent de dominer le processus.

Un monde de territoires : rêve ou cauchemar ?

Aurons-nous un monde composé de 700 « États en guerre » ? Les grandes nations, les superpuissances et les pactes comme l'OTAN sont-ils nécessaires pour maintenir le zoo mondial sous contrôle ? Si nous étions en 1650, il serait peut-être utile de se poser la question. Acquérir un pouvoir réel par des moyens purement militaires est devenu plus difficile aujourd'hui. Le sol n'est plus le bien le plus précieux. L'éducation, la maîtrise des processus technologiques, le savoir-faire, le remplacement de la quantité par la qualité en général, une production devenue plus immatérielle et moins matérielle... rien de cela ne peut être acquis par une occupation militaire. Tout cela disparaîtra lorsque vous débarquerez avec vos chars. Bien sûr, la cybercriminalité est un problème, mais elle n'est pas territoriale, elle touche aussi bien les petits que les grands, qu'il s'agisse d'institutions, d'entreprises ou de pays. Les guerres entre petites nations sont rares – sauf lorsqu'elles sont orchestrées par de grandes nations, des entreprises ou d'autres intérêts extérieurs. L'Estonie n'a pas encore attaqué la Lituanie. La Suisse n'a jamais envahi l'Autriche. Les différences ethniques ou autres divergences imaginaires peuvent être exploitées et utilisées par des cliques internes ou des forces extérieures. La guerre est principalement un moyen d'opprimer et d'intimider tous ceux qui s'opposent à une certaine structure de pouvoir. Si nous plaçons les dimensions écologiques et sociales au cœur de nos arrangements territoriaux, ces abus idéologiques pourront être neutralisés. Les mêmes Albanais ou Serbes qui s'entre-déchirent chez eux travaillent ensemble pacifiquement lorsqu'ils migrent en Suisse, par exemple, parce qu'ils sont ici pour jouir d'une vie décente, de bons services de santé et d'une administration plutôt correcte.

De la manière dont nous les concevons, les glomos-4 seront tous des unités « autosatisfaites » qui n'auront rien à aller prendre chez les autres. Comme les marchés vont disparaître, il n'y aura plus de raison de se battre pour les conquérir. Les glomos-4 sont des partenaires idéaux pour collaborer dans le cadre de projets interterritoriaux: systèmes ferroviaires, canaux, médicaments, industries, communication, science (tel le CERN), aide d'urgence, et ainsi de suite. Ces alliances peuvent s'entrecroiser de nombreuses façons dès lors qu'elles ne s'appuient pas sur le territoire, mais sont orientées vers un objectif. Lorsque leur objectif sera atteint, elles disparaîtront. La flexibilité de la coopération entre glomos-4 engendrera un monde de réseaux multiples qui rassembleront des individus, des associations, des glomos, des centres fonctionnels. La diversité ne sera pas un fardeau, mais une richesse. La Fab City elle-même est un système trans-glomo-4. Des guerres et des conflits peuvent toujours survenir, mais un monde de glomos-4 ne crée aucune incitation en ce sens et peut fournir toute une gamme de solutions et de médiations pour y remédier.

Les fonctions et les institutions du glomo-5

Si nous parvenons à dissoudre (ou imaginons-le pour le moment) les superpuissances et les grandes nations, les fonctions et les institutions du glomo-5 – les communs mondiaux – s'ensuivront logiquement. Les quelque 700 glomos-4 prendront le relais et transformeront les institutions de l'ONU en une assemblée générale de commoneurs égaux entre eux, qui élira un comité mondial. Si nous parvenons à avoir des glomos-4 démocratiques, nous pourrons également avoir une planète démocratique. Toutes les sous-organisations existantes et d'autres encore seront renforcées. Cette ultime institution des communs n'aura rien de très spécial. De manière générale, les activités mondiales, en particulier le commerce, diminueront en quantité et en importance, tandis que les petites activités locales deviendront plus efficientes grâce à la numérisation, à l'automatisation et au partage des connaissances et de l'information via le globonet. Mais il existera encore de nombreuses fonctions essentielles qui devront être assurées à l'échelle mondiale ou qu'il sera préférable de localiser à cette échelle[3]:

- la surveillance et la protection de la biosphère;
- la gestion des forêts;
- l'organisation de la coopération et la résolution des conflits entre glomos-4;
- les règles relatives aux limites et aux frontières;
- la distribution des ressources mondiales[4];

3. Cf. newalliance.earth, *A Proposal*.
4. Encore une fois, un défi de taille. Si nous appliquons le principe selon lequel les ressources de la planète (terrestres et souterraines) constituent un commun et appartiennent à tous les êtres humains, et non à ceux qui se trouvent habiter au-dessus ou à côté de ces ressources, nous ne trouverons aucun ami parmi les pays producteurs de pétrole. Il sera nécessaire, mais difficile, de faire la distinction entre l'utilisation locale légitime de ces ressources et les revendications globales à leur égard. Le partage des ressources immatérielles est en cours, mais les ressources matérielles restent la « propriété » des populations locales. On ne peut pas partager les métaux rares sur Wikipédia (mais on peut partager les méthodes pour les trouver).

– une banque mondiale, la monnaie giro[5];
– l'aide d'urgence (désastres naturels, pandémies et épidémies, alimentation, médicaments);
– le partage des savoir-faire (communs créatifs globaux);
– la recherche;
– l'exploration de l'espace;
– le système juridique mondial;
– un tribunal mondial;
– la sécurité et les sanctions;
– la production et le partage de composants techniques, d'algorithmes, de matières premières;
– les systèmes de transport;
– les systèmes de communication (Internet public, globonet[6]);
– et ainsi de suite.

Figure 13 : Carte des mondes

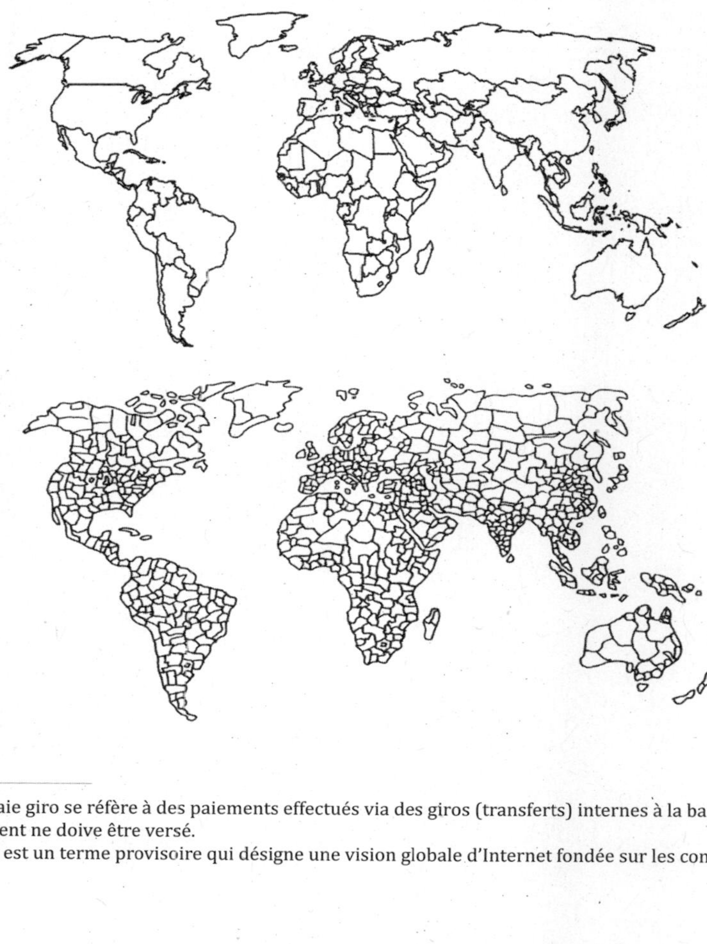

5. La monnaie giro se réfère à des paiements effectués via des giros (transferts) internes à la banque sans que de l'argent ne doive être versé.
6. Globonet est un terme provisoire qui désigne une vision globale d'Internet fondée sur les communs.

LA CRISE DE LA DÉMOCRATIE

La plupart des pays qui se targuent d'être démocratiques ne sont que des républiques plus ou moins autoritaires avec quelques traits démocratiques. Le principe des institutions démocratiques est bien connu et éprouvé. Il repose sur des élections générales et diverses formes de droit de proposition des citoyens, ainsi que sur des référendums. Les organes exécutifs sont élus ou nommés à la majorité et révoqués lorsqu'ils perdent les élections. Il n'y a pas d'autre système viable. C'est un mélange plus ou moins cohérent d'institutions directes et indirectes. Le fondement ultime d'une démocratie est l'assemblée générale d'un glomo-1, sans laquelle elle n'aurait pas de substance. Tout le reste est construit sur cette base.

La démocratie telle que nous la connaissons habituellement n'existe que dans une sphère politique bien circonscrite, et non au niveau de l'ensemble de la société. Tant que perdure une propriété privée des moyens de production socialement pertinents (terres, machines, matériaux, savoir-faire), il ne peut y avoir de véritable démocratie. Tant que la sphère économique est maintenue en dehors du gouvernement démocratique, la démocratie n'est que la gouvernance d'un dispositif de soutien à notre système économique actuel, appelé l'« État » (mais quel État de quoi ?), qui représente dans une majorité de pays entre 30 et 70 % du PIB. Mais même ce poids économique de l'État ne signifie pas qu'il soit indépendant, car dans la plupart des cas, il n'est qu'un gros client des entreprises privées (pensez à l'armée et la défense).

Les institutions démocratiques peuvent varier et être plus ou moins inclusives et plus ou moins accessibles à la majorité de la population. Le principe des assemblées générales populaires est valable, mais elles ne sont pas en elles-mêmes inclusives : les grandes assemblées peuvent être manipulées de multiples façons. D'autre part, la délégation – l'élection des comités législatifs et exécutifs – n'est pas nécessairement la fin de l'expression authentique de la volonté du peuple. On ne peut pas, après tout, passer toute sa vie dans des assemblées générales. La délégation temporaire peut être une forme correcte et soutenable de participation démocratique. Les systèmes électoraux majoritaires ou proportionnels ont à la fois des vertus et des inconvénients. S'il n'y a pas de larges alliances entre partis politiques (coalitions électorales), le vote proportionnel engendre des Parlements paralysés. Le vote majoritaire dans les circonscriptions unipersonnelles peut conduire à des systèmes bipartites stériles, mais les représentants peuvent plus facilement être tenus pour responsables par leurs électeurs. Le système le plus simple et le meilleur, que nous proposons ici, est celui de conseils plus ou moins grands, élus sur leur territoire, complété par un droit de proposition citoyenne et des référendums. Ce système fonctionne le mieux dans des territoires relativement petits comme un glomo-4.

S'il peut y avoir des fourvoiements de l'expression démocratique, c'est en raison des conditions externes de procédures qui restent elles-mêmes formellement correctes. Les grands groupes d'intérêts financiers peuvent influencer ou intimider l'électorat grâce à leur pouvoir médiatique, en achetant des candidats ou des suffrages ou en menaçant de retirer leurs capitaux ou leurs sites de production d'une circonscription en cas de vote défavorable. Dans des cas extrêmes, ils peuvent payer des groupes terroristes pour faire peur aux électeurs. Même les institutions les plus sophistiquées ne peuvent empêcher cela, comme le montre l'exemple des nazis en Allemagne, arrivés au pouvoir à l'issue d'un processus parfaitement démocratique. Ou, comme l'a dit le célèbre juge suprême américain Louis Brandeis : « Nous pouvons avoir une démocratie dans ce pays, ou nous pouvons avoir de grandes richesses concentrées dans les mains de quelques-uns, mais nous ne pouvons pas avoir les deux. »

Le bon équilibre des institutions dépend de la capacité à les utiliser correctement, du maintien de l'état de droit et du contrôle exercé par des commissions indépendantes et des médias libres. En fin de compte, le pouvoir repose sur le « pouvoir de faire » matériel de tous les citoyens, depuis la base jusqu'au sommet. Les sphères subsidiaires des communs du glomo-1 à 4, le fait que la richesse soit effectivement sous le contrôle d'un système d'institutions territoriales, le fait que nous soyons propriétaires de nos moyens de vie sont la seule garantie d'une véritable démocratie. Les personnes qui n'ont pas leur mot à dire dans leur quartier ou leur ville seront toujours laissées pour compte et susceptibles d'être victimes de chantage économique.

Le devenir de la démocratie est déterminé par la participation quotidienne de tous les citoyens à des discussions libres et ouvertes dans des médias indépendants, par la disponibilité d'espaces pour des assemblées et des réunions, et de ressources pour la recherche. Des citoyens non informés ne peuvent pas vraiment participer aux processus démocratiques. La démocratie repose donc sur l'accès à l'éducation générale. La démocratie a lieu dans les ABC, ces agoras permanentes intégrées dans les quartiers et les villes autogérés. La démocratie à la campagne est possible, mais elle est plus vulnérable, car la communication est plus difficile et plus facile à interrompre. À des époques où les processus de production étaient lents, la démocratie rurale pouvait survivre. Dès que les décisions deviennent plus critiques et plus urgentes, elle s'effondre. Les célèbres *Landsgemeinden* en Suisse n'étaient en réalité que des réunions d'aristocrates ruraux et de leurs partisans. Si de telles assemblées ne sont pas complétées par un vote général anonyme, elles favorisent les intérêts d'une petite élite. Les opposants sont « repérés » et pourront être sanctionnés s'ils ne se comportent pas correctement. Une fois encore, ce sont les réalités économiques qui déterminent l'équité du processus. La réalité économique se reproduit dans la sphère politique. Bien sûr, dans un monde de glomos, il n'y a aucune raison pour que la démocratie ne soit pas équitable partout, peut-être avec l'aide des technologies de l'information pour faciliter la communication.

Ce n'est pas une raison pour ne pas défendre bec et ongles les éléments démocratiques que nous avons aujourd'hui. L'imperfection de nos démocraties ne devrait pas être un prétexte pour se retirer dans une vie privée apolitique. Le slogan de la « justice climatique mondiale » est un bon mot d'ordre si l'on y ajoute l'autodétermination inclusive comme base de la justice. La justice ne peut être fondée que sur des territoires, des lois ou des règles. Ce n'est pas une essence, mais une relation. Nous avons donc besoin d'un cadre institutionnel, quelque chose où atterrir.

Notre tâche n'est pas de combattre l'État sous prétexte que la démocratie est imparfaite. Comme nous l'avons souligné plus haut, l'État n'est pas une entité homogène. Il oscille par nature entre être un instrument purement répressif au service des riches et être un proto-commun : entre un policier violent et une infirmière attentionnée dans un hôpital public, il y a un monde de différence. Notre tâche consiste à renforcer l'identité de « commun » de l'État et de réduire son appareil répressif. Tant qu'il y aura des inégalités criantes, la fonction oppressive prévaudra.

L'État est aujourd'hui principalement attaqué par la droite parce qu'à la suite de décennies de luttes, son identité de commun est devenue insupportable pour les entreprises privées, et en particulier les plus financiarisées. Même si nous sommes dégoûtés par certaines de ses interventions et certaines de ses lois, la lutte pour préserver et reconquérir les parties utiles et bienfaisantes de l'État doit continuer.

Il est très difficile de mettre en place des procédures démocratiques inclusives dans les conditions actuelles. Les points d'entrée traditionnels que constituent les partis politiques ont été marginalisés par l'influence directe du capital mondial sur les gouvernements : voter semble inutile si les décisions importantes sont prises dans les conseils d'administration des multinationales ou sous la pression systémique anonyme des intérêts du système économique actuel. La logique de l'économie n'a même pas besoin de conspirations délibérées, elle opère concrètement comme une conspiration par effet d'émergence des actions combinées d'agents humains qui ne peuvent pas être tenus personnellement responsables du tout. Le « sujet automatique » (Marx) du système économique actuel dirige le monde. La crise des partis politiques est la conséquence de leur impuissance croissante. Les partis, qui avaient autrefois des programmes cohérents, sont de plus en plus supplantés par des créations purement artificielles de régimes oligarchiques ou dédiées au *statu quo*. Ces néo-partis sont éphémères, naissent et disparaissent selon les modes au gré des intérêts changeants des forces économiques. Il s'agit principalement de phénomènes médiatiques, d'un matraquage temporaire de slogans pseudo-politiques et populistes. Même la gauche se veut populiste. Les résultats électoraux sont de plus en plus fluctuants, les sphères privées et politiques se mélangent de manière aléatoire. Les leaders apparaissent et s'évaporent.

La montée générale de la droite dans tous les pays est la conséquence de l'érosion de la sphère politique, de plus en plus hors sujet du fait de la crise du système économique mondial. Lorsque les débats rationnels disparaissent, il ne reste plus que les menaces, l'oppression et la régression. C'est un phénomène étonnant de voir l'agression apparemment archaïque, principalement patriarcale, contre nos corps tenir lieu de programme politique. Le contrôle du corps des femmes par les lois anti-avortement, l'oppression des orientations sexuelles et des définitions de soi, voire des orientations linguistiques ou des formes de conscience (« woke »), les châtiments corporels, la peine capitale, le racisme, les guerres artificielles : tout cela vise nos corps, notre vie privée. La politique de la droite est avant tout une invasion de notre vie privée : notre orientation sexuelle, notre coiffure, nos préférences vestimentaires, le choix des religions, le choix des partenaires, les formes d'éducation des enfants. L'objectif est de créer une atmosphère de peur et de terreur généralisée. Nous parlons de vous – pas du vous politique, du citoyen, mais de vous en tant qu'animal humain capable de ressentir la douleur. C'est notre désavantage d'avoir un corps. Le système économique actuel est dans une impasse, et ses hommes politiques sont des instruments d'oppression générale. Rien ne va plus, mais n'osez pas ! S'esquiver, c'est le seul espoir.

Et pourtant, il n'en reste pas moins essentiel de relancer la participation démocratique à partir de la base. Des conseils de citoyens convoqués par tirage au sort peuvent combler le vide laissé par l'effritement et l'évidement des partis politiques. Ils peuvent fonctionner comme des organes consultatifs ou préparatoires pour les organes formellement élus. Le système du tirage au sort libère les participants de toute loyauté à l'égard d'un parti ou d'un autre et leur permet de s'exposer plus facilement : « Après tout, je ne voulais pas en faire partie, mais je suis ouvert aux surprises. » Cependant, même ces approches intelligentes se heurtent aux structures de la vie quotidienne : les gens n'ont tout simplement pas le temps de participer à de longues assemblées le soir après des journées exténuantes. Ils n'ont même pas le temps d'obtenir un minimum d'informations sur les tâches et les sujets à discuter. Les plateformes sur le web sont polluées par les intérêts des entreprises numériques ou abandonnées au chaos, au bruit de fond impénétrable de toutes sortes d'influenceurs, de fous et de conspirationnistes. Il appartiendra aux nouveaux groupes de citoyens dans les quartiers de fournir une information directe, personnelle et scientifique. La démocratie doit repartir de zéro. Les quartiers urbains sont le point de départ le plus prometteur.

Tableau récapitulatif des modules globaux 1 à 5

glomo		**Personnes**	**Surface urbaine**	**Surface agricole**	**Fonctions (exemples)**
glomo-1	Communauté de voisinage	500	1 hectare	62 hectares (0,124 ha / personne)	Foyer, logement, agriculture, soins, CRR1, TIC1
glomo-2	Quartier, bourgade	20 000	49 hectares	2 480 hectares	Services publics, écoles, soins, administration, CRR2, TIC2
glomo-3	Grande ville --------------- Région 5 555 km²	500 000 ------------- 1,1 million	17,6 km² ------------- 38,5 km²**	620 km² --------------- 1364 km²	Hôpital, université, transport public, I/C, théâtre, justice, CRR3, TIC3
glomo-4	Territoire 50 000 km²	10 millions	346,5 km²**	12 400 km²	Trains, industries, sécurité sociale, justice, banque, monnaie, TIC4
glomo-5	Planète 149 millions km²	7,4 milliards	2,6 millions km²**	14,4 millions km²*	Aide d'urgence, industries, ressources de base, banque, paix, TIC5

* basé sur 0,2 ha par personne.

** Même densité que la grande ville - glomo3.

Si nous prenons au sérieux la justice climatique mondiale, les unités et les activités locales et régionales doivent respecter les limites planétaires. Il est évident que les conditions locales nécessitent des adaptations, notamment en ce qui concerne les surfaces utilisées. Tout cela doit se faire dans des ordres de grandeur comparables afin d'éviter les déséquilibres économiques et donc politiques.

Se mettre d'accord sur une telle grille de modules est une condition préalable pour s'assurer que nous savons à peu près de quoi nous parlons.

La taille des modules individuels indique une plage de validité : un glomo-2, par exemple, peut varier entre 10 000 et 50 000 habitants.

Deuxième partie

DE L'INITIATIVE LOCALE AUX GRANDS ENJEUX MONDIAUX

CHAPITRE 6
L'INTERNET TERRESTRE ET LA POLITIQUE DES SERVEURS

Par Panayotis Antoniadis

Au cœur de tous les sites web, des plateformes et des outils de communication numériques, bref de l'Internet, se trouvent différents types de serveurs. Les serveurs sont des ordinateurs spécialisés chargés de recevoir des requêtes, de stocker et de transférer des données, et d'effectuer une grande variété de calculs, à l'aide d'un code logiciel programmé pour offrir un service (numérique) spécifique.

Le « corps » de l'Internet est une énorme collection de serveurs interconnectés au moyen de câbles. Son âme est appropriée par quelques grandes entreprises, et il n'existe que quelques lieux de résistance.

Le DNS *(Domain Name System)*, par exemple, est un groupe important de serveurs qui exerce un pouvoir considérable dans l'écosystème de l'Internet. Les serveurs DNS traduisent les adresses web, les noms de domaine ou les URL lisibles par l'homme, comme https://neustartschweiz.ch, en adresse IP *(Internet Protocol)* comme 192.354.985.234, c'est-à-dire en identifiant numérique qui révèle l'emplacement réel du serveur correspondant dans l'ensemble du réseau. Dans le cas des sites web comme celui de Neustart Schweiz, le serveur est chargé d'héberger et de servir les données du site, qu'il s'agisse de simples blogs personnels ou d'énormes plateformes numériques comme Facebook ou Google. Nous devons tous payer pour posséder un joli nom de domaine, dont la distribution est gérée par une fédération d'autorités nationales de manière plus ou moins transparente et démocratique.

Le moteur de recherche Google est un autre groupe de serveurs très populaire, qui sert de porte d'entrée principale vers le contenu hébergé par de nombreux sites web individuels dans le monde entier. En substance, Google stocke localement, sur ses propres serveurs, les informations disponibles sur tous les autres sites web, les indexe et répond aux requêtes qui les concernent. Il a donc un pouvoir absolu sur l'ordre d'apparition des résultats de recherche, et donc sur notre perception de la source d'information la plus importante relative à un mot-clé spécifique – un pouvoir, de fait, immense.

Nos ordinateurs portables, nos smartphones et nos ordinateurs de bureau se connectent chaque jour à des centaines ou à des milliers de serveurs interconnectés pour que nous puissions lire les nouvelles, envoyer des courriels, participer à des réunions en ligne, trouver notre chemin dans la ville, vivre une vie numérique. Ces ordinateurs personnels sont les clients. Mais ils sont faits de la même substance que les serveurs. Ce sont tous des ordinateurs, comme les clients et les serveurs d'un restaurant sont tous des humains.

Tout comme les ordinateurs clients vivent dans nos maisons, les ordinateurs serveurs sont eux aussi localisés physiquement quelque part, souvent très loin de leurs clients grâce aux câbles optiques à haut débit qui minimisent la distance entre les ordinateurs dans le monde. En effet, le *cloud*, ou « nuage », n'est pas une constellation éthérée, mais un ensemble massif de circuits, de câbles et de métal nu, soigneusement disposés et sécurisés dans d'immenses centres de données. « Il n'y a pas de nuage, juste les ordinateurs des autres » est le slogan d'une récente campagne de la Free Software Foundation Europe.

Malheureusement, la quantité d'énergie consommée aujourd'hui par ces centres de données, ainsi que pour la fabrication d'appareils électroniques, le développement de logiciels, le fonctionnement de centres de modération de contenu et bien d'autres activités complémentaires aux services de base dépasse de loin les besoins réels de la société en matière de communication et de calcul.

L'une des raisons de ce gaspillage d'énergie et de ressources est la concentration du pouvoir et du contrôle de nos vies numériques par une poignée de grandes entreprises. Ces entreprises, pour satisfaire leurs parties prenantes, ajoutent aux services de communication de base un nombre important de couches plus lucratives, notamment en matière de publicité et de surveillance, mais aussi des mécanismes de manipulation qui visent à accroître la dépendance de leurs « utilisateurs », c'est-à-dire nous.

Dans un monde où la technologie et les plateformes numériques seraient conçues pour répondre aux besoins réels des gens en minimisant leur impact écologique, l'écosystème de l'Internet serait très différent. Mais il est extrêmement difficile de créer des imaginaires alternatifs et des processus politiques pour faire advenir de telles alternatives. C'est d'autant plus vrai pour les nouvelles générations qui sont nées dans l'Internet « en nuage ».

La transition de l'Internet commercial actuel vers un Internet écologiquement durable et démocratique, en d'autres termes un Internet terrestre, requiert de prendre conscience que les serveurs et les logiciels qui tournent sur ces serveurs doivent être contrôlés par les différentes communautés impliquées, celles qui dépendent du service, depuis le glomo-1 jusqu'au glomo-5 (monde). Par exemple, Wikipédia a une portée mondiale et doit être distribué dans plusieurs endroits du monde, donc au niveau du glomo-5. Mais le système numérique de réservation de chambres d'un projet de logement coopératif, au niveau du glomo-1, n'a pas besoin d'être hébergé sur un serveur en Finlande appartenant à une entreprise basée à San Francisco.

Cette vision simple de différents serveurs situés aux niveaux de glomos correspondant aux services qu'ils assurent, et contrôlés démocratiquement par les communautés pertinentes pour garantir un avenir plus durable, semble à la fois logique et tentante. Mais de telles décisions sont complexes et mettent en jeu des processus politiques et des structures de pouvoir qu'il est très difficile de remettre en cause : le capitalisme, la mondialisation, le consumérisme et le néocolonialisme, pour ne citer que ceux qui sont les plus dominants et en même temps les plus profondément enracinés dans nos modes de pensée.

Comment répondrions-nous, en tant que société, à certaines des questions qui suivent, si notre structure de pensée et notre mode de vie n'étaient pas autant dominés par ces forces ?

- Avons-nous besoin de plus ou de moins de communication numérique ?
- Faut-il des lois plus ou moins strictes sur les droits d'auteur ?
- Avons-nous besoin d'une sphère publique mondiale sans frontières ou faut-il garantir une certaine protection de la vie privée à différentes échelles ?
- Avons-nous besoin d'intelligence artificielle et d'automatisation ou devrions-nous rechercher un certain niveau d'engagement et une compréhension plus approfondie des outils web par leurs utilisateurs ?
- À qui devons-nous faire confiance pour prendre soin de nos données ? À une organisation mondiale ou au voisin d'à côté ?
- Devons-nous viser l'efficience globale ou la résilience locale ?

Les réponses à ces questions influeront considérablement sur nos choix en matière d'infrastructure et d'outils numériques.

Tout d'abord, la *colocalisation de plusieurs serveurs* est plus efficiente, tant sur le plan économique qu'écologique, et ils peuvent être contrôlés de (très) loin. Il suffit d'avoir le mot de passe. De fait, les serveurs de Facebook ou de Google ne sont pas tous situés (uniquement) à San Francisco. Ils sont déployés dans le monde entier, souvent pas très loin de leurs clients pour des raisons de performance, mais ils sont tous contrôlés et orchestrés de loin, depuis le siège de ces entreprises. La nécessité de placer les serveurs localement, un des principes de l'Internet terrestre, n'est pas due au fait que le transport des données augmenterait les émissions de CO_2 comme le transport de poires de l'Argentine vers la Suisse. Elle est due au fait que le besoin de démocratie et d'autodétermination ne pourra jamais être satisfait tant qu'un groupe de personnes n'aura pas un accès et un contrôle directs sur les données stockées et les logiciels utilisés pour faciliter ses interactions numériques. Au contraire, lorsque ce contrôle est centralisé au sein de grandes organisations, il entraîne inévitablement une dépendance de l'entité contrôlante, pour sa propre survie, à ce que ses services soient toujours plus utilisés. Il s'agit en quelque sorte du « deuxième seuil de mutation des outils » analysé par Ivan Illich dans le cas de l'éducation, des transports et de la santé, cette fois-ci dans le cas de l'Internet. Cela dit, on pourrait toujours imaginer que les serveurs fournissant des services au niveau glomo-1 soient situés au niveau glomo-2 ou glomo-3, pourvu que les exigences d'une gestion démocratique soient respectées.

Deuxièmement, les *frontières physiques des communications et des services numériques* ne sont pas toujours bien définies. Les gens ont souvent besoin de partager des contenus à plusieurs niveaux, par exemple en montrant les mêmes photos à leur famille et avec leur réseau international d'amis. Les gouvernements ont également besoin de surveiller et de contrôler. La « ville intelligente » est en réalité un avatar du « renseignement d'État », où l'État est désormais remplacé par des entreprises mondiales et où le « renseignement » par écoute téléphonique est remplacé par une surveillance omniprésente de tout, lieux, contacts et sentiments. L'idée d'une sphère publique mondiale est très séduisante, mais elle s'accompagne d'un brouillage des frontières entre le public et le privé. Le concept d'Internet terrestre, qui envisage la création d'espaces numériques locaux depuis la base, ne vise pas à abolir la nature globale de l'Internet, mais à lui ajouter plus d'options, tout comme les villes (ou les quartiers) offrent aussi bien des espaces publics que des espaces privés. La nécessité d'un approvisionnement alimentaire local ou régional n'exclut pas l'existence de réseaux de distribution mondiaux (voir ci-dessus à propos du globex), s'ils ont du sens et sont écologiquement soutenables.

Troisièmement, la nécessité de *protéger le contenu par des droits d'auteur* peut entraîner un gaspillage important d'énergie et de ressources. Pensez à Youtube, Vimeo et autres services de streaming vidéo, par exemple, qui rendent difficile le téléchargement d'un fichier multimédia sur votre ordinateur dans le but d'utiliser une copie locale pour un visionnage ultérieur. Le téléchargement continu de contenus multimédias à partir de serveurs distants au lieu de copies locales consomme une quantité énorme de ressources de bande passante qui ne sont pas réellement nécessaires au service en question. À l'autre extrême, la libération du contenu et la facilitation du stockage local pourraient conduire à une réplication excessive de ce contenu, chaque personne détenant une énorme médiathèque à son domicile. Il est crucial d'inclure la dimension écologique lorsque nous prenons de telles décisions en matière de conception technologique et de trouver le compromis idéal entre la commodité et la consommation de ressources.

Quatrièmement, le *niveau de numérisation de nos sociétés* peut modifier considérablement la quantité d'énergie consommée par l'Internet. Faut-il exiger de tous les citoyens qu'ils possèdent un smartphone pour avoir le droit de vote ? Faut-il limiter l'utilisation individuelle de l'Internet ? Devrions-nous tous disposer de notre propre ordinateur personnel, voire d'un grand nombre d'ordinateurs petits et grands, ou pourrions-nous les partager ? Avons-nous toujours besoin de voir les visages de tous les participants à une conférence en ligne ? Dans le cas de la nourriture, les contraintes physiques du corps imposent une limite. Dans le cas de la technologie numérique, le temps et l'attention sont les seules limites, qui sont maintenant lentement atteintes sans que nous nous en rendions compte. Il est intéressant de noter que c'est au nom du « gain de temps » que les progrès technologiques ont souvent été vantés, mais qu'aujourd'hui plus personne ne semble avoir de temps libre ! Il ne faut pas sous-estimer le pouvoir de manipulation et d'accoutumance des services numériques offerts par les grandes entreprises.

Cinquièmement, *le travail requis* pour produire des services de haute qualité peut varier considérablement en fonction des niveaux attendus de convivialité et de fiabilité. De nos jours, lorsque les serveurs de Google sont en panne, cela fait immédiatement la une. Mais la disponibilité à 100 % des serveurs et les services en un clic coûtent de l'argent et de l'énergie. Les citoyens progressistes comprennent généralement la nécessité de s'impliquer davantage en matière de production alimentaire, comme dans l'exemple de la coopérative Ortoloco à Zurich, qui demande à ses membres de se rendre régulièrement dans leur ferme et d'aider à diverses tâches, depuis le traitement du sol jusqu'à la distribution des légumes dans leur quartier. Les mêmes personnes sont pourtant souvent réticentes à renoncer au confort que procurent les interfaces numériques modernes et fluides, même si elles sont coûteuses en termes d'énergie, car elles nécessitent d'énormes quantités de recherche, de tests, mais aussi de puissance de calcul (analyse des données pour fournir des expériences personnalisées).

Des volumes entiers seraient nécessaires pour discuter en profondeur de toutes ces questions et décrire ce à quoi pourrait ressembler une trajectoire réaliste depuis le monde numérique d'aujourd'hui vers un Internet démocratique. Les licences Creative Commons, les logiciels libres et ouverts, le matériel *open source* et un régime Internet sain feront certainement partie de la solution[1].

Tentons de montrer comment une infrastructure numérique qui facilite les processus, équipe les espaces et enrichit la communication aux différents niveaux de glomos pourrait être conçue de manière plus démocratique. Où les différents éléments des plateformes numériques (matériel et logiciel) devraient-ils être développés, où les serveurs appropriés devraient-ils être hébergés, et quels acteurs devraient être responsables de leur gestion et de leur contrôle ?

Pour faciliter la tâche à notre imagination, supposons que tous les processus techniques, économiques, politiques et sociaux sont en place pour que les communautés à différents niveaux puissent décider des services numériques qu'elles veulent offrir localement et de ceux qui devraient être établis à un niveau plus élevé. Nous pouvons ainsi limiter nos réflexions à la détermination de l'équilibre idéal entre le bénéfice social et la dépense énergétique.

Remarque : si un service est localisé dans un glomo spécifique mais a une portée mondiale, comme le courrier électronique, cela signifie qu'il faut des serveurs à un niveau de glomo spécifique (par exemple, myemail@kreis5.zurich) qui soient interconnectés ou fédérés (c'est-à-dire qu'ils acceptent des messages les uns des autres) et qui permettent en même temps un accès mondial. Dans le cas du courrier électronique, cela n'est pas très éloigné de

1. Cf. Hans Widmer, *Die Andere Stadt*, *op. cit.*, 2017.

la réalité actuelle (si l'on ne tient pas compte de la domination totalement inutile de Gmail). Pour d'autres services comme les vidéoconférences ou les messageries, cependant, il y a encore beaucoup de place pour des améliorations.

Essayez de vous replonger quelques années en arrière, à l'époque où l'Internet n'existait pas, et demandez-vous si la vie était plus agréable. Vous pouvez ensuite vous demander à quoi sert vraiment l'Internet aujourd'hui et pourquoi. Pourquoi semble-t-il inimaginable de se limiter à quelques heures d'Internet par semaine ? Et encore plus inimaginable de se débarrasser de nos ordinateurs personnels et d'utiliser l'Internet avec des appareils partagés comme dans les cybercafés de jadis ?

Dans le même temps, les riches se paient des vacances déconnectées dans des stations balnéaires où leurs téléphones portables leur sont confisqués de force. Pourquoi ne pas organiser nos vies de manière à ne pas avoir à payer des gardes du corps pour éloigner nos smartphones ?

Il existe de nombreuses réponses et des moyens variés de construire un Internet plus organique et d'établir un mode de vie plus sain qui soit soutenu, plutôt que déterminé, par la technologie numérique. Certains d'entre eux peuvent sembler très farfelus :

- des sites web avec des « heures d'ouverture » pendant la journée parce qu'ils fonctionnent à l'énergie solaire produite localement ;
- des étiquettes d'avertissement obligatoires pour les plateformes de réseaux sociaux qui créent une dépendance et sont nocives pour notre santé mentale, comme sur les paquets de cigarettes aujourd'hui, ou un label d'origine du serveur d'hébergement, comme pour les produits biologiques aujourd'hui ;
- des scénarios d'urgence et des exercices en cas de pannes locales majeures ou d'attaques sur notre infrastructure numérique. Pourrions-nous vivre sans nos appareils pendant quelques jours, voire plus longtemps ? Essayons !
- des zones sans Internet dans la ville.

Il est important de créer un environnement approprié qui permette de prendre démocratiquement les décisions clés concernant les investissements dans l'infrastructure, l'utilisation des logiciels et la gestion des données. Cela n'est possible que si suffisamment de solutions alternatives peuvent voir le jour, ce qui n'est pas le cas avec l'Internet commercial. Par exemple, un conseil d'administration de glomo-1 pourrait décider de supprimer toutes les données de la plateforme locale après six mois et autoriser une participation anonyme. Ou un Parlement de glomo-2 ou de glomo-3 pourrait décider de remplacer l'ensemble des logiciels de l'administration par des logiciels libres. Et ainsi de suite.

Projets pratiques et initiatives

Logiciel libre et auto-hébergement

Il existe de nombreux projets dans le monde qui produisent des logiciels libres, gratuits et en source ouverte (*free, libre and open source software*, FLOSS) pour différents types d'usages. Cela inclut des plateformes numériques, des serveurs de haute qualité comme NextCloud, Etherpad, des plateformes Wiki, Framadate, et bien d'autres applications encore. Framasoft (framasoft.org) est une initiative très intéressante basée en France qui a investi beaucoup de ressources pour rendre ces logiciels accessibles. Accessibles d'abord d'un point de vue technique, par exemple en les hébergeant – tout en encourageant les gens à auto-héberger les services qu'ils utilisent souvent. Mais aussi plus accessibles en termes de communication, via la création de marques comme les « Chatons » (chatons.org) qui rendent ces alternatives logicielles plus attrayantes et plus reconnaissables, tout en fournissant des solutions d'hébergement adaptées. Parallèlement, l'organisation La Quadrature du Net (lqdn.fr) joue un rôle politique plus actif en menant des campagnes contre la surveillance et autres pratiques abusives de la part des entreprises et des États dans la sphère numérique. Digitale Gesellschaft, en Suisse, se concentre davantage sur la seconde partie, la communication et les campagnes, et son « Petit guide d'autodéfense numérique » est un excellent point d'entrée dans le monde des solutions logicielles alternatives aux multinationales du web (digitalegesellschaft.ch/ratgeber/). De nombreuses solutions spécialisées s'inspirent également du modèle des logiciels libres, gratuits et en source ouverte, mais ne font pas toujours partie de cet écosystème plus large, comme juntagrico, un système de gestion des tâches à destination des coopératives agricoles telles qu'Ortoloco (juntagrico.org).

Infrastructure informatique et propriété collective

De nombreux projets communautaires construisent leur propre infrastructure de réseau (sans fil ou fibre) pour se connecter à l'Internet et déployer des services locaux, comme freifunk.net en Allemagne ou guifi.net en Catalogne. Le livre électronique du projet netCommons est un bon point de départ : https://netcommons.eu/telecommunications-reclaimed

« DIY networking » est un terme similaire qui fait référence aux infrastructures de réseaux communautaires conçues pour offrir des services essentiellement locaux, dans une proximité physique, et mettant l'accent sur la dimension sociale et politique. L'association NetHood, basée à Zurich, tient à jour une liste de ressources sur ce type particulier de réseau communautaire : https://nethood.org/links/

Structures organisationnelles

Il est important de noter que les solutions numériques démocratiques et écologiques requièrent des structures organisationnelles appropriées. Platform Cooperativism, un consortium qui promeut des « initiatives » axées sur la gestion collective des plateformes numériques, propose des solutions en ce sens (https://platform.coop). Sensorica pour les équipements matériels (sensorica.co), Meet.coop pour les réunions en ligne (meet.coop) et Loomio, un outil de prise de décision collaborative (loomio.org), sont d'autres bons exemples d'organisations développant des outils numériques sur la base d'un modèle coopératif. Le *Handbook of Peer Production* (« Manuel de la production par les pairs »), récemment publié, est un bon point de départ pour obtenir une vision d'ensemble des technologies numériques alternatives. Voir également les publications de la fondation P2P et de l'Institute of Network Cultures.

Espaces hybrides

L'un des principes clés de l'Internet organique est que les infrastructures numériques doivent être ancrées dans des espaces physiques qui peuvent servir de réceptacle pour construire des processus démocratiques et d'apprentissage autour de la technologie numérique. L'espace collectif L200 à Zurich a été conçu comme un espace hybride de ce genre. Il héberge un serveur local dans son sous-sol, appelé Lennon, et un réseau WiFi local (MAZI Zone) accessible uniquement lorsque quelqu'un se trouve à l'intérieur de l'espace. Voir https://langstrasse200.ch/digital/

Les hackerspaces sont des espaces hybrides plus spécialisés où l'on bricole avec passion et où l'on se socialise autour des technologies. Une grande partie de ces hackerspaces forment un réseau souple à l'échelle mondiale par le biais du site web https://hackerspaces.org. La C-base à Berlin est un exemple emblématique : http://c-base.org/

Soutenabilité numérique

Un grand nombre de projets et de débats traitent explicitement de la relation entre la technologie numérique et la soutenabilité. Beaucoup de ces initiatives sont axées sur la technologie et visent à promouvoir des « solutions techniques » comme GreenIT, l'Internet des objets ou la blockchain. Elles relèvent davantage du *greenwashing* que d'un effort honnête pour réduire l'empreinte globale des technologies numériques. Bits & Bäume est un « mouvement » allemand qui tente de développer des perspectives alternatives, véritablement écologiques, sur la notion de soutenabilité numérique. Voir bits-und-baeume.org/en/

Un nouveau groupe de travail de la Digitale Gesellschaft s'est récemment lancé dans l'élaboration d'une brochure intitulée « Un court guide de la soutenabilité numérique et de la numérisation soutenable », qui a été publiée par le journal suisse *WOZ* et est disponible en ligne à l'adresse suivante : digitale-gesellschaft.ch/nachhaltigkeit

Si l'on veut promouvoir des outils numériques plus démocratiques et en dernière instance plus écologiques, l'un des plus grands défis auxquels on est confronté est la compréhension très limitée par le public des menaces de l'Internet d'aujourd'hui, dominé par les multinationales, et des alternatives possibles. Le Centre international de recherche sur les convivialités électriques, basé en Italie (Centro Internazionale di Ricerca per le Convivialità Elettriche, CIRCE, circex.org), s'appuie sur le concept des « outils conviviaux » d'Illich pour produire un large éventail de matériel pédagogique, allant d'écrits comme le livre *Internet, mon amour* (ima.circex.org/en/) jusqu'à des ateliers de pédagogie hacker, où les participants sont formés à remettre en question la conception des outils numériques et à comprendre de manière approfondie les structures de pouvoir qui s'y cachent.

Un exemple pratique : Ortoloco

Le projet Ortoloco, basé à Zurich/Dietikon, l'un des projets de SoLaWi (agriculture solidaire) les plus connus et les plus florissants, est un très bon exemple de la façon dont la technologie peut être développée de manière organique et utilisée comme un moyen (et non comme une fin en soi) pour faciliter les activités collectives. Le logiciel utilisé aujourd'hui pour organiser les tâches des membres de la coopérative à la ferme a été progressivement développé sur la base des besoins réels. À mesure que la coopérative grandissait, il est apparu nécessaire de créer un outil pour mettre en œuvre l'une de ses règles les plus importantes : tous les membres de la coopérative, qui reçoivent un sac hebdomadaire de légumes, de fruits, de céréales, de viande et de produits laitiers, doivent venir à la ferme au moins dix fois par an pour aider à la production et à la distribution des denrées alimentaires. (Même avec la nouvelle ferme SoLaWi, cette règle n'a pas fondamentalement changé.) Cette règle ne sert pas seulement à réduire les coûts globaux – même si de fait elle les réduit ! –, mais aussi à impliquer les membres dans la production alimentaire et à construire progressivement une communauté plus forte.

Mettre cette règle en pratique nécessite un processus très complexe de distribution des tâches aux contributeurs, lequel serait quasi impossible ou trop long sans l'utilisation d'un outil numérique. Le logiciel juntagrico a pour unique objet de faciliter cette tâche de coordination. Spécifiquement, il permet au groupe chargé de l'exploitation agricole de définir et d'annoncer les tâches qui peuvent être accomplies par les membres et de fixer le nombre de personnes requis pour chacune d'entre elles. Ensuite, les membres de la coopérative peuvent simplement s'inscrire aux tâches qui correspondent à leurs capacités (physiques) et à leurs disponibilités. Le logiciel permet en même temps de comptabiliser leurs contributions annuelles (les fameux haricots).

Le logiciel ne requiert aucune autre information privée qu'une adresse électronique valide; il n'y a pas d'option pour ajouter des commentaires, dire « j'aime » ou partager des photos. C'est en se rencontrant en personne dans les champs que l'on satisfait ses besoins de contact humain.

Le succès d'Ortoloco a incité de nombreux autres projets à adopter une approche similaire, en traitant leurs membres comme des coproducteurs de leur propre nourriture, et non seulement comme des copropriétaires ou des co-investisseurs. La plateforme juntagrico a ensuite été reconstruite pour améliorer sa disponibilité et faciliter son hébergement sur d'autres serveurs, comme une graine que l'on peut planter dans des champs différents. En outre, cette semence a pu être améliorée grâce à l'implication d'une communauté plus large via des plateformes telles que github, qui ont permis à de multiples contributeurs de participer au code et de coordonner leur travail. Une autre plateforme populaire, slack, permet également à des non-experts de prendre part aux discussions stratégiques sur le développement de ces logiciels.

De cette manière, même si le déploiement du logiciel reste localisé, au sens où il peut être hébergé sur l'infrastructure de n'importe quelle initiative, son processus de développement se fait à une échelle translocale, voire internationale, au croisement de nombreuses initiatives. De plus, tout le travail investi est bénévole et il n'y a donc pas de dépendance à l'égard de sources de financement externes. Bien sûr, différentes parties du processus pourraient encore être améliorées. Par exemple, installer le logiciel sur un serveur local n'est pas une tâche facile pour des non-experts. C'est pourquoi l'équipe de juntagrico offre la possibilité d'accueillir les différents éléments sur son serveur principal, qui est hébergé par une société suisse appelée Hosttech. Les plateformes github et slack elles-mêmes sont des plateformes commerciales qui n'obéissent pas aux mêmes principes éthiques que juntagrico, mais elles n'en sont pas moins précieuses pour l'instant car elles permettent d'impliquer des experts du monde entier pour améliorer le logiciel et l'adapter en permanence.

Il est évident que, malgré toutes les bonnes intentions du monde, toutes les batailles ne peuvent pas être gagnées en même temps. Juntagrico est un bon exemple, où les compromis nécessaires n'ont pas conduit à remettre en cause les fondements du projet. Celui-ci, fondé sur des principes de conception et des concepts solides, permet d'envisager l'intégration de solutions plus démocratiques, lorsqu'elles seront prêtes à être utilisées, pour les parties du système qui sont encore soutenues aujourd'hui par des plateformes globales.

Une structure globale d'Internet terrestre

glomo	Services	Organisation
glomo-1 (communauté de voisinage)	Administration, coordination des activités, réservation de chambres, information, débats, livre d'or, événements, plateforme d'échange, location d'outils et équipements, archives, suivi écologique, etc.	CIT1 (conseil d'Internet terrestre)
glomo-2 (quartier)	E-mails, publications, sites web, blogs, communications personnelles (actualités, conférences), événements, plateforme d'activités (centre d'activités), réparation et recyclage d'équipements, savoirs locaux (santé, agriculture, histoire), écoles, centre de santé, ateliers	CIT2
glomo-3 (ville et région)	Administration et vote électronique	CIT3
glomo-4 (territoire)	Voyage et tourisme, actualités	CIT4
glomo-5 (planète)	Épine dorsale de l'Internet, production des équipements, équipements en source ouverte, Wikipédia, logiciels spéciaux (source ouverte)	CIT5

Notes sur le tableau

À chaque niveau de glomo, tous les principaux éléments de l'Internet terrestre sont en place : équipement matériel (serveurs et appareils personnels), infrastructure de réseau (connectivité sans fil et autre), centre de données (stockage et traitement), services logiciels (applications).

Mais comme il s'agit de l'Internet, tous ces éléments sont interconnectés. La différence entre l'Internet terrestre et l'Internet commercial est que chaque service est physiquement placé dans la zone pertinente, tout en restant accessible « de l'extérieur » pour permettre une « fédération » de services couvrant des zones plus vastes. Par exemple, les informations diffusées au niveau du quartier peuvent être disponibles au niveau de la ville.

Tout cela permet la création d'entités à chaque niveau de glomo pour prendre toutes les décisions relatives à l'infrastructure, aux services et aux données en ligne sur leur propre territoire. Cela peut aller d'une réunion annuelle au niveau du glomo-1, où des groupes de travail spécifiques proposeraient des investissements dans les infrastructures, la gestion des données, les services, etc., jusqu'à des organismes mondiaux chargés de fixer les standards clés permettant aux différentes parties autonomes de l'Internet terrestre de rester connectées.

Ce tableau ne propose qu'une classification approximative des territoires, des fonctions et du mode d'organisation. Des services similaires ou identiques peuvent être situés à différents niveaux. Ce que nous appelons ici un conseil peut être un groupe de travail, un organe administratif, un comité ou une assemblée – en fonction des spécificités locales et des domaines d'application. La constitution de ces conseils devrait être analogue à celle des autres structures d'autogouvernement (par exemple, les écoles, les centres de santé, les centres d'activités, les centres de ressources et de recyclage), avec lesquelles ces conseils devraient être en relation étroite. Les utilisateurs et les prestataires de services sont les mêmes personnes.

CHAPITRE 7
LES VILLES ET LES CYCLES DE L'EAU

Par Dorothee Spuhler

Prologue

Nous vivons sur une planète bleue. Tout ce qui se trouve sur cette planète est essentiellement constitué d'eau.

Environ 70 % de la surface de la Terre est recouverte d'eau. Les océans contiennent approximativement 97 % de toute l'eau de la planète, et 2,5 % de l'eau, bien que douce, reste enfermée dans les glaciers, les calottes polaires, l'atmosphère et le sol, ou bien est trop polluée, ou bien se trouve trop loin sous la surface de la Terre pour être pompée à un coût abordable. Le 0,5 % restant de l'eau de la planète circule dans un système de sols, de biodiversité et d'air, à travers un cycle continu. Ce cycle est de plus en plus sous pression du fait de l'urbanisation, qui entraîne pollution et surexploitation.

Nous, les humains, faisons partie de ce cycle. Notre corps est composé à 80 % d'eau. Il en va de même pour une tomate, et un concombre est même composé à 90 % d'eau. L'eau relie tout : nous, la ville et la planète – pour le meilleur comme pour le pire. Mais nous avons atteint la limite planétaire de l'utilisation de cette ressource. Si nous continuons à bloquer, perturber, détruire et polluer le cycle de l'eau, la vie finira par s'arrêter. Lors de la Conférence des Nations unies sur l'eau qui s'est tenue à New York en mars 2023, il a été proclamé que l'eau n'était ni un bien privé ni un bien public, mais un bien commun qui doit être protégé et géré aux niveaux local et mondial afin de le préserver pour l'avenir. Par le passé, le développement des villes a de plus en plus perturbé le cycle de l'eau, mais ces mêmes villes seront au centre de la future gouvernance de l'eau comme bien commun. Les villes de demain s'intégreront au cycle naturel de l'eau, ce qui les rendra plus agréables à vivre et plus vertes, tout en les protégeant des inondations et d'autres risques climatiques. Cela permettra aussi de protéger la biodiversité, les activités économiques telles que l'agriculture ou le tourisme, les cycles des ressources, les conditions météorologiques et, en dernière instance, le climat. C'est ce que l'on appelle une autre économie de l'eau.

L'eau et la ville : passé, présent, futur

Dans les villes de jadis, le cycle de l'eau n'était quasiment pas perturbé. L'industrie était rare, les toilettes aussi, et il n'y avait pas d'égouts pour collecter les eaux usées parce qu'il n'y en avait pas beaucoup. Lorsque les villes ont grandi, leurs besoins en eau ont augmenté en proportion, de même que leurs besoins en nourriture. Les déchets humains, fèces et urine mélangées pour former des excréments, étaient collectés dans des fosses et réutilisés dans l'agriculture, tandis que l'approvisionnement en eau était accru grâce à des canaux et des aqueducs. Il y avait un cycle fermé de l'eau et un cycle fermé des nutriments. Ce système présentait cependant quelques inconvénients. Premièrement, les excréments sentent mauvais – une réalité difficile à ignorer. Deuxièmement, les excréments sont porteurs d'agents pathogènes tels que le choléra, les coronavirus et d'autres maladies transmissibles qui peuvent ruisseler à travers les fosses et se retrouver dans les puits. Au XIXe siècle, à Londres, comme à Vienne et dans d'autres villes du monde, quelqu'un a eu une idée géniale : ne pourrait-on pas évacuer tous ces excréments et les transporter avec beaucoup d'eau vers les rivières ou l'agriculture ? Le système n'était pas parfait, mais la vie en ville est devenue beaucoup plus confortable grâce aux toilettes à eau et aux premiers systèmes d'égouts. Le modèle a été perfectionné en ajoutant différentes étapes de traitement fondées sur diverses technologies biologiques et chimiques, et la réutilisation dans l'agriculture a cessé en raison de l'essor de l'industrie des engrais synthétiques. Aujourd'hui, il est considéré comme la « norme », même si plus de la moitié de la population mondiale vit encore dans un système à base de fosses.

Malheureusement, ce système moderne présente deux problèmes. Premièrement, il nécessite d'énormes quantités d'eau, laquelle devient de plus en plus rare avec la croissance démographique et le changement climatique. Deuxièmement, plus on utilise d'eau, plus il faut en transporter et plus il faut la nettoyer des déchets qu'elle contient : matières organiques, nutriments, produits chimiques, résidus de médicaments, microplastiques, nanoparticules et agents pathogènes.

Aujourd'hui, en 2023, le monde est prêt à mettre en œuvre une nouvelle approche de l'assainissement urbain. À quoi cela ressemblerait-il exactement et qu'avons-nous à gagner avec cette nouvelle économie de l'eau ? Nos ancêtres le savaient déjà. La forme la plus élémentaire de la civilisation humaine est la ferme. Dans une ferme autosuffisante, les déchets animaux et humains sont compostés ensemble et retournent au sol, et l'eau n'est utilisée que pour la boisson et l'agriculture.

Lorsque les eaux usées sont traitées sur place, elles deviennent une source précieuse d'eau, de nutriments et d'énergie thermique, qui peut être utilisée pour le jardinage urbain, l'agriculture, les chasses d'eau et le chauffage des bâtiments. En éloignant les déchets humains de l'eau, il est possible de récupérer plus efficacement les nutriments, l'énergie et les matières organiques.

L'eau moins polluée provenant de l'écoulement des eaux de pluie, des douches et de la cuisine peut être traitée localement et réutilisée directement, soit dans la maison (par exemple, pour tirer la chasse d'eau), soit pour arroser les arbres, qui améliorent le climat et réduisent la chaleur. Utiliser moins d'eau, c'est moins d'eau à traiter. Réutiliser l'eau locale et la protéger de la pollution permet de fermer le cycle local de l'eau, de minimiser les impacts négatifs sur le cycle global et d'économiser de l'énergie et des matériaux.

Nous y gagnons de l'eau, des nutriments et de l'énergie, ainsi qu'une meilleure qualité de vie, des villes respectueuses du climat et une reconnexion des gens avec la planète. De même, en utilisant l'eau locale plutôt que de l'eau venue de loin, d'endroits où les populations locales luttent contre la rareté de ces ressources, nous contribuons à la justice et à la paix. Les villes du futur flottent sur une éponge régionale. Comme le dit la devise de Paris, *Fluctuat nec mergitur*, elles sont bercées par les vagues, mais ne coulent pas.

L'exemple de l'empreinte hydrique de la Suisse

Château d'eau de l'Europe, la Suisse dispose d'importantes ressources hydriques. La disponibilité de ces ressources variant considérablement en fonction de la saison et de la géographie, le principal défi consiste à fournir l'eau au bon endroit, au bon moment et dans la quantité et la qualité requises. Approvisionner la Suisse en eau nécessite de pomper environ un milliard de mètres cubes par an. Cela correspond à peu près au contenu du lac de Bienne. L'eau potable est utilisée de manière intensive et pour de multiples usages. Dans les foyers, elle sert à boire, à cuisiner, à l'hygiène, au nettoyage et à l'arrosage. L'eau potable est également utilisée dans l'industrie et le commerce, ainsi que dans les entreprises de service public, par exemple pour alimenter les puits, pour irriguer et pour nettoyer les infrastructures. La consommation d'eau potable tend actuellement à baisser, grâce à l'amélioration des équipements et aux changements de comportement.

La consommation quotidienne d'eau des ménages suisses est aujourd'hui d'environ 140 litres par personne, dont 42 litres pour la chasse d'eau des toilettes. Cela signifie que les Suisses jettent chaque année entre 35 et 70 francs suisses dans les toilettes, sans compter les dommages collatéraux occasionnés par la pollution des eaux par des micropolluants. En outre, chaque goutte d'eau potable transportée vers un foyer ou qui en repart nécessite des quantités considérables d'énergie, ainsi qu'une infrastructure qui requiert elle aussi des énergies polluantes. C'est un véritable gaspillage. En Suisse, il tombe en moyenne 1 200 litres par mètre carré et par an. Cela correspond à près de 50 % des besoins quotidiens en eau d'une personne vivant dans 20 m².

La Suisse connaîtra vraisemblablement une augmentation des événements extrêmes en raison du changement climatique. Certaines régions comme le Valais devront faire avec moins d'eau. Il est dès lors encore plus impératif d'économiser cette ressource. Sur le Plateau central, on prévoit davantage d'inondations en raison de la modification des températures et des cycles de précipitations, ainsi que de la fonte des glaciers. Dans ces régions, la capacité des sols à absorber la pluie doit être améliorée en augmentant leur perméabilité et en mettant en place des infrastructures vertes. Bien entendu, ces volumes d'eau supplémentaires devront être utilisés judicieusement.

La réduction de la consommation d'eau de l'industrie s'explique par une utilisation nettement plus efficiente de l'eau, mais aussi par la délocalisation de certaines productions et de la consommation d'eau qui en découle à l'étranger. Cette consommation à l'étranger peut être mesurée sous la forme d'une « consommation d'eau virtuelle » ou d'une « empreinte hydrique » des produits importés. L'empreinte hydrique reflète la pression exercée sur les ressources en eau des pays exportateurs, où leur disponibilité est parfois très limitée et où les besoins en eau pour les produits d'exportation sont en concurrence avec les besoins des populations locales. Les tomates du Maroc, les pantalons du Bangladesh, le café d'Éthiopie, le steak d'Argentine et le lait d'amande de Californie contiennent tous une proportion importante d'eau virtuelle utilisée pour leur production dans leur pays d'origine. En Suisse, en plus des 140 litres d'eau potable, nous consommons chaque jour environ 4 000 litres d'eau virtuelle par le biais des produits importés. Notre empreinte hydrique se compose de 18 % d'eau potable et de 82 % d'eau virtuelle. À titre de comparaison, la consommation moyenne d'eau potable au Congo est d'environ 25 litres par jour et celle d'eau virtuelle d'environ 1 500 litres par jour. Aux États-Unis, la consommation moyenne journalière d'eau virtuelle est d'environ 7 500 litres.

Réduire l'empreinte eau pour réduire l'empreinte carbone

La notion d'empreinte hydrique nous aide à comprendre comment nous pourrions réduire notre impact sur la ressource mondiale qu'est l'eau. Nous pouvons contrôler notre empreinte hydrique, c'est-à-dire notre consommation indirecte d'eau, à travers nos choix de consommation. Concrètement, il s'agit de consommer principalement de manière locale et saisonnière, d'abord en ce qui concerne la nourriture, mais pas uniquement.

Qu'en est-il de la consommation directe d'eau ? À première vue, la consommation directe d'eau potable en Suisse ne semble pas un problème en termes de soutenabilité. Par rapport aux limites planétaires calculées pour la ville de Zurich, les émissions d'azote liées à la station centrale d'épuration semblent également relativement faibles, avec une contribution de seulement 3 %. À l'échelle mondiale, cependant, ces émissions liées au secteur de l'eau sont beaucoup plus importantes – surtout si l'on considère que plus de la moitié de la population mondiale n'est pas raccordée à une station d'épuration et soit n'a pas de toilettes, soit n'a qu'une toilette au système de traitement inadapté. Au niveau mondial, 80 % des eaux usées sont rejetées dans l'environnement sans traitement adéquat. Il en résulte d'importantes émissions de méthane et d'autres gaz à effet de serre, provenant notamment des fosses septiques, des latrines et des décharges non contrôlées dans les pays en développement (document technique du GIEC). Le chiffre de 3 % estimé à propos de la station d'épuration de Zurich ne représente qu'une fraction des émissions réelles dues à la gestion de l'eau. Il n'inclut pas les coûts énergétiques et matériels des infrastructures de traitement et surtout de transport. L'impact de la pollution des 80 % d'eaux usées qui n'aboutissent jamais dans une station d'épuration sur la biodiversité et la qualité de vie n'est pas non plus pris en compte.

En outre, comme l'explique le paragraphe suivant, remplacer les engrais industriels par des engrais produits à partir de nutriments et de matières organiques provenant des déchets humains représente une réduction potentielle énorme de nos émissions de gaz à effet de serre.

Pour résumer, il y a deux raisons principales de réduire notre empreinte hydrique dans les villes :

1. Tout d'abord, dans le contexte du changement climatique et de la probabilité croissante de sécheresses, minimiser les besoins en eau pour le transport des déchets humains devrait être un objectif prioritaire. Par ailleurs, le changement climatique peut également entraîner des pluies plus abondantes, et afin de prévenir les inondations, l'eau de pluie doit être collectée et absorbée par le sol, localement dans la mesure du possible.
2. Deuxièmement, face à l'épuisement croissant des sols, d'une part, et à la surfertilisation et à la pollution des océans, d'autre part, les déchets humains ne devraient plus être évacués, mais les nutriments qu'ils contiennent devraient être réutilisés dans la logique d'une économie circulaire.

Aujourd'hui, il est possible de récupérer localement l'eau et les nutriments séparément, en éliminant simultanément les polluants, au bénéfice de la santé humaine et de l'environnement.

Le cycle de l'eau et des nutriments

La gestion de l'eau et des eaux usées repose sur plusieurs éléments (voir graphique 17). Ces différentes fonctions peuvent être assurées par des infrastructures naturelles, humaines et bâties. Un lac, par exemple, assure une fonction importante pas seulement du point de vue de l'écologie et la biodiversité, mais aussi pour la qualité de vie (loisirs), l'économie (agriculture), la santé (ressources en eau potable), le transport (navigation). Cela signifie que, comme toute autre ressource naturelle, l'eau ne devrait pas être simplement gérée avec des infrastructures artificielles, mais que sa gestion nécessite une approche intersectorielle et l'implication de toutes les couches de la population.

Figure 14 : La gestion de l'eau et des eaux usées se compose de plusieurs éléments et d'infrastructures naturelles, humaines et bâties.

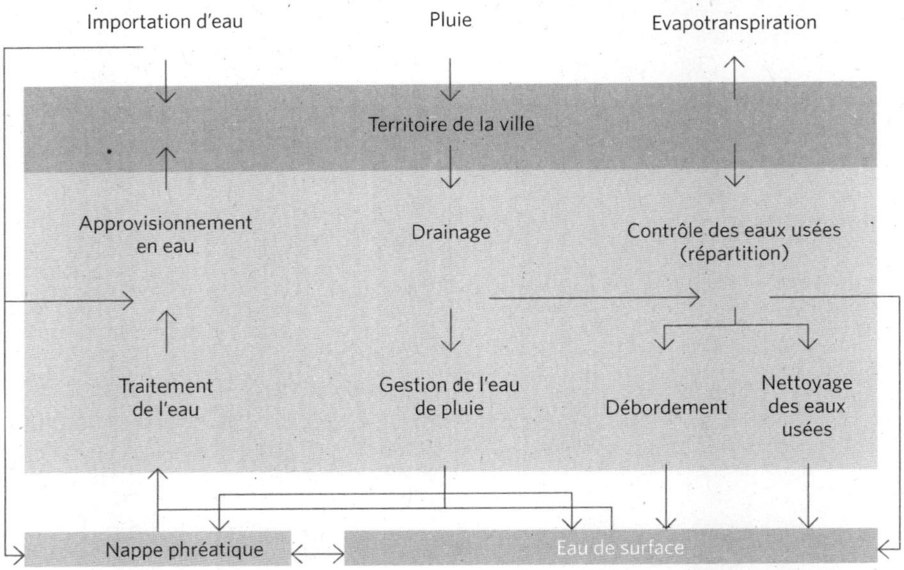

L'un des principaux problèmes de la gestion de l'eau de nos jours est qu'elle est essentiellement linéaire : des ressources externes sont mobilisées et génèrent en retour des déchets et de la pollution. S'il n'y a pas assez d'eau de surface, les aquifères sont mis à contribution, même dans les régions où ces aquifères sont devenus précaires, comme c'est aujourd'hui le cas à grande échelle en Inde, par exemple, mais aussi dans certaines régions de Suisse (Oberland zurichois). Les eaux usées générées continuent cependant d'être déversées dans les eaux de surface, entraînant à la fois un abaissement supplémentaire de la nappe phréatique et une pollution supplémentaire des autres ressources en eau (voir graphique 18).

Figure 15 : Aujourd'hui, la gestion de l'eau est principalement linéaire. Cela entraîne une pollution d'un côté et l'abaissement de la nappe phréatique de l'autre.

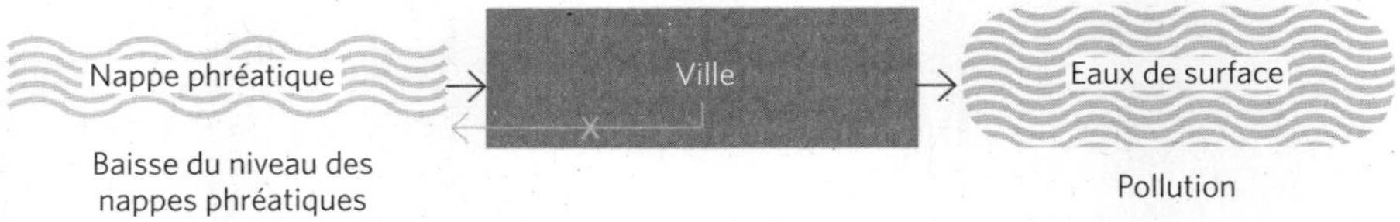

Il en va de même pour le cycle des nutriments (voir graphique 19). Dans l'agriculture, les nutriments – principalement le phosphore et l'azote – qui sont extraits du sol sous forme d'aliments sont transportés et consommés dans des villes éloignées, parfois même sur un autre continent. Environ la moitié de ces aliments sont consommés et aboutissent dans l'organisme humain. Cependant, près de 100 % des nutriments sont excrétés et se retrouvent dans les eaux usées et les eaux de surface, ce qui entraîne eutrophisation et pollution. Si ces nutriments ne sont pas remplacés au niveau des terres agricoles, cela entraînera à long terme une baisse des rendements et une détérioration de la qualité des sols. Pour y remédier, on utilise des engrais artificiels, mais la disponibilité de certains composants (comme le phosphore) est limitée. Les plus grandes réserves de phosphore commercialement exploitables se trouvent dans trois pays seulement : la Chine, les États-Unis et le Maroc/Sahara occidental. Il s'agit d'une ressource limitée et les réserves actuelles pourraient être épuisées au cours de ce siècle. Avant cela, l'exploitation des gisements mondiaux de phosphate atteindra un pic, ce qui devrait se produire dans les trente prochaines années. L'azote, en revanche, est abondant. L'air est composé à 78 % d'azote. Cependant, la production d'azote est très énergivore et repose principalement sur des combustibles fossiles, qui sont eux-mêmes en quantité finie. Il faut environ 1 litre de combustible fossile pour produire 1 kg d'azote.

Figure 16 : Aujourd'hui, nous avons une gestion linéaire des nutriments. Des engrais synthétiques, issus de mines ou de processus de fabrication complexes, sont utilisés pour produire des aliments. Ces éléments nutritifs se retrouvent dans des villes souvent très éloignées, où ils aboutissent dans les eaux de surface à travers les rejets humains et deviennent une source de pollution.

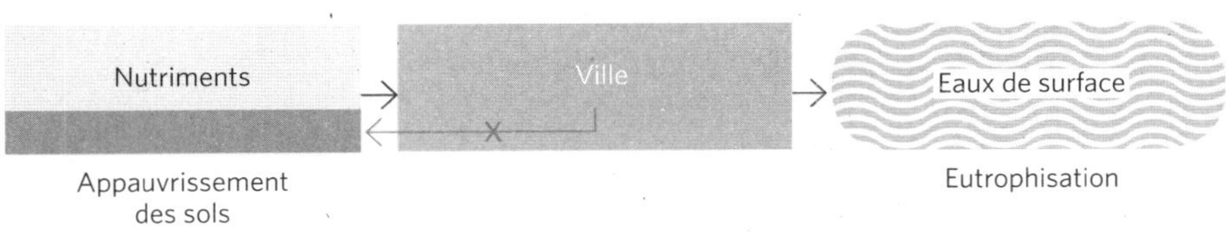

Fermer le cycle des nutriments serait facile, dès lors que presque 100 % des nutriments ingérés sont excrétés à nouveau. L'organisme humain ne retient que l'énergie. Près de 80 % des nutriments restent dans l'urine. Le reste des nutriments ainsi que la matière organique et la plupart des agents pathogènes (l'urine étant pratiquement stérile) se retrouvent dans les fèces.

L'ÉCONOMIE DE L'EAU DU POINT DE VUE DES RESSOURCES

La gestion durable de l'eau urbaine consiste à refermer les cycles de manière aussi directe que possible. Pour ce faire, il faut mettre l'accent sur la récupération des ressources. Les ressources de la gestion des eaux urbaines peuvent être grossièrement divisées en quatre catégories: l'eau de pluie, l'eau, l'énergie/chaleur et les nutriments (voir graphique 20).

L'eau de pluie

Pour réutiliser l'eau de pluie et prévenir les inondations, il est nécessaire en premier lieu de collecter l'eau de pluie dans des citernes, des bassins ou des étangs (ce que l'on appelle parfois les infrastructures bleues-vertes). Cela doit être fait de manière à économiser l'espace et, selon l'objectif de réutilisation, être combiné avec un traitement passif. Par exemple, l'eau de pluie peut être collectée sur un toit et nettoyée directement à travers un lit de gravier planté (méthode dite «naturelle»). L'eau ainsi obtenue peut remplacer l'eau potable dans le bâtiment (par exemple, pour les toilettes ou les machines à laver) et peut également être utilisée comme eau d'irrigation pour l'infrastructure verte climatique. De cette manière, le cycle de l'eau est également rendu plus visible, ce qui contribue à la sensibilisation des habitants. Les infrastructures vertes telles que les étangs, les zones humides artificielles ou les toits et façades végétalisés contribuent également à la protection contre les inondations, à la biodiversité, à la qualité de l'air et à la qualité de vie. L'évaporation à travers la végétation a un effet de refroidissement et de régulation de la température. L'infrastructure verte peut non seulement stocker l'eau de manière à prévenir les inondations, mais aussi contribuer à reconstituer les réserves d'eau souterraine par infiltration.

L'eau

Il n'y a pas que l'eau de pluie qui puisse être réutilisée dans le bâtiment. Les eaux dites «grises», c'est-à-dire les eaux légèrement polluées provenant des douches, des lavages et des rinçages, sont également bien adaptées, car elles peuvent être transformées en eau réutilisable sans trop d'efforts. Cela peut se faire soit par des processus naturels, s'il y a la place, soit par des systèmes techniques appropriés, par exemple des systèmes de membranes dans le sous-sol.

Énergie/chaleur

La plupart des eaux usées sont chaudes. Cette énergie sous forme de chaleur peut être réutilisée directement. Les eaux usées, en particulier les eaux noires des toilettes, contiennent également des substances organiques. La biomasse peut être transformée en gaz ou en combustible, par exemple en combinaison avec les déchets organiques des cuisines. Dans les stations centrales de traitement des eaux usées, l'énergie contenue dans les eaux usées est réutilisée de manière très efficiente. Il existe des procédures éprouvées qui permettraient de le faire aussi dans les bâtiments et les quartiers, mais elles sont encore peu utilisées en Suisse en raison d'un mauvais rapport coût-bénéfice.

Nutriments

Les nutriments peuvent être récupérés de différentes manières. La méthode la plus courante et la plus ancienne est le compostage des matières fécales. L'objectif est de maintenir un faible taux d'humidité et de minimiser les émissions dans l'air (le compostage générant du méthane, du dioxyde de carbone et des gaz azotés, qui sont tous des gaz à effet de serre). Cette méthode prend également peu de place et elle n'est pas plus coûteuse que l'exploitation d'une station d'épuration des eaux usées. La méthode la plus efficace est la séparation des flux de matières, c'est-à-dire la collecte et le traitement séparés de l'urine, qui contient la plupart des nutriments. Aujourd'hui, cette solution est techniquement testée et réalisable. Toutefois, elle nécessite une nouvelle approche de la part des autorités, ainsi que des infrastructures et une logistique pour la collecte de l'urine. Les matières fécales, qui ne représentent que 10% du volume des déchets humains (50 kg/an sur 500 kg/an pour les excréments), peuvent ensuite être compostées séparément ou transformées en biocarburant. Bien entendu, les nutriments peuvent également être récupérés dans les stations d'épuration classiques : le phosphore peut être séparé chimiquement des eaux usées ou extrait ultérieurement des boues d'épuration ou de leurs scories après une mono-incinération. Toutefois, cette méthode est très coûteuse, peu efficace et impossible pour l'azote (puisque la majeure partie de celui-ci s'échappe dans l'air ou se retrouve dans les boues).

Figure 17 : La gestion des eaux urbaines concerne principalement cinq flux : l'eau de pluie, l'eau potable, l'eau de traitement, les eaux grises, les eaux noires et l'urine. Quatre catégories de ressources peuvent en être extraites : l'eau de pluie, l'eau, l'énergie/chaleur et les nutriments.

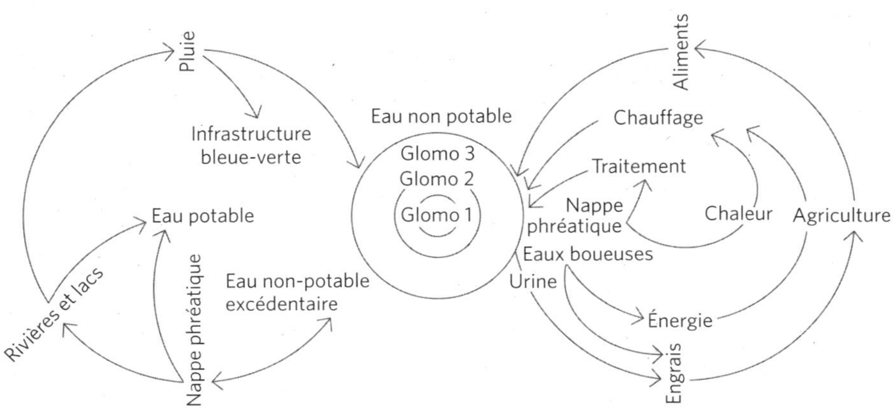

La gestion de l'eau et des eaux usées peut donc apporter une contribution importante à la soutenabilité dans le futur. Quelques exemples :

· La résilience au changement climatique est accrue : la réutilisation réduit le besoin d'eau douce (particulièrement important en cas de sécheresse) et les infrastructures vertes préviennent les inondations et préservent les nappes phréatiques. Le besoin élevé d'investissement ouvre la voie à des solutions innovantes et décentralisées.

· Les coûts sont réduits car le besoin de construire et d'entretenir des réseaux d'égouts, extrêmement onéreux, est pratiquement éliminé. Avec une valeur de remplacement de 230 milliards de francs suisses, l'approvisionnement en eau et l'évacuation des eaux usées constituent l'une des infrastructures les plus coûteuses de la Suisse. Le vieillissement des canalisations, l'augmentation de la population et l'urbanisation croissante nécessiteront des investissements à hauteur de 130 milliards de francs suisses au cours des trente prochaines années.

· Le climat est amélioré : d'un côté, les infrastructures vertes contribuent à la régulation de la température ; d'autre part, la qualité de l'air est améliorée, le dioxyde de carbone est stocké et la biodiversité est favorisée.

· Qualité de vie : les habitants sont reconnectés au cycle naturel. Ils peuvent participer eux-mêmes à la gestion de l'eau et assumer la responsabilité de leurs besoins fondamentaux. La communication et les relations émotionnelles entre l'homme et la nature sont rétablies, générant de la reconnaissance et du respect.

· Enfin, le risque que des résidus médicamenteux contenus dans les déchets humains pénètrent dans la nature est réduit.

L'ingénierie de l'économie de l'eau

Dans l'économie de l'eau, la récupération des ressources doit être décentralisée afin de minimiser le transport et de ne déplacer que les quantités requises aux distances requises. Pour améliorer encore l'efficience, les flux de matières sont séparés. Il existe différents flux de matières : l'eau de pluie, les eaux grises, les excréments et l'urine. Le processus optimal de récupération des ressources doit être identifié en fonction du flux et du contexte. « Optimal » signifie ici que c'est le processus qui convient le mieux aux conditions spatiales, sociales et économiques locales. Nous disposons actuellement de plusieurs procédés :

- Eau de pluie : les infrastructures bleues-vertes telles que les toits et les façades végétalisés, les zones humides artificielles, les bassins d'infiltration et les citernes permettent de stocker l'eau en temps de pluie et de la restituer en cas de pénurie. C'est le concept de la « ville éponge ».
- Eaux grises : est appelée « eaux grises » l'eau provenant des douches ou de la cuisine qui n'est pas polluée par les déchets humains (excréments ou matières fécales). Les eaux grises peuvent être traitées localement dans des systèmes naturels tels que des zones humides ou des étangs

aménagés, puis réintégrées au cycle local de l'eau par le biais d'une utilisation non potable, par exemple pour les chasses d'eau ou l'irrigation. Des filtres high-tech plus compacts permettent également de reproduire la qualité de l'eau potable, mais requièrent beaucoup plus d'énergie.
- Urine : l'urine devrait être récupérée pour la production d'engrais. En Suisse, la technologie Vuna utilise la nitrification et la déshydratation au niveau des immeubles pour produire un engrais suisse certifié de haute qualité.
- Les eaux noires concentrées ou les matières fécales provenant des toilettes sèches contiennent des matières organiques et de l'énergie, ainsi que certains nutriments. Le compostage permet de récupérer les nutriments et les matières organiques pour l'agriculture. La digestion anaérobie produit du biogaz qui peut être transformé en électricité. La pyrolyse produit du biochar, un autre engrais important pour le sol.

Certains de ces processus sont décentralisés, d'autres doivent être centralisés en raison des économies d'échelle nécessaires ou de certaines limitations techniques, et d'autres encore peuvent être utilisés de manière hybride. On a vu que les cycles devraient être fermés au niveau le plus bas possible. Mais il est évident que des compromis sont inévitables. Le tableau suivant présente les avantages et les inconvénients de la gestion décentralisée et de la gestion centralisée.

Avantages et désavantages des systèmes décentralisés et centralisés

	Système décentralisé	**Système centralisé**
Avantages	Flexibilité : peut être adapté de façon modulaire à la hausse et à la baisse de la population. Les ressources sont utilisées localement et le transport est réduit. Indépendance à l'égard d'une infrastructure centrale (p. ex. dans des vallées parallèles).	Certitude en matière de contrôle qualité. Acceptation facile par la population. Distance maximale à la population (risques sanitaires). Économies d'échelle.
Désavantages	Effort additionnel pour assurer la qualité. Requiert davantage l'acceptation des usagers. Pas d'économies d'échelle.	Capacité limitée et débordements en cas de pluies importantes. Dilution et donc distribution importante des contaminants persistants (résidus pharmaceutiques). Coûts d'investissement très élevés. Flexibilité extrêmement limitée (doit être construit pour une certaine capacité).

De nombreuses solutions décentralisées et locales sont non seulement plus soutenables (récupération des ressources, adaptation souple aux changements climatiques et démographiques), mais aussi mieux adaptées aux zones urbaines des pays en développement où a lieu aujourd'hui la majeure partie de la croissance démographique. Elles sont indépendantes des réseaux principaux d'eau et d'énergie et nécessitent peu d'espace, ce qui est un enjeu énorme lorsqu'il s'agit d'investir dans des infrastructures de traitement des eaux usées. Par conséquent, ces solutions peuvent également contribuer à l'évacuation soutenable des eaux usées et à la réduction des émissions de gaz à effet de serre provenant des eaux usées dans le monde entier.

L'économie de l'eau et les glomos

Selon le niveau de glomo, la gestion durable de l'eau a trois objectifs : fournir suffisamment d'eau aux gens et à la nature ; empêcher le contact entre les gens et les agents pathogènes ; prévenir la pollution de l'eau et de la nature. Elle repose sur trois principes de base :

1. Ralentir le cycle de l'eau pour économiser de l'énergie et des coûts, prévenir les inondations et améliorer le climat urbain. Pour ce faire, des infrastructures vertes sont mises en place afin de retenir l'eau et d'améliorer l'irrigation, l'évaporation et l'infiltration.
2. Augmenter la résilience en matière d'eau : réutiliser l'eau de pluie et l'eau légèrement polluée au niveau local et économiser l'eau potable.
3. Récupération des ressources : séparation, à la source si possible, des flux de matières en nutriments, pollution et eau, ce qui permet de soulager le cycle de l'eau et de renvoyer les nutriments au cycle des nutriments, c'est-à-dire au sol et à la production de denrées alimentaires.

En considérant ces trois objectifs et les échelles de glomo, il est possible de déterminer quelle combinaison de processus et de systèmes avec quel degré de centralisation permet une gestion optimale des flux de matières (eau de pluie, eau potable, eaux grises, fèces ou eaux noires, urine) et de la récupération des ressources (eau de pluie, eau, énergie/chaleur et nutriments). Ce qui est optimal dépend des objectifs définis localement. Le graphique 21 illustre cette situation. Pour exploiter et contrôler ces processus, il y a un centre de recyclage des ressources (CRR) pour chaque niveau de glomo : il a une fonction de contrôle et abrite également des usines physiques de traitement.

Les niveaux de glomos et la gestion de l'eau

Au niveau du glomo-1, l'eau de pluie, les eaux grises et la chaleur en particulier sont maintenues dans des cycles fermés (micro-CRR). Au niveau des glomos-2 et 3 se trouvent des CRR2/3, où les déchets organiques, y compris les eaux noires concentrées, sont transformés en compost, en biogaz ou en d'autres formes d'énergie, et où l'on produit de l'engrais pour l'agriculture à partir de l'urine. Par ailleurs, des infrastructures bleues-vertes planifiées à grande échelle jouent un rôle important dans la protection contre les inondations, le stockage local de l'eau et la conservation de la biodiversité. Le centre

Gestion de l'eau et modules globaux (glomos)

La gestion durable de l'eau a des répercussions sur les infrastructures ainsi que sur la planification et la gestion intégrées de l'eau et des eaux usées, l'agriculture, la protection de l'environnement et du climat, le tourisme et l'équité. Chaque glomo est doté d'un Centre de ressources et de recyclage (CRR) qui assume les responsabilités attribuées au glomo et les coordonne avec les autres glomos.

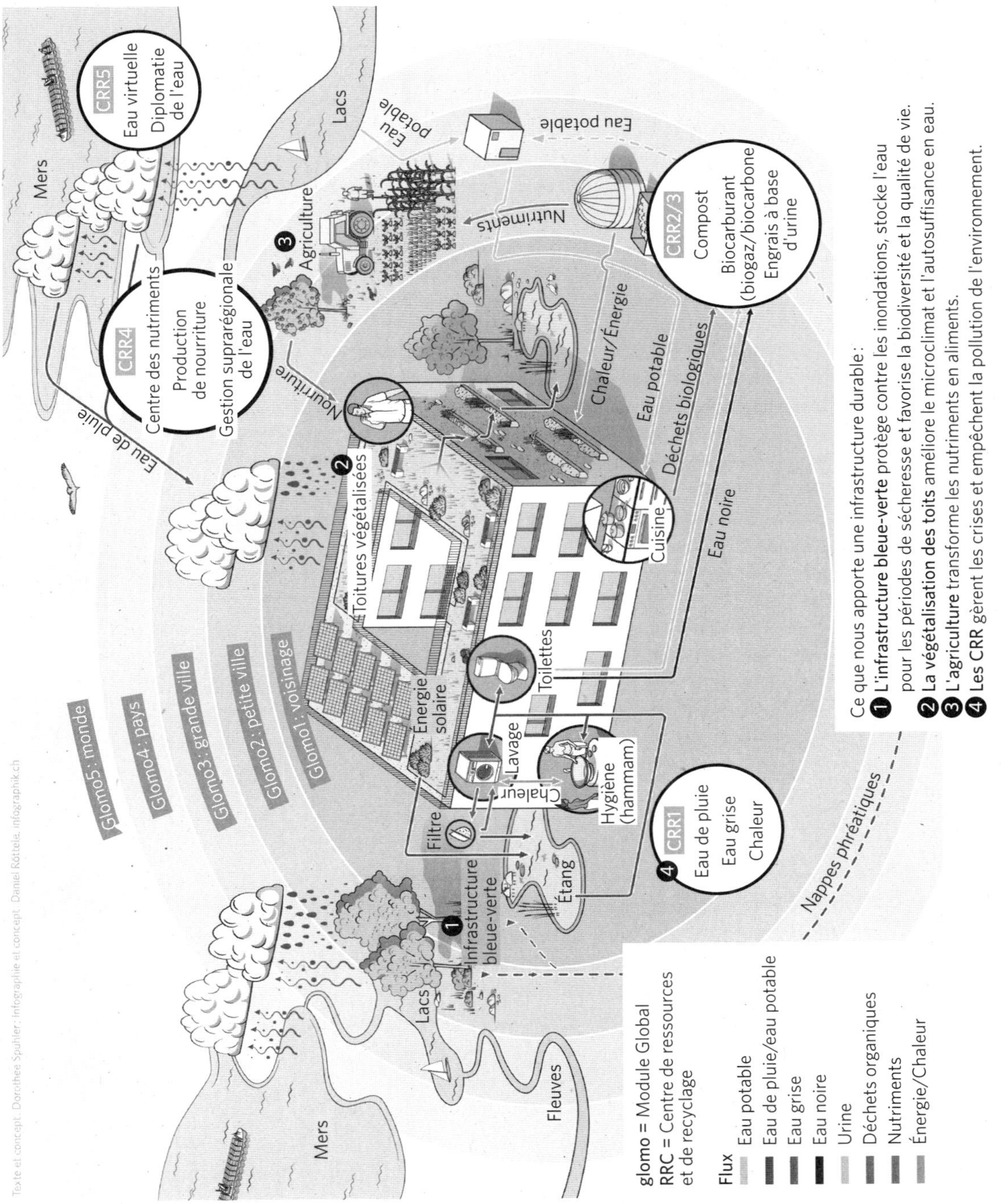

de nutriments pour toute la Suisse est situé au niveau du glomo-4. Le glomo-4 est responsable en outre de la transformation des engrais en aliments et de la protection du paysage, ainsi que de la gestion nationale des ressources en eau. Au niveau du glomo-5 (planète), des agences spécialisées sont chargées de la surveillance et du contrôle des empreintes hydriques des glomos-1 a 4. La justice et la paix internationales (paix bleue) sont ainsi assurées.

<table>
<tr><th></th><th colspan="4">Quoi et pourquoi</th><th></th></tr>
<tr><th></th><th>Eaux de pluie</th><th>Eau potable</th><th>Eaux grises</th><th>Eaux noires</th><th>Urine</th></tr>
<tr><td>glomo-1
(p. ex. NeNa1)</td><td>Collecte sur les toits et autres surfaces
Réutilisation pour la toilette et la lessive et infrastructures bleues-vertes (IBV)
Inflitration</td><td rowspan="3">Réseau public seulement pour la cuisine et la consommation, éventuellement les douches</td><td>Traitement dans des zones humides artificielles ou par des filtres membranaires
Mélange avec les eaux de pluie et réutilisation</td><td>Collecte concentrée et évacuation dans les égouts existants</td><td>Collecte séparée, stockage, ramassage régulier</td></tr>
<tr><td>glomo-2
(p. ex. Uster)</td><td>IBV
Air
Climat
Biodiversité</td><td>-</td><td>-</td><td>-</td></tr>
<tr><td>glomo 3
(p. ex. Zurich et sa région)</td><td>IBV
Agriculture</td><td>-</td><td>Usine de traitement des eaux usées
Unités de compostage</td><td>Usine de traitement de l'urine</td></tr>
<tr><td>glomo 4
(p. ex. Suisse)</td><td>-</td><td>-</td><td>-</td><td></td><td></td></tr>
<tr><td>glomo 5
(monde)</td><td>-</td><td>-</td><td>-</td><td></td><td></td></tr>
</table>

Comme cela a déjà été mentionné, la gestion durable de l'eau n'est en aucun cas une simple question d'infrastructures, c'est une question de planification intégrée. « Intégrée » signifie ici intersectorielle (eau, eaux usées, agriculture, santé, protection de l'environnement, tourisme) et globale. Dans chaque glomo, un centre de recyclage des ressources assume les responsabilités assignées au glomo et se coordonne avec les autres glomos. Le tableau 2 décrit comment cela se présente pour l'exemple concret décrit dans le croquis en p. 151.

L'avenir de la gestion de l'eau

La qualité de l'approvisionnement en eau et de l'assainissement est directement liée à la santé publique. C'est pourquoi il doit exister, contrairement à ce qui est le cas pour l'approvisionnement décentralisé en énergies renouvelables (énergie solaire, énergie géothermique), un cadre juridique et institutionnel pour le contrôle et l'assurance de qualité.

En Suisse, selon l'ordonnance sur la protection des eaux (OEaux) du 28 octobre 1998, chaque station d'épuration doit se contrôler et rendre des comptes. Cela s'appliquera donc également aux CRR-1 à 5. Cependant, les réglementations et les processus actuels ont été créés pour une gestion linéaire conventionnelle de l'eau. Les projets pilotes et les expérimentations phares menés dans le monde entier nous permettent d'acquérir une première expérience non seulement du fonctionnement des futures usines de traitement, mais aussi de la manière dont elles pourraient être supervisées en pratique dans les CRR.

Un exemple : La Bistoquette à Genève

La Bistoquette est une coopérative écoresponsable et participative dont les membres s'engagent ensemble dans un projet d'habitat centré sur les valeurs de collaboration, d'appropriation, d'innovation et de participation. La démarche allie bien-vivre collectif et soutenabilité, en tenant compte des besoins de chacun.

Ensemble, coopérateurs et architectes ont élaboré un projet ambitieux qui associe construction écologique et promotion du lien social. La Bistoquette construira ainsi d'ici à 2024 une centaine de logements et plus de 1 000 m² de surfaces commerciales, répartis sur trois bâtiments, dans le nouveau quartier de La Chapelle-Les Sciers à Plan-les-Ouates.

Le système d'assainissement repose sur la séparation à la source des différentes eaux usées afin de les traiter de manière optimale. Des toilettes à chasse à dérivation d'urine, appelées SAVE, sont utilisées pour séparer l'urine des matières fécales et du papier. L'eau jaune (urine) sera traitée par un système de nitrification-distillation pour produire un engrais naturel. Les eaux brunes (fèces et papier) seront traitées par un filtre à vers. Les eaux grises (évier, lavabo, machines à laver) seront traitées par phytoremédiation, c'est-à-dire par les plantes. Ces eaux traitées séparément seront centralisées dans une citerne qui permettra la réutilisation de cette eau – propre mais non potable – dans les chasses d'eau des toilettes et l'irrigation au goutte-à-goutte des terrasses. L'eau de pluie sera récupérée en partie par l'infrastructure verte intégrée au toit et aux balcons et collectée dans un étang au milieu du quartier.

La commission de l'énergie a conclu un partenariat avec un grand centre de données numériques de Genève pour récupérer la chaleur de ses serveurs. Une petite partie de la chaleur récupérée suffira à couvrir les besoins de La Bistoquette, et une vingtaine d'autres bâtiments en bénéficieront également dans le cadre d'un programme de chauffage à distance. https://bistoquette.ch/

CHAPITRE 8
DÉLÉGATION DYNAMIQUE : UN LEADERSHIP COLLÉGIAL POUR UN MONDE MODERNE

Par Michael Baumgartner

*Ce texte est une version révisée et étendue de l'article d'Udo Herrmannstorfer "Delegation und kollegiale Führung" (*Rundbrief Dreigliederung des sozialen Organismus, *n° 3, 2001). Toutes les citations en italique sont tirées de ce texte.*

Les communautés modernes – clarification des termes

Quand on se penche en détail sur le sujet des communautés modernes, on remarque tout de suite que de nombreux termes sont souvent utilisés de manière incorrecte et comme s'ils étaient synonymes. En conséquence, l'interprétation des termes n'est pas claire, et les distinctions entre les notions restent floues.

Le terme **collectif** est utilisé aujourd'hui de façon presque inflationniste, souvent comme synonyme de communauté, ce qui peut être trompeur. Un **collectif** n'est *pas* une **unité** sociale, mais plutôt une unité d'uniformité, de similitude plutôt que d'égalité, un groupe de soldats qui font tous la même chose plutôt qu'un groupe d'individus qui font la même chose mais chacun à sa manière unique. Ce n'est pas le collectif qui reflète la diversité humaine, mais une unité d'ordre social et donc interconnectée. Mais attention, tout regroupement de personnes vivant ensemble n'est pas nécessairement une communauté. En sociologie, on entend par **communauté** un groupe de personnes liées entre elles par des liens sociaux ou par un sentiment d'appartenance, comme les familles ou les groupes éthiques et religieux. Ces personnes sont socialement liées les unes aux autres par le sang, les ancêtres ou la foi et les rituels correspondants, et elles ont besoin les unes des autres pour maintenir leur culture.

Les **communes** étaient à l'origine des communautés, mais plutôt pour des raisons de sécurité ou de commodité. Aujourd'hui, les communes ne peuvent être considérées comme des communautés que dans une mesure très limitée. Le choix du lieu de résidence est le plus souvent déterminé par des raisons autres que les relations sociales. Les communautés de voisinage naissent rarement d'une cohabitation intentionnelle. Le plus souvent, ce sont des facteurs tels que le niveau des loyers, le prix du terrain ou de l'immobilier, l'existence d'un foyer parental, un taux d'imposition peu élevé, les infrastructures existantes ou la proximité du lieu travail qui déterminent le choix du lieu de résidence d'une personne.

Si ni les liens du sang, ni l'ascendance, ni la foi ne définissent une communauté, le désir humain de vivre ensemble est fondé soit sur un objectif spécifique, et on parle alors de **communauté d'objectif**, soit sur la personnalité des individus qui forment la communauté, et l'on parle alors de **communauté de vie**. Alors que le mariage et les autres partenariats de couple représentent des communautés de vie (ou **unités de vie),** les sociétés représentent la forme originelle de la communauté d'objectif. Contrairement à ce qui se passe dans une communauté d'objectif, les individus d'une communauté de vie ne peuvent pas être remplacés à volonté. Les gens veulent vivre les uns avec les autres dans une relation sociale et forment donc une unité.

On entend par **société** un certain nombre de personnes, regroupées et identifiées par diverses caractéristiques, qui entrent en relation les unes avec les autres en agissant ensemble. Par convention, la société désigne également l'**humanité** dans son ensemble.

Outre les sociétés, il existe aujourd'hui d'autres formes de communautés d'objectif, telles que les **coopératives** ou les **associations**. Dans ces **collectifs** – et ils sont les seuls à pouvoir être qualifiés de collectifs car ils ne concernent pas tous les domaines de l'existence, comme c'est le cas des communautés de vie –, les membres sont unis par une intention ou une activité communes. Dans une association culturelle, par exemple, on cultive un certain bien culturel comme une danse folklorique, tandis qu'une coopérative de logement a pour objectif de fournir des logements abordables. Comme tous les termes brièvement évoqués ici, le terme de « société » est aujourd'hui utilisé de manière souvent imprécise.

Dans une association ou une coopérative, les statuts régissent l'objectif, les critères d'adhésion et les règles du collectif concerné. La coexistence sociale est réglementée par une charte ou une Constitution. Les sociétés, qui comme les communautés n'ont pas de personnalité juridique proprement dite, réglementent leur intention par l'un et l'autre moyen.

Pour la vie sociale d'aujourd'hui, les structures coopératives peuvent être plus appropriées que des communautés ou, si l'on veut parler de communauté, les communautés d'objectif peuvent l'être plus que les communautés de vie. L'objectif n'est pas absolu, il doit être défini et délimité de manière consciente.

La bureaucratie, menace pour la vie sociale moderne

Quel que soit le nom que l'on donne aux formes de vie commune, à l'action conjointe ou à la génération d'usages collectifs, elles partagent toutes la même caractéristique d'être des initiatives autogouvernées. Elles définissent, déterminent, régulent et négocient en leur sein ce qu'elles ont en commun. Elles sont toutes également vulnérables à la même menace, celle d'un étouffement par une bureaucratie proliférante. Même l'autogouvernement peut difficilement échapper à cette malédiction. C'est pour cette raison qu'aujourd'hui de nombreuses initiatives autogérées sont quasiment en train de mourir de leur propre fait. Nous en connaissons tous le mécanisme : de plus en plus de bureaucratie, des réunions avec des ordres du jour de plus en plus longs, qui se traduisent à leur tour par une infinité de points qui restent en suspens. De manière très compréhensible, cela provoque un mouvement de rejet chez certains, qui préfèrent la liberté de décider eux-mêmes. Les objectifs définis en commun doivent rester au centre de l'attention, et la responsabilité à leur égard doit avoir la priorité absolue. Les structures bureaucratiques et les processus automatisés doivent céder la place à une administration simple et vivante. Dans les sections qui suivent, nous tentons d'expliquer comment y arriver.

La relation entre l'individu et la communauté

Préalablement à tout autogouvernement, il faut clarifier la question fondamentale du rapport entre l'individualité – l'individu agissant individuellement – et la communauté. Il fut un temps où la communauté dominait et déterminait la vie de chaque individu. Avec la modernité vient la maturité : l'individu découvre sa capacité à se former sa propre opinion et à juger. Par cette activité en quelque sorte autoréférentielle, nous, êtres humains modernes, nous plaçons toujours à nouveau en dehors de la communauté. L'individualité ne se situe pas dans la communauté, elle est autonome. Par conséquent, l'être humain moderne et mature ne peut trouver sa place dans une communauté que si celle-ci fait de la place à sa maturité. Ne pas le faire est un non-sens. Les nouvelles formes de vie sociale visent à se débarrasser du paternalisme, car l'innovation naît précisément du fait que les individualités empruntent de nouvelles voies.

« Aujourd'hui, une impulsion n'a plus besoin d'être justifiée d'en haut ou de l'extérieur, elle a seulement besoin de l'approbation de ceux qui pensent qu'elle est juste. Il lui suffit de montrer qu'elle se situe sur le terrain des droits fondamentaux et des droits humains. Car c'est là le nouveau terrain de consensus de la société. »

Par conséquent, dans la vie sociale moderne, les impulsions et les initiatives ne doivent pas être soumises à la règle du consensus, à l'approbation de la communauté. De telles absurdités peuvent conduire à ce que les membres de la communauté les moins intéressés, voire les moins compétents, décident du sort des impulsions et des initiatives des autres, tuant dans l'œuf l'innovation et la créativité. C'est un non-sens qu'il faut dépasser.

Tout cela nous amène à la question de savoir comment la vie sociale moderne peut fonctionner collectivement sous le signe de la maturité. Quelle est la relation entre la communauté et l'individualité ? Cette question doit nous servir de ligne directrice pour concevoir de nouvelles communautés et de nouvelles formes modernes de leadership en disant adieu aux structures dépassées. Chaque initiative doit reposer et résoudre à nouveau cette question pour elle-même.

Moi et nous

Considérons ce qui se passe lorsque nous nous réunissons en tant que communauté. Lors d'une réunion, par exemple une discussion, une communauté ne fait rien d'autre en termes d'action que se rapprocher et échanger sur un sujet, une tâche ou un problème. Les autres activités doivent être interrompues pour que la communauté puisse se réunir. Car il ne s'agit plus d'action, mais de construire une conscience. Les membres de la communauté prennent conscience de la tâche à accomplir. Si nous comprenons le concept de communauté d'une manière moderne, nous nous rendons compte que la communauté n'est pas le pôle initiateur (celui qui fait), mais le pôle de la conscience (celui qui réfléchit). Et là où la conscience doit naître, les actions extérieures doivent être mises en suspens.

Soyons clairs, aucune communauté ne fait jamais rien. Lorsqu'elle se réunit, elle éveille les consciences. Mais qui agit si ce n'est la communauté ? Ou, pour le dire autrement, que fait l'individu ? Il agit et constitue ainsi le pôle initiateur. L'action des individus est l'accomplissement de la communauté. Ce sont précisément ces actions que la communauté moderne doit délibérément rendre possibles.

« La source de tout ce dont nous avons besoin est l'individu, pas la communauté ! »

Résoudre un problème consiste à combiner de la bonne manière les possibilités personnelles de toutes les individualités d'une communauté. L'organe de sensibilisation, la communauté, peut donner des conseils. Cependant, elle doit créer de l'espace pour les actions et les approches de solutions qui ne peuvent être mises en œuvre que par une individualité. Ce faisant, la communauté démontre sa confiance dans le fait que cette action a quelque chose à voir avec elle. Car si ce n'était pas le cas, l'individualité agissante ne ferait pas partie de cette communauté. Un développement social correct revient donc toujours à une émancipation de l'individu par rapport au pouvoir de la communauté. Le fondateur de l'anthroposophie, Rudolf Steiner, soulignait ainsi qu'une communauté moderne « ne veut rien pour elle-même, mais tout pour l'individu ».

La question de savoir ce que « nous » faisons n'est donc pas la bonne. Elle devrait plutôt être : que dois-je faire ? Le « nous » doit être repoussé le plus possible pour laisser place à la créativité de l'individu. Aujourd'hui, les impulsions d'action doivent venir de l'intérieur et non de l'extérieur. Au lieu de se cacher derrière le « nous », chaque personne doit émerger en tant qu'individualité agissante.

Du collectif à l'organisme social

« La difficulté réside dans le fait que ce "nous" est encore si proche. »

L'histoire, et particulièrement l'histoire récente, a montré ce qu'est le point de vue du collectif. Sa conséquence ultime est l'abnégation, l'obéissance totale : « Tu n'es rien, ton peuple est tout. » Certes, le « nous » ne prend pas toujours le dessus sur l'individu et ne dégénère pas toujours en force oppressive, mais nous avons vu à maintes reprises au cours de l'histoire comment un petit nombre décidait de mesures applicables à tous qui, en dehors de toute discussion avec les personnes affectées, détruisaient entièrement leurs moyens de subsistance. Nous continuons pourtant aujourd'hui encore à penser que la communauté doit être prise en considération. Cette adhésion à la suprématie du « nous » est difficile à comprendre à une époque qui revendique si fort la liberté de chaque individu et place l'individualité au-dessus de tout.

Qu'est-ce que la communauté doit offrir à l'individu à notre époque ? Comment doit-elle fonctionner pour que l'individualité puisse s'y développer en tant que source active ? Nous le savons tous. Quelqu'un dit : « Tu devrais », jusqu'à ce que quelqu'un se lève et dise : « D'accord, je vais le faire. » C'est la source de l'individualité agissante.

Tout d'abord, une communauté doit être organisée de manière qu'une compréhension de l'individualité puisse s'y développer. En d'autres termes, nous devons tous comprendre ce dont chaque individu a besoin, à la fois pour le développement de son individualité et pour son développement en tant qu'être humain. Sinon, le « nous » se sentira toujours menacé par le « je ». Les communautés nouvelles et modernes n'émergent que grâce à la contribution de chaque « je » au « nous ». La tâche de la communauté est de laisser un espace approprié à l'individualité.

« Nous devons constamment veiller à ce que la communauté ne devienne pas hostile à l'individualité. »

Du pouvoir de quelques-uns à la coopération de tous

Outre la menace de la bureaucratie mentionnée précédemment, les communautés modernes sont également menacées par certains dangers qui proviennent des individualités elles-mêmes. C'est le cas, par exemple, lorsqu'un individu veut revendiquer le côté conscience pour lui tout seul, ce qui peut conduire à une concentration du pouvoir entre ses mains. Les structures de pouvoir se caractérisent par le fait qu'elles permettent à un individu ou à une poignée d'individus de développer une conscience pour tous et de déterminer ce que certains individus ou tous les individus doivent faire. Il est absurde que quelqu'un puisse prendre une décision qui ne le concerne pas. Quiconque n'est pas impliqué ou affecté par une action n'a pas le droit de juger cette action autrement qu'en termes de l'utilité de cette action pour remédier à un problème. C'est là précisément la tâche du pôle de conscience. Personne ne doit dire aux autres ce qu'ils doivent faire.

Mais il peut aussi y avoir une tendance à la fragmentation. De même que l'esprit collectif et ses tendances étouffantes peuvent prendre le dessus, de même des tendances à la dissolution de la communauté peuvent se développer. Chacun fait ce qu'il veut sans se soucier de la communauté.

La communauté et l'individu, comme la conscience (réflexion) et la vie (action), doivent être en relation et en échange constant pour ne pas se désagréger. L'actionnisme ne doit pas devenir si puissant que nous en perdions la conscience, et les processus de conscience ne doivent pas être amplifiés au point que l'action et les processus de vie s'en trouvent étouffés. Alors, comment nouer une relation saine entre la prise de conscience et l'action ? Comment établir une relation intérieure, vivante et appropriée entre l'individualité et la communauté ? Comment façonner la communauté pour qu'elle soutienne l'individualité dans ses possibilités et que l'individualité fasse l'expérience de la communauté de manière que les attitudes et les points de vue de la communauté résonnent en elle comme une source d'inspiration pour l'action ?

La communauté doit constamment se transformer pour rendre justice à la maturité des individus qui la composent. Ce remodelage de la communauté, qui permet aux individus d'agir d'après leur propre jugement et non pas sous l'influence de la communauté, est ce que Rudolf Steiner appelle le « tri-pliage de l'organisme social ». Cela ne désigne rien d'autre que la structuration nécessaire pour que soit possible un développement non seulement en tant qu'individu, mais aussi en tant qu'être humain. Et cette structuration est fondée sur les besoins humains qui nous sont inhérents à la fois en tant qu'individualité et en tant qu'être humain (vivant parmi des êtres humains). Dans la Révolution française, ces besoins ont été exprimés sous la forme des idéaux de liberté, d'égalité et de fraternité. Toute communauté doit tenir compte de ces idéaux pour être reconnue comme une communauté.

Les besoins de l'individualité dans la communauté

La liberté est la marque de l'individu responsable. La communauté moderne est constituée de telles individualités. L'égalité et la fraternité font de nous des êtres humains, parties d'un tout et en même temps égaux parmi les égaux. Elles apportent la sécurité dans la communauté.

L'individualité se caractérise par la liberté de devenir l'être humain individuel qui est prédisposé en elle. Même en revendiquant la liberté pour elle-même, elle est également prête à respecter la liberté des autres. Elle peut tisser ses rêves et ses dons dans le monde. C'est le « credo d'un esprit libre ». Sans ce credo, la liberté individuelle peut être un problème. C'est celle d'un tyran qui prétend avoir le droit d'être un tyran par sa nature. C'est pourquoi la liberté n'est jamais seule, même si elle correspond au cœur de notre être. Ce qui nous rend uniques – au-delà des revendications de pouvoir et de cupidité – est indispensable à la communauté. Et c'est aussi pourquoi la communauté est nécessaire à l'individualité.

Les trois idéaux humains de liberté, d'égalité et de fraternité doivent trouver satisfaction dans les actions de l'individu et dans la conscience de la communauté. Ils doivent être pris en compte à tous les niveaux de la vie sociale, si l'on veut que les communautés soient soutenables. Si le manque de liberté conduit rapidement à quitter une communauté, le manque d'égalité génère un durcissement antisocial, et le manque de fraternité amène à des solutions qui ne correspondent à aucun besoin. Mais comment ces besoins humains se traduisent-ils dans les communautés ?

La communauté s'épanouit dans la liberté, l'égalité et la fraternité

Nous avons déjà identifié un besoin, la liberté, comme pôle d'activité. Au besoin de liberte, il faut opposer le besoin d'action fraternelle, d'une action entièrement orientée vers l'autre. L'action désintéressée est un besoin humain au même titre que le besoin de liberté. Pensez-y, la vie humaine commence par le besoin d'aide et de soins, sans lesquels nous ne pourrions pas commencer notre existence.

Ces pôles – moi pour moi et moi pour toi – se reflètent aussi dans la division du travail humain. C'est ce service mutuel qui fait la communauté en tant que pôle opposé au sentiment de la liberté.

Comment la fraternité s'exprime-t-elle dans la communauté ou, plutôt, comment s'exprime-t-elle dans l'activité de l'individu ? Si un individu est actif dans la communauté, il s'agit toujours d'une révélation de soi. Cependant, le bénéfice pour la communauté est d'autant plus grand que l'individu est capable d'inclure les besoins des autres individus, de la communauté, dans sa propre résolution de problèmes (activité). La conscience de la communauté, dans son rôle de gisement de réflexion, évaluera le résultat à l'aune du bénéfice apporté au plus grand nombre.

C'est entre ces deux pôles de la liberté et de la fraternité que se situe le niveau où les formateurs de conscience se réunissent en tant que parties de la communauté, non seulement pour reconnaître et définir les problèmes, mais aussi pour réfléchir aux solutions élaborées par les individualités. Chaque individu fait également partie de ce gisement de conscience. À ce niveau, tous les individus sont égaux. C'est pourquoi nous parlons d'égalité dans ce lien entre liberté (égocentrisme) et fraternité (dévouement). Ce niveau est très central, il est porteur de sécurité, car ici nous ne sommes tous que des membres de la communauté, des égaux parmi les égaux, ni plus ni moins, avec les mêmes droits et les mêmes devoirs. L'activité individuelle comme élan de liberté et la satisfaction de ses besoins par l'activité fraternelle y trouvent leur assise.

La manière dont est conçue et organisée la forme moderne de coopération est cruciale. À quoi doit ressembler une forme moderne de coopération si l'on veut que la responsabilité et la prise de décision ne soient pas cédées à d'autres et qu'elles ne génèrent pas de frustrations ? C'est une question que toute communauté moderne doit se poser ; elle nous est imposée par la vie sociale elle-même et il faut y répondre encore et encore. Les réflexions et les suggestions qui suivent devraient nous aider à formuler des réponses spécifiques à des situations concrètes.

LES SEPT PHASES DE LA DÉLÉGATION DYNAMIQUE ET DU LEADERSHIP COLLÉGIAL

La transition vers les sept phases de la délégation dynamique est décrite ainsi de manière figurative :

« Ce dont une communauté prend conscience, ce qu'elle se fixe comme tâche, ce qu'elle vit comme un problème, cela tend toujours à être orienté vers la communauté. Et nous pouvons dire de l'autre côté : chaque fois qu'il s'agira de faire quelque chose, nous devrons trouver des gens pour le faire.

« Une tâche nous arrive et nous voulons la résoudre. Nous devons aller de la communauté qui vit quelque chose comme un problème à la communauté, en passant par le pôle de l'individu. Nous quittons donc le cercle de la communauté pour y revenir – dans un mouvement de lemniscate. Le chemin de la résolution des problèmes de la communauté ne passe pas par la communauté, mais il part de la communauté pour arriver à l'individu ou à plusieurs individus et, de là, revenir à la communauté. Si nous restions dans le cercle, aucune oscillation ne pourrait se produire.

« Quelles sont les phases ou les étapes du processus que nous devons maintenant franchir ? Si au point de départ, il y a le problème et à la fin, il y a la solution, alors au milieu, il doit y avoir le point où quelque chose passe du problème à la solution : le point de décision. Là où la décision est prise, il y a le point où tout ce à quoi j'ai pensé auparavant se condense et où je dis : maintenant, ceci doit être différent. »

1. Prendre conscience de la tâche

La première phase consiste à déterminer si la communauté dans son ensemble reconnaît ou non une situation comme étant à l'origine d'un besoin d'action et souhaite s'engager dans un processus de solution en tant que communauté. Pour que cette décision puisse être prise, la tâche doit être portée à la connaissance de la communauté et comprise par ses membres. La clarification de la tâche est donc une tâche communautaire. L'intelligence en essaim inhérente à la communauté entre ici en jeu : davantage de personnes implique une plus grande capacité de perception, et elles peuvent donc comprendre ensemble ce qu'un individu seul ne peut souvent pas imaginer. Les perceptions, les idées et les pensées de tous forment la conscience commune.

Se faire une idée précise, en tant que communauté, de ce qui se présente comme un défi et comme une tâche est la base du succès d'un processus de délégation dynamique. Car un mauvais diagnostic conduit à une mauvaise thérapie. C'est pourquoi il est indispensable d'y consacrer suffisamment de temps, d'y regarder de près et de comprendre la volonté d'agir. Ceux qui ne voient pas la nécessité d'agir ne seront pas non plus motivés pour agir. Ceux qui préfèrent rester dans un présent inchangé pourraient refuser l'accomplissement de la tâche à un stade ultérieur. Le processus se bloquera alors à un moment donné. Et le résultat aura, au mieux, un arrière-goût amer. Ainsi, s'il n'y a pas de besoin perçu, il manque l'accord et la motivation pour reconnaître une tâche et s'engager dans un processus de résolution de cette tâche. Certains objecteront, par exemple, que la charge de travail générale empêche de relever le défi, parce que nous avons tous déjà assez à faire avec nos activités quotidiennes.

Dans la perspective du développement organisationnel, on parle dans ce type de situation d'un processus de formation d'images. Ce processus requiert une certaine retenue et une certaine objectivité. Il convient de laisser place à une vision sobre des choses et d'éviter les conclusions hâtives. Il ne s'agit pas d'opinions ni de sentiments personnels, mais du sujet en question. La première chose à faire est de clarifier ce qui est en jeu.

La liste de questions qui suit peut fournir des informations précieuses. De quoi s'agit-il ? Quels sont les faits ? Comment la situation (un problème éventuel) se manifeste-t-elle ? Comment cette situation peut-elle être vue, entendue, vécue ? Les perceptions sensorielles et les impressions de tous les membres d'une communauté sont ici nécessaires. Qu'est-ce que chacun peut observer ? Quels sont les symptômes ? Qu'est-ce qui est déséquilibré, perturbé ? Quelle est la tâche qui découle de cela, le problème ? Y a-t-il un autre problème sous-jacent à la situation ? Qui est concerné par la question, par le problème, et dans quelle mesure ? Comment les individus et la communauté font-ils l'expérience du problème ? Y a-t-il une préoccupation sous-jacente à la tâche, et de la part de qui ? S'agit-il d'une préoccupation d'un individu ou d'un groupe de la communauté ? S'il s'agit d'une préoccupation particulière, pourrait-elle devenir une préoccupation générale ? Comment la communauté gère-t-elle les préoccupations des individus et des minorités ? La préoccupation est-elle née au sein de la communauté ou vient-elle de l'extérieur (par exemple, sous la forme d'une exigence des autorités) ? Existe-t-il des contraintes (par exemple, de nouvelles réglementations) qui rendent l'action indispensable ?

Il s'agit pour tous les membres d'une communauté d'apporter leurs perceptions et leurs impressions sensorielles afin d'obtenir l'image la plus complète possible de la situation. Chacun doit pouvoir communiquer, car tout le monde fait partie de la communauté et chaque point de vue peut être utile. Le fait de pouvoir s'exprimer, d'être écouté, crée également de la bonne volonté et de la confiance. Cette étape consiste uniquement à identifier les symptômes d'une situation, d'un problème ou les raisons évidentes de s'attaquer à une tâche. Il ne s'agit pas d'en identifier les causes. Être complet ne signifie pas aller en profondeur, mais reconnaître les points de contact. Ce n'est qu'à l'étape suivante qu'il faudra approfondir.

Une fois que nous avons généré une conscience commune de la nature du problème, la question importante est de savoir s'il faut agir ou non en tant que communauté. Nous vivons dans un monde régi par l'actionnisme aveugle. Il est donc essentiel d'examiner si un problème peut se résoudre de lui-même. La question de savoir ce qui se passerait si nous, en tant que communauté, décidions de ne rien faire doit également trouver une réponse après une évaluation complète de la situation. Il se peut que nous nous rendions compte que la décision consciente de ne rien faire est la meilleure façon de faire face à une réalité donnée, à un problème. Toutefois, décider de ne rien faire ne doit pas être confondu avec le fait d'ignorer un problème.

Une prise de conscience commune d'un problème unit les personnes concernées en tant que participants. Une question, un problème devient une tâche commune. Il est important de faire comprendre à tous comment cette situation initiale est apparue et pourquoi la communauté a jugé bon de s'y attaquer. Si la communauté décide de prendre en charge la tâche, on passe à l'étape suivante.

2. Poser les fondations : qu'est-ce qui veut se manifester ?

La formation d'images ne suffit pas. C'est une tâche empirique à laquelle il manque une vision de l'essentiel. La deuxième étape consiste à examiner le contexte pertinent, qui est déterminant pour la tâche. Pour ce faire, on approfondit la situation initiale en passant des symptômes aux causes et en allant au fond du problème.

« Parce que, lorsque nous regardons l'apparent, nous ne regardons qu'une partie du flux du devenir. » Les aperçus qui en découlent ne nous disent rien encore sur « d'où vient ce flux et où il veut aller ».

Nous ne devons pas nous contenter de considérer la situation initiale telle qu'elle est perceptible de manière superficielle. Nous devons aller au-delà des phénomènes individuels pour reconnaître les forces qui les façonnent. Quelles sont les forces motrices à l'origine du problème ? Quelles sont les forces qui viennent du passé et celles qui viennent de l'avenir ? Seul un acte social commun d'immersion dans ces forces formatrices permet d'acquérir une compréhension plus profonde. Peut-être ces poussées et ces tiraillements sont-ils en train d'exercer les mêmes effets ailleurs ? Il est donc important que nous adoptions à cette étape un point de vue le plus large possible. Il s'agit d'élargir notre compréhension afin de saisir comment la situation initiale a pu advenir.

Pour ce faire, nous devons nous immerger dans ce flot de forces créatrices. Ce qui est encore la tâche de la communauté. Car cela nous amène non seulement à ce qui a été et à ce qui pourrait être, mais aussi à nos possibilités et à nos forces créatrices collectives et individuelles. La communauté naît et se développe précisément grâce à ses forces créatrices. Il est donc important de comprendre la situation dans son contexte, dans lequel elle doit être située, qu'elle doit changer et par lequel elle est influencée.

Il est essentiel de comprendre quels sont les « soutiens de la situation ». Qu'est-ce qui a contribué à la situation actuelle ? Qu'est-ce qui l'alimente ? Qu'est-ce qui en profite, ou qui en profite ? Ce sont surtout ceux qui souffrent le moins de la situation actuelle, voire qui en profitent, qui doivent être ralliés à la tâche. Si nous ne sommes pas attentifs, cela peut conduire à un moment donné à des frictions qui affecteront la suite du processus.

Un problème signale des vulnérabilités et les vulnérabilités ont quelque chose à voir avec le système affecté. Quels sont les autres domaines du système qui pourraient également être sujets à des problèmes en raison de la situation actuelle ? Quels sont les domaines, les responsabilités et les compétences affectés par la tâche à accomplir ? Quelles sont les possibilités qui s'offrent à nous en tant que communauté ?

Une fois que la communauté a créé une conscience de la situation à résoudre, il est important qu'elle rende compte de ce qu'elle entend réaliser en résolvant le problème. Il ne s'agit pas ici de définir des solutions ou des propositions de solutions. Ce n'est pas là la tâche de la communauté, mais celle de l'individualité qui devient active. La communauté, elle, définit comment ses membres vont reconnaître que le problème a été résolu, la situation désamorcée, la tâche accomplie avec succès.

Ici aussi, il est très important de créer des images concrètes. Comment se présente la situation une fois le problème résolu ? Comment se sent-on ? Quels symptômes apparaissent une fois la solution mise en œuvre ? Que voit-on, que vit-on, que ressent-on, qu'entend-on lorsque la tâche est terminée ? Là encore, tous les sens doivent être impliqués autant que possible, de même que tous les membres de la communauté.

Il est tout aussi important de développer un sens de ce qui ne devrait pas être, de ce qui ne doit pas être. Comment la communauté reconnaîtrait-elle qu'elle a agi « au-delà de l'objectif » ? Qu'est-ce qui ne doit absolument pas advenir ? Que faut-il éviter ?

Ce n'est que si chacun peut apporter sa contribution que tout le monde sera conscient de la responsabilité commune et sera en mesure de la partager. Même si la solution à une tâche – les activités nécessaires à sa réalisation – est le fait d'individus, l'accomplissement de la tâche reste dans l'intérêt de la communauté. La tâche, le problème devient « notre tâche », « notre problème ». Et même si je ne peux pas contribuer à la résolution du problème, j'ai été entendu. Cette sensation engendre un sentiment de bienveillance dans l'âme des membres de la communauté et renforce l'impression que tout le monde tire dans le même sens. Si cette étape fait défaut, il y a un manque d'appropriation commune du processus qui est sur le point de commencer.

3. Déléguer

Les deux premières phases du processus franchies par la communauté mènent à la troisième et (pour l'instant) dernière étape commune. L'étape suivante sera de transmettre le sceptre à l'individualité afin qu'elle puisse devenir active et s'atteler à la résolution de la tâche.

L'image de la tâche à résoudre peut fournir des informations sur les compétences nécessaires pour trouver des solutions. De cette façon, les individualités qui sont aptes à trouver des solutions pourront se sentir interpellées. De manière générale, les processus de formation d'images et de prise de conscience des forces créatrices ne s'adressent pas seulement à la conscience de la communauté, mais aussi à celle de l'individualité.

La communauté a maintenant développé une conscience de la situation. Cela signifie qu'elle a reconnu la profondeur, la portée et l'extension possible de la situation, de telle sorte qu'elle peut maintenant formuler une tâche découlant de cette reconnaissance. Il s'agit maintenant de formuler une mission à partir de la tâche, mais pas de manière que la solution à la tâche soit définie. Alors que les deux étapes précédentes étaient fondées sur le consensus, la solution à la tâche s'appuie sur la plus grande liberté et la plus grande créativité possible des individualités. Il ne s'agit donc pas d'en définir le contenu. Il s'agit avant tout de formuler clairement les exigences détaillées ci-dessous, que seule la communauté dans son ensemble peut définir. C'est ainsi que la tâche devient une mission. La règle est : pas d'action sans mission !

Le mandat indique les compétences qui pourraient être utiles à son accomplissement, à savoir :

* Les objectifs sont formulés sous la forme d'attentes, mais la solution n'est pas formulée, seulement l'état qui doit être créé dans la communauté à travers la solution de la tâche. Il est important de comprendre qu'il existe une différence entre les objectifs et les solutions. Les premiers ne font que spécifier la direction dans laquelle une solution peut être élaborée. Les solutions résolvent la tâche. Ici, le cadre est fixé, mais seulement en termes de temps et de matière, pas en termes de contenu !

* Les ressources (y compris l'argent) à utiliser à cette fin doivent être précisées de manière à laisser une marge de manœuvre. La communauté ne sait pas encore qui va résoudre la tâche ni quels sont exactement les moyens nécessaires. Ce n'est qu'une fois que ces éléments auront été déterminés avec les personnes qui se chargeront de la mission que le prix pourra être fixé. En effet, une formation de prix moderne ne peut avoir lieu que si les besoins de l'individu qui travaille aussi bien que ceux de l'environnement qui paie et contribue à la formation du prix sont pris en compte.

* Il faut formuler des lignes directrices qui définissent l'espace virtuel au sein duquel la solution peut être conçue. Il s'agit, d'une part, des exigences éventuelles, par exemple édictées par les autorités, dont il faut tenir compte et, d'autre part, des exigences imposées par la communauté. S'il est nécessaire d'établir des rapports intermédiaires, le type et la portée de ces rapports

ainsi que la date à laquelle ils doivent être établis sont précisés. Si une communauté considère que certaines procédures sont essentielles à la réussite, celles-ci doivent être clairement stipulées. S'il y a des compétences « indispensables », ou si la communauté souhaite en garder la mémoire, ce doit être signalé.

Ces lignes directrices, parce qu'elles sont restrictives par nature, doivent être utilisées avec parcimonie afin de ménager le plus grand nombre d'options possible pour mener à bien la tâche.

Les phases précédentes ont permis à chacun de se faire une bonne idée de la situation. La solution était présente en puissance dans chacune d'entre elles. Les compétences ont été évoquées sans qu'on leur attribue un caractère « indispensable ». Dans les communautés modernes, ce ne sont justement pas des critères standardisés qui déterminent qui est autorisé à assumer une tâche, car nous savons bien que tous les talents n'ont pas forcément de certificat.

Les candidats sont invités à dresser la liste de leurs connaissances et compétences, ainsi que de leur expérience, qu'ils considèrent eux-mêmes comme importantes pour l'accomplissement de la tâche. De cette manière, nous nous débarrassons de la contrainte du diplôme, qui étouffe de plus en plus d'artisans et de talents, et nous nous concentrons sur ce que nous pouvons juger en tant que communauté, à savoir ce qui doit ou ne doit pas être au bout du processus, et nous laissons à l'individualité l'espace créatif nécessaire pour y parvenir. En fin de compte, seul l'individu peut décider de l'expérience nécessaire et des connaissances et compétences pertinentes.

Les candidats doivent exprimer leur motivation dans le cadre de leur candidature et, bien entendu, de ce qu'ils considèrent comme leurs qualifications pertinentes. Ils n'ont pas besoin d'expliquer comment ils veulent résoudre la tâche, car leur vision individuelle de la situation n'a pas encore été approfondie. En outre, le fait d'anticiper une solution limite le processus créatif.

Le processus de délégation peut se dérouler comme suit. Tout d'abord, on détermine qui va déléguer et à qui. Si la communauté veut un comité de délégation, celui-ci n'est pas élu, pas plus que la ou les personnes qui feront le travail. Il est plutôt désigné par tirage au sort. Toutes les personnes intéressées par le comité de délégation peuvent se porter candidates, de même que toutes celles qui souhaitent prendre en charge la mission. Les candidatures sont donc ouvertes à tous les membres de la communauté. Si un appel à candidatures est nécessaire pour mener à bien la mission, le comité sélectionne les candidatures adéquates. S'il n'y a pas d'objections – qui doivent être traitées de manière transparente –, toutes les candidatures retenues sont déposées dans la boîte de tirage. Et c'est le sort qui décide qui sera chargé de la tâche.

Il se peut qu'une seule personne soit tirée au sort pour mener à bien la tâche et qu'elle décide librement avec qui d'autre elle souhaite collaborer pour résoudre la tâche. Une fois le tirage au sort effectué, le prix est négocié avec l'individu tiré au sort de manière qu'il convienne à toutes les parties concernées. Toutes les conditions sont alors consignées par écrit dans un contrat.

4. Accomplir la tâche

C'est ici qu'entre en jeu l'individualité agissante, qui devient active et s'oriente vers la solution du problème, vers l'accomplissement de la tâche. Les étapes essentielles que l'individualité entreprend pour résoudre la tâche sont décrites ci-dessous.

4.1. Obtenir une vue d'ensemble

Au début, il peut être très utile pour l'individualité agissante de réexaminer la situation et les forces formatrices sous-jacentes. L'image que la communauté a formée est réexaminée de plus près. L'individualité laisse le problème lui parler et l'écoute. Peut-être se rend-elle compte que la solution au problème lui est déjà inhérente ? Peut-être a-t-elle déjà une idée brillante sur la manière de résoudre le problème ? Il est important de regarder au-delà de son propre horizon, mais de ne pas encore prendre de décision. Les décisions hâtives peuvent coûter énormément de ressources si elles doivent être corrigées ultérieurement. De plus, la première idée de solution n'est pas toujours la meilleure. La consultation d'experts peut s'avérer très utile à cet égard.

4.2. Brainstorming : un exercice d'imagination

Vient maintenant le processus créatif proprement dit en vue de la résolution de la tâche. Il peut être utile à ce stade de réfléchir de manière associative au-delà de la situation initiale. Par exemple, toute situation réelle a une histoire. Peut-être le récit peut-il être reconstruit ? Peut-être existe-t-il d'autres perspectives ? Peut-être que quelqu'un d'autre sait quelque chose qui peut contribuer à la résolution de la tâche ? La plus grande liberté possible est requise ici, car c'est la seule façon de faire apparaître des solutions nouvelles qui ne pouvaient pas être imaginées d'emblée.

Les idées doivent être collectées sans être rejetées. En effet, chaque idée trouve son origine dans une façon particulière d'aborder le problème et a été générée par un processus de pensée. C'est ce processus de pensée qui est intéressant. Il s'appuie sur les expériences vécues par l'individu concerné dans des situations similaires, voire identiques, de son propre passé. Il ne peut émerger que de l'auteur de l'idée lui-même et est donc unique.

Il est important de faire circuler les idées en interne de manière que des variations et des combinaisons puissent émerger, autrement dit de laisser jouer les possibilités par le biais d'un processus associatif ouvert. Souvent, une idée en entraîne une autre, puis une autre, jusqu'à ce qu'une nouvelle idée alternative se révèle qui n'a à première vue rien à voir avec les idées initiales, avant d'être à nouveau rejetée en totalité ou en partie. C'est précisément le but de cette étape que de ne pas vouloir en venir trop rapidement à une décision ou à la mise en œuvre.

Les idées fructueuses sont alors approfondies. Les personnes visuelles peuvent former des images de solutions possibles. Les personnes auditives peuvent percevoir la mélodie ou la discordance d'une idée.

4.3. Évaluer les idées : s'inspirer

Il s'agit maintenant de décider quelle idée privilégier comme solution. En pratique, il ne suffit pas de faire sobrement le bilan des pour et des contre et de prendre une décision « mathématique » en conséquence. Il est souvent beaucoup plus important, pour trouver les bonnes solutions, de se fier à ce qui nous inspire, même si des éléments prétendument objectifs s'y opposent. Les inspirations viennent « de l'extérieur » mais sont fondées sur des perceptions intérieures, même si elles ne sont pas immédiatement comprises. Il peut être utile de les sonder. Quelle est donc cette perception qui plaide en faveur d'une certaine solution ?

Ce qu'il faut ici, c'est de la patience et la volonté d'écouter attentivement. Lorsque tout a été pensé, il faut faire taire sa pensée et écouter.

Il peut être utile de formuler des idées sous forme de décisions et de les laisser reposer. La décision me semble-t-elle juste ? Ou est-ce que je remarque qu'une autre solution se profile ? Je continue à développer ce qui me convainc, car c'est la seule façon de faire naître des choses nouvelles.

4.4 Préparer les décisions

Les idées qui semblent les plus prometteuses sont évaluées du point de vue de leur potentiel. Il est utile de visualiser les objectifs, les ressources fournies et le cadre et de dresser une liste des forces, des faiblesses, des opportunités et des menaces (analyse SWOT, pour *strengths, weaknesses, opportunities* et *threats*). Cela permet également de préparer la reddition de comptes.

Parfois, le chemin se révèle de lui-même et une décision émerge clairement. Parfois, un choix a besoin d'être préparé. Ce choix ne relève pas de la communauté, mais aide à la prise de décision individuelle.

Ces étapes ne se déroulent généralement pas de manière linéaire, mais sont imbriquées les unes dans les autres. Elles restent en cours jusqu'à la fin, jusqu'à ce que je prenne ma décision.

4.5. Prendre une décision : suivre son intuition

Les étapes précédentes devraient aider à identifier la bonne solution. Plusieurs solutions peuvent être correctes, mais une seule est généralement cohérente. Je dois être conscient que quelqu'un d'autre pourrait privilégier une solution différente, qui pourrait également être couronnée de succès. J'opte pour la solution qui me plaît le plus. Elle correspond peut-être à la première idée que j'ai eue. Peut-être qu'une idée totalement nouvelle, impensable auparavant, a émergé au cours du processus de création et veut se réaliser. L'important est que je ne peux faire que ce dont je suis capable. Mais au début du chemin, je ne sais pas encore de quoi je serai capable. Choisir la voie sûre et mettre en œuvre ce qui a fait ses preuves peut être fructueux, mais cela ne requiert ni courage ni créativité. Pour ouvrir de nouvelles voies, en revanche, courage et créativité sont indispensables.

5. La réalisation

Après avoir décidé, je passe à l'action en tant qu'individu agissant; la recherche d'une solution culmine dans sa réalisation. Un changement dans la réalité, une intervention dans le cours du temps n'est finalement possible que par l'action. Et même si la communauté nous donne l'illusion d'agir ensemble, en fin de compte, c'est toujours l'individu qui agit. L'image d'une action commune naît de la multiplicité des actes individuels. C'est toujours l'individu qui fait quelque chose, même si d'autres ont décidé qu'il fallait faire quelque chose.

Mais notre chemin ne s'arrête pas là. Au contraire, ce qui a été fait, l'accomplissement de la tâche, doit être ramené dans la communauté.

6. Reddition des comptes à la communauté

La phase suivante est comme le reflet de la deuxième phase. La question de ce que l'on veut voir advenir se reflète dans ce qui a été fait. Le problème, la tâche de la deuxième phase est maintenant mis en regard d'un acte conscient et réfléchi. La mission s'achève avec l'accomplissement de la tâche.

Où la tâche nous a-t-elle menés? Quelle a été l'exécution de la tâche, la solution? La réponse à cette question est ce que nous appelons la reddition des comptes. Rendre des comptes ne signifie pas qu'il faille se justifier, mais qu'il faut montrer comment une individualité a fait face à la nécessité d'agir. Il s'agit avant tout de montrer ce que j'ai recueilli de la conscience commune pour en faire la base de mes actions. À cette fin, je dois ajouter mes actions à mes connaissances. Ce que j'ai fait correspond-il à ce que j'ai reconnu? L'individu répond à cette question d'abord pour lui-même et ensuite pour la communauté. Sans cette réflexion, il n'y a pas de développement ni d'élargissement de la conscience propre.

La question n'est pas de savoir si nous apprécions ou non ce qui a été fait. Après tout, il y a beaucoup de choses qui sont justes sans que nous les aimions. Nous devons à ce qui a été fait, à ce qui a été réalisé et à ceux qui l'ont fait de mettre un frein à nos critiques et de juger uniquement si l'accomplissement de la tâche a été juste à l'égard de la tâche et si nous pouvons reconnaître qu'il s'agit de l'accomplissement d'une tâche. Cela exige une certaine discipline personnelle. En ce sens, l'idée même de l'autogouvernement repose sur une éducation constante de nous-mêmes.

La reddition des comptes a encore un second effet en plus de la réflexion: la communauté exclue de la mise en œuvre peut maintenant être réintégrée. Elle est informée de ce qui s'est passé depuis qu'elle a délégué la tâche. Bien entendu, des rapports intermédiaires ont pu être demandés si l'ampleur de la tâche le justifiait. Il s'agit donc de jeter un pont entre l'accomplissement et la tâche, afin que l'accomplissement de la tâche soit compréhensible.

La reddition des comptes nécessite une appréciation. Ce qui a été accompli est récompensé. C'est l'aspect psychologique de la reddition des comptes. Nous savons aujourd'hui qu'une rémunération ne remplacera jamais l'appréciation des performances. La motivation naît de l'appréciation et une communauté a tout intérêt à garder cela à l'esprit. L'appréciation d'une réalisation incite à en faire plus, à devenir plus actif. Il est important de se rappeler que même les choses supposées petites doivent être appréciées.

Les rapports de reddition des comptes sont d'une importance capitale pour le développement d'une communauté. Nous sommes autorisés à rendre compte et donc à présenter les fruits de notre travail. Et ces fruits, ce que l'individu a réalisé, peuvent maintenant être récoltés par la communauté.

Ce qui a été récolté et correctement communiqué peut stimuler l'inspiration au-delà d'une communauté, mais cela ne doit pas être séparé de l'individualité qui l'a fait.

La reddition des comptes libère ce qui a été accompli. Et pour que ce soit possible, la communauté doit maintenant l'accueillir.

7. Délivrance par la communauté

La communauté était le point de départ. Par la délégation, la tâche est passée entre les mains de l'individualité pour être menée à bien. La reddition des comptes ramène maintenant l'accomplissement de la tâche à la communauté. L'étape finale est la délivrance de l'individualité par la communauté. La communauté assume à nouveau les conséquences de la délégation. Ce n'est qu'ainsi qu'une communauté redevient une communauté.

Le fardeau est retiré des épaules de ceux qui l'ont mis en œuvre. La communauté accepte ce qui a été fait par l'individualité et le porte désormais comme un ornement ou un fardeau. C'est ce qu'on appelle la loyauté. Si cette loyauté fait défaut, personne ne voudra s'exposer la prochaine fois qu'une tâche devra être accomplie.

Un vote de délivrance n'est donc pas un vote pour ou contre. Il s'agit d'un acte d'approbation seulement au sens de l'acceptation des conséquences. Cela ne signifie pas que, dans des cas extrêmes où la communauté a été délibérément lésée, la délivrance ne puisse pas être refusée. Toutefois, dans tous les autres cas, l'approbation doit être donnée, car il ne s'agit pas de l'affaire en elle-même, mais plutôt de la délivrance : « Je soutiens ce qui a été fait en tant que fait advenu au nom de la communauté. »

LA VIBRATION DE LA VIE QUI SE GOUVERNE ELLE-MÊME

Il s'agit d'une vibration dans le champ de tension entre l'individualité et la communauté, d'une transition de l'une à l'autre et inversement (voir illustration). La communauté doit toujours être au centre lorsqu'il s'agit de prendre conscience et toujours rester en retrait lorsqu'il s'agit de mettre en œuvre et d'agir. L'action dans le monde est déléguée à l'individu et revient à la communauté sous forme de reddition des comptes. Les points critiques se situent dans les transitions de la communauté à l'individualité et de l'individualité à la communauté. Façonner ces transitions est un art et cultiver cet art est indispensable pour toute communauté qui veut perdurer dans le temps.

L'autogouvernement, vécu comme il convient, facilite la vie car la communauté n'est active que là où elle doit l'être, dans la formation de la conscience. L'action doit être laissée à l'individu. Si la communauté veut tout contrôler, les individus étouffent. Si les individus veulent tout contrôler au nom de la communauté, celle-ci est malmenée. En revanche, si la communauté laisse l'action à l'individualité, la loyauté ne favorise pas seulement la compétence des individualités pour agir, mais fait également de la communauté un gisement de vie pour l'individu[1].

Figure 18 : Délégation dynamique – Aperçu du processus

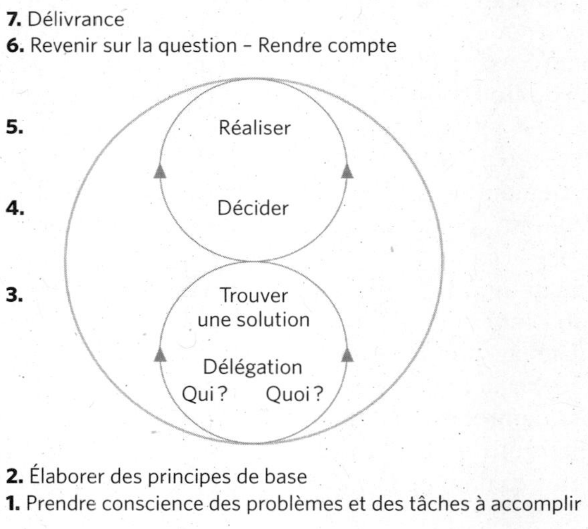

1 . Sources : Herrmannstorfer, Udo, "Selbstverwaltungsorganisationen müssen delegieren können", *Zeitschrift Erziehungskunst*, numéro spécial, juillet-août 2012.
Steiner, Rudolf, *Die Kernpunkte der sozialen Frage in den Lebensnotwendigkeiten der Gegenwart und Zukunft* [1919], GA-Nr. 23, Dornach 1976, S. 10f.
Steiner, Rudolf, "Freiheit und Gesellschaft" [*Magazin für Literatur*, n° 29-30, 1898], in *Gesammelte Aufsätze zur Kultur- und Zeitgeschichte 1887-1901*, Rudolf Steiner Verlag, 1989. Zur Bonsen, Matthias, "Dynamic Facilitation", *OrganisationsEntwicklung*, n° 3, 2007.

CHAPITRE 9

INITIATIVES, PROJETS ET MOUVEMENTS

Par Hans Widmer

La logique des mouvements ne suit pas rigoureusement la séquence de notre modèle, qui monte du glomo-1 au glomo-5. L'idée qu'il faudrait commencer par 16 millions de glomos-1 et passer seulement ensuite aux niveaux suivants est absurde. Les vrais mouvements se produisent de bas en haut, de haut en bas ou de manière transversale. En réalité, la métaphore du haut et du bas n'est pas appropriée.

Bien sûr, il existe des milliers de projets locaux que nous pourrions caractériser comme des formes rudimentaires de glomos-1, mais il y a aussi des mouvements politiques au niveau des villes et des régions, comme les nouveaux municipalismes. Dans notre ouvrage *Nach Hause kommen*[1] (« Rentrer chez soi », 2019) et sur notre site web neustartschweiz.ch, nous mentionnons un certain nombre de projets prometteurs de la taille d'un glomo-1. Certains d'entre eux sont entre-temps passés du stade de projets à celui de structures bâties, dont les membres emménagent dans leurs appartements. Ils ne correspondent pas toujours, voire rarement, à notre modèle, mais en reprennent certaines caractéristiques. D'autres se réfèrent explicitement à nos concepts.

Par comparaison avec *Nach Hause kommen*, nous nous concentrons ici sur la sphère supérieure, celle des quartiers et des villes. Comment transformer notre quartier en un quartier-commun ? Comment transformer nos villes et les régions qui les entourent ? Nous nous efforçons de partager des idées, de trouver des exemples, de faire des recherches, d'évaluer des expériences à l'usage des activistes urbains à tous les niveaux, pour les inspirer. Nous ne proposons pas un type d'organisation spécifique. Créer des organisations non gouvernementales n'est pas toujours la seule ni la meilleure solution. De fait, des gouvernements municipaux et des partis politiques lancent aujourd'hui eux-mêmes des processus participatifs pour améliorer la vie urbaine ou concevoir des projets spécifiques à travers des laboratoires urbains, des ateliers du futur, des forums de citoyens, etc. L'une des motivations de ces démarches est l'élévation du niveau d'éducation des populations. Plus de 50 % des habitants de Zurich ont un diplôme supérieur. Les villes peuvent donc profiter de ces

1. Neustart Schweiz, *Nach Hause kommen: mit Nachbarschaften der Klimakrise begegnen, op. cit.*

qualifications pour élaborer leurs politiques. Dans d'autres cas, ces forums ne sont que des opérations alibis et leurs conclusions n'ont aucun impact sur les projets réalisés. La participation n'est qu'une forme de passage en force («Vous avez eu votre mot à dire, pourquoi vous plaignez-vous maintenant?»). La non-participation des citoyens peut être une forme importante de participation lorsque le «participatif» est utilisé à mauvais escient. Il est important de ne pas exclure par principe la coopération avec les partis politiques et les gouvernements en place. Ils ne sont pas homogènes, ils ont des factions et des débats internes, leurs membres actifs défendent toutes sortes de convictions. En revanche, il restera toujours nécessaire d'organiser des groupes d'action extraparlementaires. Les partis politiques sont souvent prisonniers de groupes d'intérêts spécifiques, de symboles historiques et de logiques électorales. Les groupes extérieurs peuvent les aider à forger de nouvelles alliances au-delà des frontières sociales, économiques et politiques héritées. Dans certains cas, si les partis en place s'avèrent trop sclérosés ou corrompus, ils peuvent eux-mêmes se transformer en nouveaux partis politiques.

Le présent et le futur

Les partis politiques et les organisations civiques d'aujourd'hui sont liés à des intérêts établis, et ces intérêts sont eux-mêmes intrinsèquement liés au système économique actuel et à la préservation du mode de vie impérial, qui n'est pas soutenable. La tâche d'un groupe d'action urbaine orienté vers les communs, par contraste, est d'être le porte-parole des intérêts futurs dans et contre les intérêts actuels. Il ne se fera donc pas que des amis. On peut le constater dans les ateliers du futur ou les forums de citoyens organisés par différents acteurs. Ils s'affichent comme des plateformes neutres, des forums ouverts avec des résultats ouverts. Cela peut sembler de prime abord très généreux et ouvert. Mais cette neutralité signifie que l'on se contente de prendre note des intérêts actuels des entreprises, des habitants (les fameux NIMBY: *not in my backyard*, «pas dans mon jardin»), des propriétaires, des groupes communautaires, des syndicats. Au lieu d'élaborer pour le quartier des contre-projets fondés sur les communs, ces espaces se contentent souvent de demander une amélioration du mode de vie impérial et des mesures de compensation des problèmes non résolus (par exemple, le trafic). Ils préfèrent les interventions cosmétiques réalistes et réalisables aux changements profonds: un petit parc ici, un banc là, quelques arbres supplémentaires. Aucun groupe d'intérêt ne sera lésé. Alors qu'un futur quartier fondé sur les communs devrait être libre de voitures, les petites entreprises et autres commerces réclameront davantage d'espaces de stationnement bon marché. Les résultats de ces projets d'amélioration des quartiers peuvent même être contre-productifs et accélérer la gentrification et l'expulsion d'une partie de la population (en particulier les familles économiquement précaires).

Dans le cas de projets de logements coopératifs ou de projets publics de plus grande envergure, les riverains et les propriétaires immobiliers sont consultés, mais les *futurs* habitants du projet manquent cruellement à l'appel. Il est plus difficile de mobiliser les futurs habitants que de consulter les habitants actuels. En d'autres termes, ces forums ne font que refléter les contradictions existantes. C'est pourquoi il faut des groupes d'action pour les communs. Il est aussi nécessaire de s'organiser à des niveaux supérieurs – ville, région – pour dépasser les blocages locaux. Les groupes d'action de quartier doivent s'unir au niveau de la ville. C'est souvent de cette manière que sont nés les mouvements municipalistes mentionnés ci-dessus.

Petites et grandes entreprises : un piège

Il arrive fréquemment que les grands projets commerciaux de promoteurs immobiliers choquent et mobilisent les habitants d'un quartier. Les centres commerciaux mettent les petits commerces en faillite. Les chaînes de supermarchés remplacent le boucher, l'épicier ou le boulanger de votre quartier. Tout le monde se désole, mais défendre les petites entreprises « gentilles » contre les grandes entreprises méchantes est un projet perdu d'avance. La tentation est grande de lier les enjeux des communs à la défense des petits commerces, même « alternatifs », car les propriétaires de ces commerces figurent souvent parmi les membres les plus engagés des organisations et des mouvements de quartier. C'est compréhensible : leur existence est en jeu. Cependant, les membres de notre groupe d'action urbaine doivent être principalement motivés par des préoccupations écologiques et sociales sans impact immédiat. Les alliances avec les petits propriétaires sont souvent nécessaires, mais elles peuvent aussi mener à une impasse et se retourner contre nous. Il en va de même lorsque l'on coopère avec des organisations civiques ou communautaires traditionnelles. On risque de se retrouver dans un bourbier de petites collusions d'intérêts.

Il est impératif que notre groupe d'action urbaine pour les communs suive sa propre logique et reste indépendant de tout lien avec des groupes d'intérêt privés. C'est un défi de taille.

Action autonome et relation avec l'État

En Europe, beaucoup de gouvernements de grandes villes sont de tendance « gauche verte » et les partis au pouvoir mènent en leur sein des débats animés sur les communs, la réduction du trafic automobile (cf. les superblocs de Barcelone), les nouveaux concepts d'activités de soins, le soutien à l'habitat coopératif et les mesures antigentrification, l'expansion des services publics. Il semble donc y avoir de l'espoir. Bien souvent, cependant, l'action réelle des pouvoirs publics est insuffisante, purement cosmétique ou contre-productive. Les groupes d'action urbaine, qui sont parfois animés par des membres des partis de gauche verte, doivent donc s'opposer aux politiques de « leurs » gouvernements par des manifestations, des actions et des référendums.

Si la présence et la pression des groupes et des mouvements de promotion des communs sont suffisantes, les gouvernements peuvent parfois – pour des raisons purement opportunistes – être incités à soutenir des projets de communs. Ces opportunités doivent être exploitées.

Supposons que nous nous soyons réunis au sein d'un tel groupe d'action urbaine. Quel genre d'activité réalisable, utile et peu coûteuse pourrons-nous entreprendre ? Comment notre groupe peut-il affirmer son rôle de précurseur des communs ?

Comment faire advenir un quartier fondé sur les communs ?

Définir, délimiter et nommer

Très souvent, les quartiers n'existent même pas dans la réalité et dans l'esprit de leurs habitants : ce que l'on a, ce sont des bâtiments déconnectés, des habitants anonymes, une zone informe d'urbanisation aléatoire. La première tâche est donc de « faire ville ». Un étalement de bâtiments sans frontières ne pourra jamais être approprié par des citoyens. L'appartenance passe par la définition de ce à quoi on veut appartenir. La première étape peut être de dessiner les frontières de son quartier. Quand bien même elles sont provisoires et susceptibles d'être modifiées, c'est important. Cela permet de découvrir le nombre d'habitants d'un quartier. Souvent, les quartiers ont des frontières géographiques historiques qui peuvent être ravivées ou qui doivent être dépassées. Le groupe déclare : nous voulons être actifs ici, nous voulons transformer ce quartier potentiel en un quartier réel, avec un ABC, un globex, un centre d'activités, ou toute autre idée que nous avons (si le concept ou la marque glomo-2 est utile, utilisez-les). Le centre de quartier pourrait être ici, le centre de santé là, la circulation pourrait être interdite dans ces rues-là, etc. Nous voulons créer un quartier de 5 minutes fondé sur les communs. Autrement dit, on projette le modèle sur la réalité.

Il peut être utile de donner un nom à son quartier, que l'on trouve un nom historique ou, mieux encore, que l'on en invente un. Les noms inventés – comme Luvonia, Kumo-Laka, Sarvotan, Bi-Kuo-Fan ou Ak'Won – ont l'avantage de surprendre, de susciter la curiosité et de marquer un nouveau départ, une rupture avec le passé. Ils sont bons pour la publicité. Les entités sans nom ne peuvent pas voir le jour.

Dessiner un plan du quartier

Une fois que l'on « a » son quartier, on peut réaliser une carte montrant les initiatives déjà existantes et les fonctions futures envisagées. Peut-être y a-t-il déjà des tiers-lieux, des lieux de rencontre (bars, magasins, ateliers), des projets d'habitat coopératif, des sièges d'associations, des sites de recyclage ou des « repair cafés ». Cet inventaire montrera aux habitants tout ce qui existe déjà et tout ce qui pourrait exister. Les cartes et les images valent mieux que les listes et les textes. Diffusez cette carte dans le quartier. Tenez-la à jour. (Elle peut aussi être publiée sur un site web.)

Au lieu de perdre notre temps à nous opposer aux attaques constantes de la planification telle qu'elle est pensée par l'État et les grandes entreprises, nous devons faire preuve d'imagination. Nous devons créer les outils nécessaires à notre propre planification en passant du mode défensif à un mode offensif. Il est possible de transformer une position initialement défensive en une position offensive – si cela a un sens et s'il y a une organisation qui peut mener cette transformation. Ainsi, la carte des alternatives ou autres initiatives existantes peut être complétée par la carte provisoire d'un futur quartier. Dessiner une telle carte peut être amusant et suggérer l'idée d'un « saut » libérateur par rapport aux contradictions et aux restrictions existantes.

Trouver et créer des lieux de rencontre

Si le groupe d'action urbaine mène une existence purement nomade, il se désagrégera rapidement : il sera trop difficile de trouver un lieu de rencontre pour chaque réunion. Des bars accueillants, des restaurants, des ateliers ou des espaces loués (exemples ci-dessous) peuvent servir d'incubateurs pour les futurs ABC. Cuisiner et manger ensemble est une manière facile de créer un groupe cohérent. Les rencontres accidentelles et informelles sont importantes.

On peut demander aux gouvernements d'aider à créer de tels lieux de rencontre par la mise à disposition de locaux et de moyens financiers. Ils peuvent voir ça comme une forme de pacification – mais cela dépend de nous, de ce que nous en ferons. Ces lieux peuvent être utilisés pour motiver, informer, mobiliser les habitants d'un quartier dans la perspective des communs et pour lancer quelques premiers projets – ou ils peuvent végéter comme de simples clubs de sociabilité. Ce n'est pas une mauvaise chose en soi. Il y a toujours des moments d'accalmie qui interrompent l'action, qui peuvent être vécus dans une sorte d'hibernation. Lorsque de nouvelles perspectives d'action sont créées ou surgissent, il est temps de se réveiller. L'important est d'être là. (Nous donnerons plus loin quelques exemples de tels lieux de rencontre.)

Quelques idées pour une action de glomo-2

Les possibilités d'intervention des groupes d'action urbaine sont nombreuses. Elles ne sont pas toutes exemptes de contradictions. De tels groupes ou des organisations à l'échelle de la ville peuvent développer des propositions avec ou contre les administrations locales. Celles-ci pourraient également faire partie du programme d'un parti municipaliste[2] :

2. Voir nantesencommun.org

- la densification interne en tant que principe général du développement urbain, au lieu de l'expansion spatiale horizontale ou verticale (les gratte-ciel étant une forme d'étalement urbain vertical), plus de gens sur moins de surface (au lieu de plus de surface sur le même terrain), réutilisation d'immeubles de bureaux, comblement des interstices, ajout d'étages (jusqu'à six étages), plateformes publiques d'échange d'appartements (c'est-à-dire meilleure utilisation de l'espace de logement existant);
- renforcement des centres-villes et des quartiers (intervention publique);
- réduction ou interdiction du trafic automobile, transports publics plus flexibles, réutilisation des places de parking pour des activités de plein air;
- politique d'achat public massif de biens immobiliers, qui sont ensuite offerts dans de bonnes conditions à des projets d'habitat coopératif socialement inclusifs (= loyers plus bas);
- organisation et soutien de formes d'activités non commerciales, de plateformes publiques de type centres d'activités;
- mise en place de centres de ressources et de recyclage à tous les niveaux (quartier, ville);
- interdiction des logements en rez-de-chaussée, subventions en vue de leur utilisation pour des projets autogérés (voir EMMA p. 48), des espaces polyvalents, des ateliers ouverts, des dépôts de nourriture; caractère obligatoire des arcades en rez-de-chaussée;
- meilleure intégration des écoles dans la vie du quartier;
- transformation de zones de maisons individuelles en structures plus denses (démolition, ajouts, liaisons)[3].

Nouveaux quartiers et nouvelles villes

Un quartier ne peut exister sans ses communautés de voisinage, ses glomos-1 réels ou potentiels. Ils sont la base de la vie urbaine et des nouvelles formes de reproduction sociale. C'est pourquoi le soutien et la création de glomos-1 est la tâche centrale des gouvernements urbains. À Zurich, nous avons un modèle mixte depuis 1926:

- la ville loue des terrains à bâtir à des coopératives de logement; ces coopératives sont ouvertes à tous les citoyens et sont des entités juridiques autogérées;
- la ville se porte garante des prêts contractés par les coopératives, qui ont typiquement besoin d'un capital d'environ 6 à 10% pour financer leurs projets;
- la ville a un représentant dans les conseils d'administration des coopératives;
- le fonds de pension de la ville offre des prêts;

3. Voir Ralf Aydt: https://www.oekom.de/buch/modell-nachbarschaften-9783987260100

– en tant que membre/locataire, vous achetez une part qui vous est remboursée lorsque vous déménagez et/ou décédez ;
– les coopératives disposent d'un fonds destiné à financer les parts sociales des membres dont les moyens financiers sont insuffisants ;
– vous ne pouvez pas léguer votre appartement à des membres de votre famille ; à votre décès, vos héritiers reçoivent vos parts et l'appartement est reloué selon des règles internes[4].

Ce système est né d'un compromis entre la gauche politique, qui voulait construire des logements sociaux financés par la ville, et la droite, qui insistait sur la propriété privée. C'est ainsi que 120 coopératives ont été fondées, qui possèdent environ 20 % de tous les logements de Zurich. Un projet coopératif typique de 120 appartements (12 000 m²) coûte entre 50 et 60 millions de francs suisses. La plupart des loyers pour de tels appartements sont inférieurs à 2 000 francs suisses/mois (ce qui est bon marché pour Zurich). Les bâtiments des coopératives ne peuvent pas être vendus sur le marché, ils restent donc un commun. En raison du statut non lucratif, les loyers dans ces coopératives sont inférieurs aux loyers du marché, ce qui a pour effet de mettre sous pression les loyers du marché. En conséquence, il y a encore des appartements abordables dans la ville, bien que dernièrement la construction privée par des sociétés immobilières à but lucratif ait beaucoup augmenté et que les coopératives perdent du terrain. Leur stratégie consiste généralement à racheter les propriétés privées pour créer des logements communs. Ce modèle est voué à atteindre ses limites, d'où la nécessité d'élaborer de nouveaux instruments. Une crise immobilière pourrait y contribuer. C'est une course de vitesse entre les communs et le marché[5].

L'avantage du modèle coopératif par rapport aux logements construits par l'État est l'implication des membres-locataires, qui prennent soin de leur immeuble et peuvent se l'approprier directement. Certains des projets les plus récents mettent davantage l'accent sur la vie sociale interne, avec des restaurants, des ateliers, des dépôts alimentaires, des chambres d'hôtes, des plateformes d'échange, etc. Certains sont des pionniers de la construction écologique, d'autres ont fondé ou rejoint des coopératives agricoles. Leur présence dans les quartiers offre des espaces et des ressources pour s'organiser, résister et s'entraider (par exemple, pour accueillir des réfugiés).

La possibilité d'appliquer le modèle coopératif dans une ville petite ou grande dépend des conditions locales, des traditions et des systèmes juridiques. Des petites villes ont essayé de l'utiliser pour créer des logements abordables, en particulier dans les centres qui se vident.

4. Cette rupture de la « chaîne biologique » est importante pour que les coopératives restent ouvertes et ne se transforment pas en communautés communautaires fermées bénéficiant à quelques privilégiés. En tant que membre d'une coopérative, vous investissez non seulement de l'argent, mais aussi du temps, de l'énergie et de la créativité. Votre seule satisfaction est d'avoir contribué à la création d'un commun pour l'avenir.

5. Les projets d'habitation des coopératives à Zurich sont bien documentés dans l'ouvrage de Dominique Boudet (dir.) *New housing in Zurich: Typologies for changing society*, Park Books, 2017.

Le développement des centres

Le déclin ou la disparition des centres des quartiers ou des petites villes est un enjeu récurrent en matière d'urbanisme. Sans centre, les qualités urbaines s'évanouissent, la coopération entre les citoyens s'étiole et la tentation de se rendre en voiture dans des centres commerciaux éloignés devient irrésistible. C'est un désastre écologique. Les petites entreprises ne peuvent pas survivre et ne reviendront pas. Très souvent, les centres se transforment en joyaux urbains artificiels ressemblant à des musées avec quelques boutiques. Ce sont des cadavres peints.

Comme il n'y a pas d'incitation économique à redévelopper des centres qui soient réellement sociaux, le quartier, en tant que sphère politique des communs, doit intervenir, organiser et investir directement. Les bâtiments situés dans les centres peuvent être réutilisés comme des ABC, des globex ou même des centres de santé en devenir. Cependant, ces institutions ne fonctionneront que dans le contexte de la « communification » globale d'un quartier ou d'une ville : glomos-1, centres d'activités, centres de ressources et de recyclage, etc. La stratégie pourrait être de connecter et d'aligner toutes ces transformations dans un mouvement parallèle/spiral (comme l'ADN) : un petit ABC, un globex provisoire, un coin de centre d'activités uniquement pour le travail bénévole (pas encore de locos, voir p. 70). À mesure que la dynamique prend, les institutions se développent et s'agrandissent. Les parkings à étages vides, les immeubles de bureaux, les églises inutilisées et leurs salles paroissiales, les supermarchés en difficulté, les terrains vagues peuvent abriter les nouvelles fonctions. Il est essentiel que les centres aient des fonctions utiles à la vie quotidienne réelle et ne se cantonnent pas au divertissement, à quelques boutiques spécialisées ou à des pseudo-marchés occasionnels.

Quelques initiatives, projets et mouvements urbains

Il existe des milliers d'initiatives de quartier sur la planète. Les communautés de voisinage ont toujours joué un rôle important dans le développement des villes et de la démocratie. Leur rôle va s'accroître. Les mouvements et les révolutions urbaines seront déterminants pour notre avenir.

Les participants à ces mouvements ne se soucient pas de la définition que nous donnons des différents niveaux de glomos. Très souvent, leur seul dénominateur commun est défensif : non à ce centre commercial, non à ce stade, non à cette autoroute, non à ce gouvernement. Même lorsque ces mouvements sont couronnés de succès, l'absence de vision commune les conduit à l'échec. La recherche[6] fait une distinction entre les mouvements urbains sociaux et civiques et les soulèvements. Les mouvements urbains civiques

6. Cf. Walter Beissinger, *The Revolutionary City: Urbanization and the Global Transformation of Rebellion*, Princeton University Press, 2022.

visent à remplacer un régime par un autre. Les mouvements urbains sociaux qui visent un véritable changement de système risquent de déboucher sur des régimes autoritaires, mais ils peuvent parfois apporter des améliorations durables. Il n'y aura pas d'issue positive et démocratique sans un débat sérieux et large sur les institutions concrètes d'une alternative. C'est pourquoi les lieux où se déroulent ces discussions sont essentiels. Ce qui n'entre pas dans une révolution n'en sortira pas.

Ce qui suit est une liste d'initiatives, de projets, de lieux et de mouvements inspirants qui ont été portés à notre connaissance par hasard. Nous n'avons pas l'intention de créer une plateforme organisationnelle pour relier ces initiatives à l'échelle mondiale. Mais nous espérons qu'elles entreront en contact les unes avec les autres.

Tout d'abord, quelques quartiers/communautés de voisinage célèbres :

– Totnes, la ville en transition, Angleterre ;
– ExRotaprint, Berlin, Allemagne ;
– Christiania, Copenhague, Danemark ;
– Exarchia, Athènes, Grèce ;
– Nimbin, NSW, Australie ;
– Marsh Farm, Luton, Angleterre ;
– Gängeviertel, Hambourg, Allemagne ;
– Les Vergers, Meyrin, Suisse ;
– Plaines-du-Loup, Lausanne, Suisse ;
– Villas, Buenos Aires, Argentine ;
– Virgen de los Deseos, Bolivie.

Cette liste montre que les projets de quartier sont très divers : coopératifs, associatifs, informels, privés, publics. Ils varient dans leur origine historique comme dans leur structure interne. Certains sont des organisations d'entraide importantes sur le plan existentiel, d'autres sont plutôt des lieux culturels.

Centres alternatifs, centres sociaux

Il existe une longue liste de centres dits « alternatifs », nés pour la plupart de mouvements protestataires, mais aussi du manque de centres non commerciaux dans les quartiers : la Rote Fabrik à Zurich, la Reithalle à Berne, la Rote Flora à Hambourg, les *centri sociali* en Italie. Ces centres ne sont pas liés à un quartier spécifique, mais aux villes dans leur ensemble. L'inconvénient est qu'ils ne sont pas clairement appropriés par la population de la ville et qu'ils risquent de ne s'adresser qu'à certaines parties de celle-ci et de devenir exclusifs. Un public diffus passe d'un lieu à la mode à un autre jusqu'à ce qu'il soit lui-même démodé, sans responsabilités ni obligations. En conséquence, ces lieux peuvent devenir des lieux commerciaux, ou bien les autorités municipales peuvent finir par en prendre le contrôle. La première règle d'Ostrom, définir l'appartenance, ne peut être appliquée et le commun potentiel est donc ingouvernable par ses utilisateurs.

Les lieux de rencontre à l'échelle de la ville sont importants. Dans la plupart des villes, il existe toute une série de maisons du peuple, de maisons des associations, de centres communautaires, de centres religieux, de centres culturels (cinéma + café + librairie), de *centri sociali* qui ont parfois une longue histoire. Il ne s'agit pas de centres pour tous les jours, mais seulement de lieux pour des réunions occasionnelles, des événements culturels ou des activités de loisirs (le cours de poterie habituel). Ainsi, ils ne suscitent pas d'appropriation substantielle et ne servent que des intérêts spécifiques. En outre, ils sont source de trafic, car ils ne sont pas accessibles à pied. Ces centres sont utiles pour les débats généraux sur la politique climatique, la circulation automobile, la politique du logement, l'immigration, les questions sociales et politiques fondamentales (comme l'inégalité, les droits civiques, le racisme, la politique internationale, les mouvements de solidarité) et à ce titre, ils doivent être défendus. Mais ils ne sont pas encore ce dont nous avons besoin au niveau du quartier et ils n'ont pas de fonction reproductive.

Tiers-lieux, magasins, salons et autres espaces

Nous présentons ici un certain nombre d'initiatives locales, de lieux et de commerces qui servent de points de rencontre pour leur quartier. Leurs origines et leurs modes de fonctionnement sont variés. Leur avenir n'est pas toujours assuré.

WOHL ODER ÜBEL (Hambourg, Allemagne)

« Pendant longtemps, il n'y avait pas de lieu de rencontre de quartier dans le centre de St. Pauli pour organiser des initiatives, des réunions ou des événements. Lorsque l'initiative WOHL ODER ÜBEL a été lancée en mai 2015 pour mobiliser le quartier en faveur d'un aménagement alternatif du bâtiment vide d'une ancienne école professionnelle à St. Pauli Mitte, ce "trou dans le mur" a attiré notre attention. Nous avions l'habitude de nous rencontrer tous les mercredis à l'Art Store, dont le propriétaire Karlo Kanibalo était membre de l'initiative. Karlo a fermé sa galerie en octobre 2016, après vingt-cinq ans d'existence, et l'a cédée à un magasin de vélos situé à proximité.

« Ce magasin de vélos nous a cédé la place en janvier 2017, afin que nous puissions récolter des dons à travers une série d'événements. C'est ainsi qu'est né le salon WOHL ODER ÜBEL : pendant quatre week-ends (du jeudi au samedi), nous avons mobilisé des gens du quartier pour donner des concerts ou des conférences, faire des lectures ou exposer des peintures. Le succès a été énorme – preuve qu'un tel lieu manquait à tout le monde.

« En octobre 2017, nous avons loué de manière permanente le magasin d'art et nous l'avons appelé salon de quartier WOHL ODER ÜBEL (« Mieux que rien »), en référence à l'Alsenwohnzimmer de Bochum (voir ci-dessous). Le salon avait lieu une fois par mois, les dons pour les boissons couvrant le loyer. Le reste du temps, la salle servait de lieu de rencontre pour divers groupes et initiatives, et on y célébrait également les anniversaires des enfants avec un “cinéma pour enfants”.

« Contrairement à ses aînés comme la Rote Flora ou le *centro sociale*, le salon d'arrondissement est organisé par un petit groupe, avec lequel les voisins et autres personnes intéressées peuvent planifier des événements au pied levé. Il n'y a pas d'assemblée générale, le salon d'arrondissement a seulement ce que l'on pourrait appeler des curateurs. Ce type de non-organisation est plus souple, car il permet d'éviter les assemblées interminables où l'on se présente et où l'on discute sans fin. Un e-mail, un appel et une brève réunion dans le salon de quartier suffisent pour organiser un événement.

« En été, il nous arrive de nous asseoir devant le salon de l'arrondissement et de discuter jusque tard dans la soirée. Les voisins passent et prennent une chaise. Certains viennent, d'autres partent.

« Nous pensons que le salon de quartier s'est bien enraciné en trois ans. Mais il y a encore de la place pour des améliorations en matière de formes plus traditionnelles d'organisation communautaire.

« Dès 2018, nous avons eu l'idée d'organiser des événements de partage de nourriture une fois par semaine, mais personne n'a voulu s'engager réellement à s'en occuper. »

- wohloderuebel.net/stadtteilwohnzimmer
- wohloderuebel.net/category/salon

L'Alsenwohnzimmer (Bochum, Allemagne)

Le quartier d'Alsen se trouve juste derrière la gare principale. C'est un quartier traditionnel et mixte, sans comparaison avec des quartiers comme St. Pauli à Hambourg ou Kreuzberg à Berlin, qui se sont gentrifiés et sont devenus touristiques.

En 2011, des habitants ont fondé une association et loué un local commercial vide. Ils l'ont appelé Alsenwohnzimmer, le « Salon d'Alsen ». Toutes sortes d'activités s'y déroulent : soirées cinéma, discussions, coopérative alimentaire, etc.

La particularité du salon d'Alsen est qu'il est véritablement à l'image de l'ensemble du quartier. C'est aussi un lieu politique, mais pas de manière ostentatoire. On peut y passer un samedi matin et se faire préparer un sandwich par deux voisines, qui étaient occupées à autre chose, sur le chemin de la gare. C'est un lieu très ouvert et accessible..

Extrait de la présentation du salon : « Depuis 2011, l'Alsenstrasse dispose d'un lieu très spécial pour son quartier, le salon d'Alsen. Il a été financé par des personnes qui vivent dans l'Alsenstrasse et qui souhaitaient créer un lieu où les voisins se rencontrent pour concevoir et réaliser des projets ensemble. Le salon d'Alsen est financé par l'association Alsenwohnzimmer e.V., qui prend en charge les coûts grâce aux cotisations de ses membres. Ces derniers sont très divers : familles, retraités, étudiants, chômeurs, employés et travailleurs indépendants. Au cours des dernières années, les voisins se sont rencontrés à l'occasion de nombreux événements : cuisine collective, expositions, après-midi de loisirs pour les enfants, lectures, cours d'informatique, marchés aux puces, yoga, discussions et conférences. »

- alsenstrasse.com/der-alsengarten/
- alsenstrasse.com/das-alsenwohnzimmer/

L200 (Zurich, Suisse)

Le district 5 de Zurich est l'un de ces quartiers proches de la gare centrale, avec ses petits hôtels, ses music-halls, ses restaurants, ses petites boutiques, où les vieux migrants se mélangent aux rebelles survivants des années 1960 et aux squatters des décennies suivantes. Aujourd'hui, il subit, comme toute la ville, la pression de la gentrification.

La Langstrasse est un lieu de sortie typique. Lorsqu'un local appartenant à la ville s'est libéré, un groupe d'activistes du quartier a fait acte de candidature pour le louer et, à la surprise générale, a obtenu le bail. L'endroit est très central, le public mélangé. Soudain, un certain nombre de groupes et d'initiatives qui étaient jusque-là « sans domicile fixe » ont trouvé leur nouveau siège : la coopérative NeNa1, NetHood, Villes en transition, Circular Economy, 7at7 (un club d'informatique), des cours d'allemand pour les migrants, la coopérative alimentaire Kopernikus et un grand nombre de petits producteurs et de voisins. À dessein, l'utilisation du lieu n'est pas définie. En entrant, la première chose que le visiteur voit est le slogan « Qu'est-ce que c'est que ça ? » L'utilisation et l'aspect de L200 changent fréquemment.

Extrait de la présentation du lieu : « Notre lieu est géré par les membres de l'association comme une infrastructure ouverte. Il peut changer de forme d'une semaine à l'autre, voire d'une heure à l'autre – et devenir un espace de coworking, une salle de réunion, un atelier de planification, une salle de jeux ou un marché aux puces, un bar de dégustation ou une salle des fêtes. Pour que cela soit possible, l'aménagement intérieur reste neutre et flexible. Le lieu et son identité ne doivent pas être déterminés par une seule utilisation. Les entreprises et les organisations innovantes peuvent utiliser la vitrine très visible, occuper des présentoirs ou créer des boutiques éphémères. L200 travaille sur une plateforme interactive pour le quartier. Notre vision est celle d'un quartier où les gens se connaissent et s'entraident. Partageons nos ressources, nos idées et notre savoir-faire ! »

- langstrasse200.ch

Wunderkammer (Zurich, Suisse)

La Wunderkammer (« Chambre des miracles ») consiste en quelques conteneurs situés sur un terrain vague dans une zone en développement au nord de Zurich. S'y déroulent des événements culturels, mais aussi sociaux et politiques, par exemple des initiatives civiques ou la création de coopératives. Extrait de sa présentation : « Un espace libre se développe à l'entrée du

Glattpark. Ici, le quartier, en collaboration avec des instituts de recherche, des initiatives de développement soutenable, des artistes et des institutions sociales, crée un nouveau monde à petite échelle, tel que nous le souhaitons à plus grande échelle.

« Organisés en groupes de travail, nous transformons cet espace en un laboratoire de créativité, un incubateur d'innovation et un catalyseur de soutenabilité, qui produit de la beauté, de la créativité, de la curiosité et de la communauté. Ensemble, nous apprenons, nous nous développons et nous développons le parc, nous grandissons en apprenant les uns des autres.

« La Wunderkammer est un lieu d'émerveillement, de recherche et d'exploration. C'est pourquoi les institutions de recherche et les écoles, les artistes expérimentaux, les designers, les bricoleurs et les instituts portant de nouvelles approches sont invités à utiliser l'espace pour leurs projets. »

• wunderkammer-glattpark.ch

Siedlung Murifeld-Quartier (Berne, Suisse)

« À l'est de la ville de Berne se trouve le Siedlung oberes Murifeld ("Quartier du haut de Murifeld"), dont les habitants sont des pionniers de la participation des locataires depuis de nombreuses années. Construit et conçu comme un lotissement ouvrier dans les années 1930, il est aujourd'hui un centre unique en son genre où se croisent de multiples dynamiques culturelles et politiques. En 1986, les locataires de Murifeld se sont unis pour protester contre une rénovation uniforme de leurs maisons par le conseil municipal. Aujourd'hui, les locataires sont bien organisés et décident eux-mêmes d'une grande partie de la vie du quartier, en accord avec les autorités municipales. Au milieu du quartier se trouvent l'espace de rencontre de Murifeld et un atelier culturel. Les locataires multiculturels et multigénérationnels et leurs amis se réunissent lors du légendaire festival de Murifeld, réputé dans toute la ville de Berne. »

• murifeld.ch

Läbigi Lorraine (Berne, Suisse)

L'association « Quartier Lorraine vivable » à Berne s'efforce depuis des années de créer un quartier vivant. L'une de ses initiatives est la TreffTisch (table de rencontre) : « TreffTisch – le nouveau lieu de rencontre du quartier ! Chaque mercredi matin, entre 9 et 11 heures, une table est réservée dans la WerkStadt, où les gens peuvent se parler sans être obligés d'acheter quelque chose. Ils peuvent jouer à des jeux, discuter de diverses questions ou concevoir de nouvelles idées. Pour éviter que vous ne soyez seul à table, un membre de l'équipe organisatrice s'efforce d'être présent en tant qu'hôte. N'hésitez pas à vous asseoir à la TreffTisch (elle est bien indiquée) et à inviter d'autres personnes du quartier à vous accompagner ! »

• laebigi-lorraine.ch

L'Ex-Asilo (Naples, Italie)

L'Ex-Asilo s'est développé dans un ancien orphelinat squatté. C'est aujourd'hui un grand centre d'activités culturelles et politiques qui se considère comme un commun autogéré pour la ville de Naples.

• exasilofilangieri.it

L'Espace, tiers lieu d'Après (Genève, Suisse)

L'Espace, intégré dans un bâtiment de la coopérative d'habitation Codha au centre de Genève, est un vaste lieu de réunion soutenu par Après, une association d'entreprises alternatives et socialement responsables (voir ci-dessous). L'Espace a des murs mobiles, qui servent également de tableaux blancs, et peut être adapté à des groupes de différentes tailles. Il est ouvert aux groupes citoyens, aux initiatives de contre-aménagement urbain, aux ateliers de toutes sortes. Il dispose d'une petite cuisine. Le bureau d'Après se trouve au premier étage. Voici leur présentation : « Réfléchissons ensemble, réveillons notre imagination, cherchons des solutions, tissons des liens, créons un mouvement pour la transition économique, écologique et sociale. »

• https://lespacedapres.ch

Après-GE – l'organisation faîtière de l'économie sociale et solidaire (ESS) genevoise – a été créée en 2003. Après-VD a été créée en 2009 comme organisation faîtière vaudoise, puis Après-BEJUNE en 2012 pour les cantons de Berne, du Jura et de Neuchâtel. Les entreprises membres de ces faîtières partagent des valeurs communes et respectent des critères tangibles (entreprises privées, à but lucratif ou non, dont le but est de servir la collectivité [utilité publique] en intégrant des valeurs telles que la transparence, le fonctionnement participatif, le respect de l'environnement, le bien-être social et la diversité, la solidarité, la cohérence et l'autonomie de gestion). Ces réseaux se sont développés et ont gagné en reconnaissance politique et en crédibilité économique, passant de la marge au premier plan. Le nombre d'organisations membres d'Après (plus de 550 en 2022) a augmenté de 22 % entre 2009 et 2014, puis de 76 % entre 2014 et 2019.

La mission d'Après est de contribuer à faire de l'économie un levier majeur de la transition vers une société respectueuse des hommes et de la biosphère. Son échelle d'action est translocale : à la fois concrète et économique au niveau de chaque quartier, mais aussi en dialogue avec tous les réseaux régionaux du monde, dans une logique d'innovation ouverte.

• www.apres-ge.ch
• www.apres-vd.ch
• www.apres-bejune.ch

Après M (Marseille, France)

Lorsqu'un McDonald's a fermé ses portes dans le XIVe arrondissement de Marseille en 2019, un groupe de voisins a repris les locaux en pleine pandémie et y a établi un restaurant et un centre de distribution de nourriture gratuite. C'est une plateforme de solidarité pour tout le quartier et aussi un employeur important. L'organisation est une société anonyme, avec des actions de 25 euros réparties entre des milliers de membres (j'en possède une). En plus de fournir de la nourriture au quartier, elle offre également un espace de rencontre, un véritable cœur de quartier. On y sert toujours des hamburgers.

• apresm.org

Le Chapeau rouge (Nantes, France)

Le bar Le Chapeau rouge est situé au 4, rue du Chapeau-Rouge, dans le vieux quartier de Nantes. C'est un bar confortable, géré par des bénévoles de Nantes en commun, qui sert également d'espace de réunion pour cette organisation. Extrait de leur présentation: « Le Café du Chapeau rouge, c'est un espace convivial et politique où on peut venir boire un verre entre amis, faire avancer des projets collectifs, discuter des sujets qui touchent notre ville et notre quotidien. »

• nantesencommun.org

Woodbine (Ridgewood, New York)

Woodbine est situé dans un quartier du Queens soumis à une forte pression de gentrification – c'est la prochaine frontière après Williamsburg. Les membres se réunissent pour des dîners en commun le dimanche à 19 heures.

Extrait de leur site: « Woodbine est un centre expérimental géré par des bénévoles à Ridgewood, dans le Queens, pour développer les pratiques, les compétences et les outils nécessaires à la construction de l'autonomie. Nous accueillons des ateliers, des conférences, des discussions et servons d'espace de rencontre et d'organisation.

« Nous sommes situés au 585 Woodward Avenue, Ridgewood, NY 11385.

« Depuis 2015, nous organisons un "Farm Share", en été et en hiver, pour soutenir les agriculteurs biologiques indépendants de notre région et fournir des produits frais à Ridgewood. Pour plus d'informations ou des questions sur l'inscription, veuillez envoyer un courriel à: ridgewoodfarmshare@gmail.com. »

• woodbine@riseup.net

Les magasins alimentaires peuvent servir de lieux de rencontre entre voisins :

Laden im Murifeld (Berne, Suisse)

Extrait de leur présentation : « Idée : créer un lieu commun qui renforce la cohésion sociale entre les habitants et améliore la qualité de vie dans le quartier. Le magasin ne se contente pas de fournir des produits alimentaires de base, il est aussi un lieu de rencontre, de pause et de discussion. »
• ladenimmurifeld.ch

Tante LeMi (Mönchengladbach, Allemagne)

Tante LeMi est un magasin de produits alimentaires en vrac, géré par une équipe de bénévoles de l'association Eine Erde (« Une Terre »). Il ne s'agit pas seulement d'un magasin, mais aussi d'un centre de communication. L'association organise des événements sur des sujets d'actualité, où divers groupes locaux se rencontrent et se présentent.

Extrait de leur présentation sur la page d'accueil : « Un mode de vie *suffisant* est la condition préalable nécessaire pour assurer la survie des générations actuelles et futures. La suffisance signifie la réduction de l'utilisation des ressources et de l'énergie par la transformation de nos modes de vie économiques et individuels.

« La question de la vie bonne est décisive. De quoi avons-nous besoin pour vivre bien ? Quelle est la bonne mesure de consommation pour que les besoins fondamentaux de tous les êtres humains puissent être satisfaits ? Et d'ailleurs, qu'est-ce qu'un besoin fondamental ? »
• tantelemi.wordpress.com

Les initiatives de quartier peuvent émerger dans ces tiers-lieux et connecter entre eux les habitants pour qu'ils réinventent leur quartier ou créent des centres de quartier pleinement opérationnels. Les tiers-lieux améliorent la communication sur les activités locales (carte, panneau d'affichage, plateforme informatique). Les réseaux d'agriculture solidaire, les ateliers de réparation et de réutilisation, les plateformes de partage, les magasins gratuits, les plateformes d'échange de logements y sont soutenus, et des actions collectives peuvent y être planifiées. Pas à pas, le quartier grandit ensemble, devient plus riche et plus convivial, et se sent à nouveau chez lui.

Cette stratégie progressive est précisément ce que préconise le mouvement des Villes en transition : une transformation lente aboutissant à un changement profond. L'objectif de ce changement n'est pas défini. La plupart des initiatives mentionnées ici pourraient également être des initiatives de Villes en transition. Sa charte est un résumé éclairant des valeurs et des objectifs importants :

« Nos valeurs : une relation respectueuse avec la Terre, un comportement respectueux envers les gens, un partage équitable.

« Nos objectifs : pour être à la hauteur de ces valeurs, nous nous engageons à une transformation complète de la culture et de la société. Notre but est une société qui respecte les droits humains des générations actuelles et futures, et qui soit solidaire et pacifique.

« Nous voulons vivre modestement et dans le respect du climat, moins dépendants des ressources non renouvelables et plus résilients. Nous voulons inspirer les êtres humains, les encourager et les soutenir dans le développement d'une vision positive de l'avenir et façonner nous-mêmes cette transformation. Les solutions et les idées pour la réalisation de cette vision sont multiples. »

Activités dans les quartiers

Il n'est pas toujours possible de trouver un espace pour s'organiser dans un quartier. Mais un ensemble d'activités diverses peuvent, soutenues par des plateformes numériques (applications de quartier), contribuer à créer un sentiment de communauté et ainsi constituer le « terreau » pour des projets plus permanents et plus ambitieux. La multiplication des contacts entre les personnes permet d'éviter l'isolement et d'améliorer le « climat social ». L'une de ces plateformes numériques en Suisse est : sozialkontakt.ch

L'Association écoquartier à Lausanne, en Suisse (ecoquartier.ch), a réalisé une brochure présentant des activités de ce type. Au total, ce sont pas moins de 84 idées qui sont proposées. Nous donnons ici quelques exemples à titre d'inspiration :

- cafés de contes (netzwerk-erzaehlcafe.ch) ;
- rencontres familiales avec des migrants (farafina.ch) ;
- activités de quartier de toutes sortes (quartiers-solidaires.ch) ;
- faire du vélo ensemble (avelosansge.ch) ;
- aide de voisinage (nachbarschaftshilfe.ch) ;
- lire ensemble (lireetfairelire.org) ;
- bibliothèques d'outils (manivelle.ch, pumpipumpe.ch) ;
- monnaies complémentaires (monnaie-leman.org) ;
- payer un café pour un inconnu (lesuspendu.ch) ;
- utilisation temporaire de lieux (kiosk.rieselfeld.org) ;
- intégration des personnes âgées (compagniedesvoisins.ch).

Les banques d'échange de temps existent dans de nombreuses villes sous différentes formes. En voici quelques exemples :

Bazore (Berne, Suisse)

Ce projet a vu le jour dans le quartier de Murifeld (voir ci-dessus) et se présente ainsi : « Vous voulez apprendre l'italien. Elle peut vous donner quelques leçons. Il a besoin d'une baby-sitter pour ses enfants deux fois par semaine. Tu peux le faire. Je cherche de l'aide pour mon déménagement. Et je la trouve chez Bazore. Bazore met en relation des personnes qui souhaitent échanger entre elles leurs connaissances, leurs compétences, des services ou des objets. Le réseau d'échange fonctionne sans argent. La comptabilité se fait en unités de temps. »

• bazore.ch

Zeitgut (Lucerne, Suisse)

La coopérative Zeitgut de Lucerne obéit aux mêmes principes, avec des intentions plus ambitieuses : « Zeitgut veut organiser des groupes de personnes dans les quartiers ou les communes qui souhaitent mettre en place des systèmes d'entraide. Il ne s'agit pas de soins professionnels, qui doivent être pris en charge par les services publics. Ce que nous voulons offrir, c'est une aide ménagère ou une compagnie. Supposons que vous ne puissiez plus promener votre chien ou entretenir les plantes de votre balcon : Zeitgut entre alors en jeu. Tout le monde peut devenir membre avec une part de 100 francs et une cotisation annuelle de 50 francs et reçoit un compte d'heures. Les heures sont ajoutées, lorsque vous faites quelque chose, ou soustraites, lorsque quelque chose a été fait pour vous. »

• zeitgut-luzern.ch

Les organisations privées ne sont pas les seules à être actives dans les quartiers. Parfois, les gouvernements locaux lancent eux-mêmes des projets :

- les rues sans voitures qui deviennent des zones de rencontre (Rorschach, Suisse) ;
- un café/bar pour les personnes âgées et les familles (Spreitenbach, Suisse) ;
- une équipe de seniors qui s'occupe d'un lieu de réunion et d'un café (Schaffhouse, Suisse) ;
- et ainsi de suite.

Laboratoires urbains, forums du futur, ateliers participatifs

Des initiatives de quartier tentent d'impliquer les citoyens dans des processus participatifs indépendamment de lieux spécifiques. Ces initiatives sont utiles pour enrichir la vie intellectuelle et politique d'un quartier. Voici une sélection aléatoire de quelques-unes de ces initiatives, à titre d'inspiration :

Mierendorf-INSEL (arrondissement de Charlottenburg-Wilmersdor, Berlin, Allemagne)

« L'objectif de l'initiative Mierendorf-INSEL soutenable est que le plus de choses possible soient débattues et décidées dans le quartier lui-même. La présence locale facilite la mise en œuvre de méthodes démocratiques et d'une meilleure participation civique, qui doit être palpable et concrète pour la population locale. »

• mierendorfinsel.org

Atelier du futur Blankenese (Hambourg, Allemagne)

« Nous voulons organiser des échanges entre des quartiers similaires, apprendre de leurs approches et nous mesurer à elles. La planification holistique auto-organisée des quartiers – avec une perspective globale – est un facteur important pour la résolution de nos défis urgents, en priorité et en plus des niveaux politiques allant du district, de la municipalité ou du Land jusqu'aux organismes et traités internationaux. »

• zukunftsforum.blankenese.de

Zukunftsforum Rissen (nord de Hambourg)

« Nous voulons réduire considérablement l'empreinte écologique du quartier de Rissen et renforcer la vie communale en développant :

- l'agriculture biologique régionale directement connectée aux foyers de Rissen ;
- des alternatives pour la mobilité et l'approvisionnement en énergie à Rissen ;
- une "maison pour l'avenir de Rissen", centre de savoir-faire et projet de logement durable ;
- des quartiers vivants afin de créer un sens de la communauté et de la responsabilité pour le climat mondial ;
- le potentiel de communauté coopérative de la commune de Rissen ;
- de nouveaux paradigmes afin d'essayer d'être un exemple et un modèle. »

• zukunftsforum-rissen.de

Aufbruch am Arrenberg (Wuppertal, Allemagne)

« Le but de l'association est la promotion des arts et de la culture, la protection du patrimoine culturel; la promotion d'un esprit international, de la tolérance dans toutes les formes d'expression culturelle et de l'idéal de la compréhension mutuelle des nations; la promotion d'un État démocratique et de l'engagement civique à des fins d'utilité publique, en particulier pour les enfants et les personnes âgées ayant des problèmes de mobilité; la promotion de la protection de l'environnement et du climat. »

- aufbruch-am-arrenberg.de
- arrenberg.app

Eco Bairros (« Quartiers écologiques », Lisbonne, Portugal)

L'association Eco Bairros veut construire des quartiers, utiliser l'énergie solaire, organiser un approvisionnement direct en nourriture, bâtir des logements multigénérationnels et créer des opportunités d'activités locales. Elle a publié une brochure intitulée *Pensar o Ecobairro*, qui peut être téléchargée sur son site.

- ecobairros.org

Stadtlabor Frauenfeld (Frauenfeld, Suisse)

« Dans le Stadtlabor ("Laboratoire urbain"), la vie en ville et les espaces urbains sont évalués et de nouvelles idées sont développées. Comme dans un laboratoire scientifique, des expériences sont menées: les citoyens développent des initiatives et des projets, trouvent des alliés pour leurs idées et travaillent à des solutions avec les autorités locales. Dans une première phase de projet, un Café des Visions se déplace dans les espaces publics de Frauenfeld, collecte des perspectives sur la ville, des souhaits, des potentiels de développement et des idées de projets très concrètes. Le laboratoire urbain est organisé en coopération avec le bureau du développement urbain et l'artiste Anna Graber. »

- cafe-des-visions.ch

Stadtlabor Baden (Baden, Suisse)

« L'association Stadtlabor ("Laboratoire urbain") de Baden aborde des sujets d'actualité sur le développement et la planification urbaine et fait progresser le dialogue public. L'association fait le lien entre les urbanistes et le public intéressé et rend possibles des débats publics sous la forme d'un forum pour le développement urbain. L'association Stadtlabor vise des alternatives soutenables et résilientes pour améliorer la qualité de vie urbaine. L'accent est mis sur les initiatives architecturales, urbanistiques, civiques et culturelles qui visent à créer une ville pour tous les habitants. *La mia casa è la tua casa* ("Ma maison est ta maison"). »

• badlab.ch

Vision 2035 (Bienne, Suisse)

L'association Vision 2035 à Bienne a lancé une large gamme d'activités. Extrait de sa présentation : « Ses membres s'engagent en faveur d'un développement urbain soutenable et socialement responsable, de la diversité culturelle en coopération avec les artistes et les espaces culturels, et d'une vision forte de l'approvisionnement alimentaire urbain par les agriculteurs locaux. Il publie un journal indépendant et perspicace en défense du changement. »

• vision2035.ch

Un nouveau municipalisme ?

La crise des vieux partis de gauche a ouvert un espace politique pour de nouveaux mouvements nés d'initiatives dans les quartiers et dans les villes, liées notamment aux préoccupations écologiques, à la nouvelle pauvreté et au manque de logements abordables. La destruction des quartiers ouvriers homogènes, la disparition des emplois traditionnels, la précarisation de la main-d'œuvre, le chômage de masse, le démantèlement des services publics, l'immigration, la pauvreté en général ont vidé de leur sens les anciennes formes homogènes d'organisation comme les syndicats, les partis, etc. Le seul facteur d'unité qui reste est la **présence d'êtres humains sur un territoire donné** – principalement les villes, ou les favelas, bidonvilles et autres qui les entourent.

La situation actuelle présente quelques caractéristiques communes avec les années 1920 ou 1930 – lorsque des masses sans emploi devaient organiser leur survie avec leurs propres moyens. Les associations et les coopératives qui ont vu le jour à cette époque ont souvent été qualifiées de « gauche sociale » par la « vraie » gauche, celle qui prétendait faire les grandes révolutions alors que la gauche sociale se contentait de bricoler avec l'entraide, les soupes populaires, les friperies ou les concerts de rue. Pourtant, ces révolutions, la vraie gauche ne les a pas faites et les organisations de la gauche sociale ont été démantelées par l'État social, qui a vu le danger potentiel que représentaient des prolétaires s'organisant eux-mêmes de manière autonome. Le fordisme a donné au capitalisme un nouveau souffle, qui a expiré dans les années 1970. À partir de ce moment-là, ce ne sont plus que les profits transférés depuis les pays à bas salaires, associés à des emplois précaires mal payés, qui ont permis de ne pas couler. Les salaires aux États-Unis sont plus bas aujourd'hui qu'il y a cinquante ans. Et il n'y a aucune perspective réelle d'un quelconque « New Deal ».

En Europe, les syndicats et les partis de gauche ont tenté de créer des « villes rouges » (Vienne, Berlin, Zurich, etc.) aux côtés des syndicats de la classe ouvrière et des fronts populaires qui combinaient l'action de l'État local avec une gauche sociale régénérée (coopératives). Cette stratégie a connu un tel succès que seuls un fascisme et un anticommunisme féroces et la société de consommation ont réussi à la faire échouer. La classe ouvrière a été littéralement « achetée ». Mais il reste des vestiges et des souvenirs de cette période dans de nombreuses villes.

En ce moment, la gauche sociale refait surface sous la forme d'un nouveau municipalisme, fondé sur l'idée qu'il est impossible de séparer les questions écologiques des questions sociales. C'est la leçon donnée par les Gilets jaunes en France, qui ont refusé de payer le prix des mesures écologiques à travers la seule augmentation du prix de l'essence.

En général, les mouvements municipalistes partent de préoccupations locales qu'ils placent ensuite dans le contexte d'enjeux plus généraux, comme le changement climatique, la démocratie, les nouvelles formes de reproduction sociale, la critique du système économique actuel. Les contacts internationaux sont importants pour donner aux mouvements une vision globale. Ainsi, ce n'est pas l'autolimitation aux questions locales qui donne aux mouvements leur élan, mais une vision mondiale, le lien avec les discussions globales sur la décroissance, les communs, l'inégalité, l'écologie radicale. Des conventions internationales sont même organisées par les mouvements municipalistes afin de faire vivre ces discussions. Il est également fréquent que ces mouvements se transforment en partis politiques qui participent aux élections locales, souvent avec des succès initiaux stupéfiants.

Des mouvements municipalistes émergent ou ont émergé dans de nombreuses villes, petites et grandes, et un réseau mondial informel est en train de voir le jour : à Naples, Barcelone (Ada Colau), Madrid, Nantes ou Villach (une petite ville en Autriche). À Barcelone, la création de super-blocs est l'un des principaux projets du nouveau gouvernement municipal. L'objectif est de bannir les voitures des zones résidentielles, de réduire la vitesse à 30 km/h et de relancer le commerce. Cela améliorera l'habitabilité de la ville (conformément aux recommandations de Jan Gehl), mais il n'y a pas d'intention de changer radicalement le système. La plupart des initiatives font référence aux communs, mais le terme est utilisé dans un sens très large. Souvent, seuls les espaces publics, les parcs, les plages, les milieux naturels, les musées ou autres institutions publiques sont considérés comme communs. Les communs en tant que mode de production, en tant que nouveau métabolisme social, ne sont pas explicitement visés[7]

7. Cf. Francesco Brancaccio, Alfonso Giuliani et Carlo Vercellone, *Le Commun comme mode de production*, L'Éclat, 2021.

Sans programme clair, les mouvements municipalistes ou les mouvements « populistes » de gauche risquent de perdre leur élan et leur impact électoral (comme cela s'est produit avec Syriza ou à Madrid).

Nantes en commun, (Nantes, France)

À l'origine, il y a une enquête publique organisée en 2018 sur les problèmes de la ville, à laquelle plusieurs milliers de personnes ont participé. L'objectif proclamé était de faire de Nantes une ville d'écologie populaire. En 2019, les résultats de cette enquête ont servi de base aux états généraux, au cours desquels 800 personnes ont discuté de leurs quartiers. En 2020, Nantes en commun a participé aux élections municipales et a obtenu 9 % des voix. Depuis, de nombreux projets ont vu le jour : un jardin communal, une petite usine hydroélectrique, le bar Le Chapeau rouge (voir ci-dessus). Dans la banlieue de Doulon, Nantes en commun s'oppose à la politique de développement de la ville qui consiste à transformer des terres agricoles en projets immobiliers. Les liens avec la ZAD (zone à défendre) voisine sont intenses. Les principaux concepts du mouvement sont les communs et la démocratie (reprenons la ville !). Il n'y a pas de modèle spécifique de ville des communs ni de formes alternatives d'activité économique.

- nantesencommun.org

Verantwortung ERDE (Villach, Autriche)

L'initiative a débuté par des échanges de graines et de jeunes arbres. La ville de Villach s'est déclarée « ville comestible ». Extrait de la description de l'initiative : « L'expérience montre que de telles initiatives n'ont pas seulement des effets gastronomiques, mais qu'elles contribuent à créer une communauté et à changer l'image de la ville : entre le gris de l'asphalte/béton et les façades, un morceau de Cocagne verte apparaît. La ville étant le centre de la vie, la nourriture doit y être visible. L'alimentation est un sujet idéal pour rassembler les gens et faire en sorte que des questions telles que la soutenabilité, la solidarité et l'économie du don deviennent une expérience quotidienne. Nous proposons une "valorisation" différente d'un lieu ou d'une ville, non pas pour les investisseurs qui devraient y être attirés, mais pour les personnes qui y vivent. Il s'agit de prise de conscience, d'indépendance, de la question de l'avenir de la production alimentaire et du retour à une alimentation régionale et saisonnière. En outre, les touristes peuvent faire l'expérience d'un "tourisme doux" dans un environnement totalement différent. »

Cet activisme constructif a rendu l'association si populaire qu'un conseiller et des parlementaires municipaux de sa liste ont été élus. Les indemnités des élus politiques sont investies dans le mouvement Verantwortung ERDE (« Responsabilité Terre ») et un Freiraum ERDE (« Espace libre Terre ») a été créé. D'après sa propre présentation : « Il s'agit d'un espace de bureau/communautaire/ouvert, aussi flexible que son nom. Il accueille un programme varié, en particulier après les heures de bureau. Des groupes de travail s'y réunissent, des ateliers sont organisés, il y a des discussions et des entretiens – à l'ERDE, il y a presque toujours de l'action. »

• verantwortung-erde.org

Un scénario d'adaptation

Rationnement et planification gouvernementale

Aussi intéressants que soient les divers mouvements au niveau d'une ville ou d'une grande ville/région (glomo-3), elles ne suffiront pas à surmonter la logique du système économique actuel. Les grandes villes/régions sont dépendantes et intégrées économiquement dans des entités plus grandes comme les États-nations. Leur marge d'action est limitée, d'où le risque de contradictions et de déceptions. Elles n'en restent pas moins des niveaux d'action importants, surtout si les circonstances générales changent. Les grands communs tels que les glomos-4 ou 5 ne peuvent fonctionner sans relocalisation et sans autogouvernement aux niveaux inférieurs. Rendre tous les autres niveaux de glomos plus autonomes sera une priorité politique pour les niveaux des glomos-4 et 5.

Si la nécessité de la décroissance, d'un mode de vie non impérial et d'une transformation écologique de l'infrastructure industrielle (économie circulaire) est largement reconnue, le chemin vers cette société transformée n'est toujours pas clair. Il existe deux approches fondamentales :

– l'intervention de l'État ;

– la croissance des mouvements de transition depuis la base[8].

L'un des plaidoyers les plus convaincants en faveur de l'intervention de l'État est celui de l'économiste allemande Ulrike Herrmann[9]. Son projet s'inspire de l'économie de guerre en Grande-Bretagne pendant la Seconde Guerre mondiale. Le passage rapide de l'économie de paix à l'économie de guerre s'est fait grâce au rationnement et à la planification étatique. L'industrie est restée aux mains du secteur privé, mais la qualité et la quantité des produits ont été prescrites par un conseil de planification. Le rationnement garantissait un approvisionnement alimentaire suffisant pour tous les citoyens. Après la guerre, la planification et le rationnement ont été abandonnés et l'économie est revenue à la normale.

8. Il est remarquable que les véritables alternatives au système économique actuel soient rarement discutées au sein du mouvement pour la justice climatique et que l'« intervention urgente de l›État » semble être la voie préférée. C'est également le discours qui prévaut dans le *Climate Book* de Greta Thunberg (Penguin, 2022). Politiciens : faites quelque chose ! Elle n'a aucune idée de ce à quoi ressemblerait une société post-système économique actuel.

9. Ulrike Herrmann, *Das Ende des Kapitalismus, op. cit.*

Décroissance contre effondrement

Le principal dilemme auquel Ulrike Herrmann tente de répondre est que la décroissance ne pourra se faire graduellement. Dès que la perspective de pouvoir rembourser les dettes disparaîtra (celle qui est liée aux produits dérivés s'élève à elle seule à 600 000 milliards de dollars), la confiance générale s'effondrera et le système économique actuel se terminera dans un chaos aussi ingouvernable que destructeur. Le système économique actuel ne peut pas survivre sans croissance présente ou croissance promise pour l'avenir. La promesse de 1760 doit être tenue. Comme le souligne David Harvey, le système économique actuel a besoin d'une croissance de 3 % par an. Le système peut descendre provisoirement en dessous de ce niveau – comme ce fut le cas ces dernières années – et bénéficier d'une intervention de l'État (assouplissement quantitatif et autres), mais les mécanismes de base et les attentes en matière de croissance doivent rester intacts. Pendant la pandémie, nous avons assisté à une intervention de l'État à une échelle inédite – des milliers de milliards ont été soudainement rendus disponibles pour sauver le système économique actuel. En Suisse, 40 milliards de francs suisses ont été mobilisés en quelques semaines, alors qu'habituellement, le Parlement se chamaille sur des dépenses d'un milliard ici ou là pour les retraites, les soins de santé, les subventions aux transports publics. Et le ministre qui a présenté le plan n'était pas de gauche, mais d'un parti de droite nationaliste et néolibéral. Quoi qu'on pense des États-nations, ils ont démontré qu'ils étaient capables d'agir à une échelle suffisamment importante pour mener une transformation écologique, s'ils le voulaient.

Actuellement, le système économique mondial est en crise parce que la croissance s'est pratiquement arrêtée et qu'il semble presque impossible de sortir du marasme actuel. Le système économique « mature » de la Chine, qui permettait à la croissance mondiale de dépasser la limite des 3 %, atteint désormais ses limites (salaires plus élevés, vieillissement de la population, mouvement de la « dernière génération », grande démission, croissance de 5 % seulement, etc.). Cette perte générale de perspective est la cause profonde des reculs autoritaires et du geste désespéré qu'est la guerre contre l'Ukraine. Poutine, qui est arrivé au pouvoir en promettant d'être « pour la Russie ce que Pinochet a été pour le Chili », c'est-à-dire de faire de la Russie un élève modèle du système capitaliste mondial, s'est rendu compte que sa tâche devenait de plus en plus difficile parce que l'obéissance de sa population au rôle assigné par le capital mondial devenait de plus en plus précaire.

La promesse du mode de vie impérial ne s'est pas réalisée. Son peuple déserte, soit physiquement, soit « silencieusement ». L'apathie générale règne, même dans les mouvements civiques et libéraux qui s'opposent à lui[10]. La guerre est le dernier coup de fouet. Ses troupes volent des réfrigérateurs en Ukraine.

L'état du système économique mondial actuel et la crise écologique font apparaître la stratégie de Herrmann comme une issue plausible.

Les deux conditions qui ont rendu politiquement possible l'intervention surprenante (antilibérale, non dogmatique) des États-nations pendant la pandémie étaient une urgence incontestable et la perspective d'un retour à la normale. Ces deux conditions sont à la base de la proposition de Herrmann. La crise climatique constitue une urgence évidente et elle sera ressentie de manière encore plus dramatique dans les années à venir. Dans le même temps, le *"business as usual"* est en crise. Le scénario pourrait alors être imaginé de la manière suivante : l'État-nation intervient à travers un système de planification écologique et économique afin d'organiser la décroissance sans perte de profits pour les entreprises existantes. Ces bénéfices ne sont toutefois pas versés (ce qui conduirait à une croissance instantanée), mais gelés jusqu'au moment du retour à la normale (un peu comme les avoirs gelés des oligarques russes). Parallèlement, un rationnement écologique (fondé sur les limites de Rockström/Doka, l'empreinte écologique ou les émissions de CO_2 – le message est le même) est mis en place. Les exemples de l'économie de guerre anglaise et des restrictions pendant la pandémie (confinements, rationnements partiels) montrent que le rationnement peut être accepté lorsqu'il est universel, personnel et justifié par une situation d'urgence. La population anglaise était d'ailleurs en meilleure santé pendant le rationnement que jamais auparavant ou après.

Un sauvetage temporaire du système économique actuel

L'intervention « temporaire » des États-nations (certains de la taille d'un glomo-4, d'autres plus grands) pourrait rendre possibles par ricochet les changements nécessaires aux niveaux inférieurs. La diminution des ressources nécessite une utilisation différente de celles-ci, de la subsidiarité, de nouvelles structures sociales, de nouvelles formes de reproduction – les communs. *Les communs s'imposeront comme un moyen de gérer le régime d'urgence temporaire des États.* L'intervention de l'État n'a pas besoin d'être déresponsabilisante, mais pourrait consister en un soutien général et un financement (si tel est l'obstacle) aux projets de glomo-1. L'émancipation

10. Les dissidents russes tels que Navalny, Khodorkovski ou Ponomarev ne représentent pas réellement une alternative radicale à l'autoritarisme néolibéral de Poutine. Leur intention est un soulèvement civique visant un changement de régime, et non une révolution sociale. Comme on l'a vu dans les pays arabes, les simples révoltes civiques ont tendance à se conclure par un retour au régime autoritaire sous une forme renouvelée. Mais supposons que, cette fois, un soulèvement civique en Russie échappe à tout contrôle et se transforme en révolution sociale. Nous pouvons faire mieux qu'en 1918.

de masse serait la solution la plus soutenable, la plus juste et la plus démocratique. Un pays comme la Suisse pourrait décider d'établir à cette fin un écofonds et créer ou faciliter l'essor de milliers de quartiers d'une seule planète en quelques années. Si nous comptons 5 millions de francs suisses (ou de dollars) par glomo-1 possible, cela représenterait 80 milliards de francs répartis sur cinq ans, soit 16 milliards par an. En réalité, il faudrait beaucoup moins, car la plupart des quartiers disposent de moyens financiers suffisants pour couvrir les coûts. (À l'échelle mondiale, il faudrait un programme de l'ordre de 70 000 milliards de dollars[11].)

L'intervention de l'État en cas d'urgence écologique ne pourrait pas se limiter à un rationnement général de quelques produits, mais devrait consister en une réorganisation sociale à grande échelle. Par exemple, si l'on rationne le gaz sans modifier l'ensemble de l'aménagement du territoire, on aboutira à un chaos et à une frustration généralisés (voir les Gilets jaunes en France). Il ne s'agit pas d'interdire les voitures, mais de les rendre superflues. Pour cela, il faut des villes différentes, des formes différentes d'activités industrielles ou autres (moins, plus près). Il en va de même pour l'espace de logement et les combustibles de chauffage : sans le contexte d'un voisinage solidaire et complémentaire, le rationnement ne fera que créer une misère solitaire. La réduction de l'espace de logement privé sans expansion de l'espace commun provoquera la claustrophobie et l'isolement. Le rationnement devrait être le résultat de changements dans les conditions territoriales, sociales et de travail. Pensons aux soins, à l'agriculture et à d'autres formes d'activité. Une société patriarcale n'est pas compatible avec un mode de vie écologique.

Toutes ces dernières considérations ne sont pas dans la proposition d'Ulrike Herrmann. Le fait que seule une société des communs fondée sur des unités territoriales puisse fonctionner écologiquement à long terme n'est pas sa préoccupation. Elle s'intéresse seulement à la voie à suivre pour aller au-delà de ce qu'elle appelle le capitalisme. Mais son scénario et la perspective des communs ne sont pas contradictoires : sous le parapluie (provisoire) de l'intervention d'urgence de l'État, les communs « comme mode de production » et comme mode de vie peuvent prendre leur essor. S'il y a quelqu'un pour y consacrer ses efforts.

Une prise de contrôle en douceur ?

Ce scénario « anglais » n'apparaîtrait pas comme une transition ou même une révolution, mais comme une simple manière de s'adapter à des conditions changeantes. C'est une approche peu contraignante qui semble de nature à éviter les perturbations systémiques (qui seraient également très coûteuses d'un point de vue écologique). Elle pourrait être mise en œuvre par les systèmes politiques existants sous la forme d'un ensemble transpartisan de

11. Cf. newalliance.earth, *A Proposal*.

mesures nécessaires pour « sauver » le système économique actuel (comme cela s'est produit pendant la pandémie). Et ces mesures iraient bien au-delà de ce qui est aujourd'hui vendu comme un « New Deal vert ». L'attirail traditionnel et le langage dramatique de la gauche ne seraient pas seulement superflus, mais plutôt contre-productifs : pas de populisme, s'il vous plaît ! L'effet global de ces mesures coïnciderait – accidentellement – avec la suspension (provisoire) des mécanismes de base du système économique actuel : croissance, propriété privée intégrale, « liberté » de consommation, etc. En définitive (mais ne le dites à personne), le retour à la normale serait éternellement repoussé, comme une promesse religieuse de paradis pour les justes.

La mise en œuvre d'une économie de la décroissance impliquerait également un changement qualitatif des processus de production eux-mêmes. Cela nécessiterait une plus grande participation des travailleurs, des formes démocratiques de gestion, un mix d'activités salariées et non salariées (comme décrit ci-dessus). L'ensemble du tissu du système économique actuel devra être réorganisé.

Le risque inhérent à cette proposition est une dérive autoritaire de l'appareil d'État, qui serait également un puissant appareil de planification économique[12]. Le risque existe que les individus (le « peuple ») perdent encore plus de pouvoir sur leur vie et deviennent les simples objets d'une gestion de crise imposée par le haut. Il en résulterait des conséquences improductives comme la désobéissance, l'évitement, voire le sabotage ou des actes de rébellion diffus. Les mesures prises par l'État devraient consister à donner davantage de pouvoir aux niveaux des glomos-1 à 3, ce qui entraînerait son propre rétrécissement. En fin de compte, le mode de vie d'abord imposé par le rationnement s'imposerait comme un nouveau mode de vie global pour tous, et les contrôles pourraient être progressivement supprimés. Ce qui était écoléninisme dans sa forme initiale pourrait se fondre dans un gouvernement des communs.

---

12. La plus grande partie du système économique actuel est déjà planifiée, non pas par les États, mais par les multinationales. « Sur les 100 plus grandes organisations économiques, environ 52 sont des entreprises et 48 des nations. Environ un tiers du commerce qui traverse les frontières nationales ne traverse pas la frontière d'une entreprise, c'est-à-dire qu'il s'agit d'un transfert intra-groupe, non marchand. La répartition des revenus au sein de ces entreprises centralisées est devenue beaucoup plus inégalitaire. Le ratio entre le salaire du président-directeur général et celui des employés de bas niveau a dépassé 500 en route vers l'infini – à quoi d'autre peut-on s›attendre lorsque les planificateurs centraux fixent leurs propres salaires ? » (Herman Daly, "Growthism: its ecological, economic and ethical limits", *Real-World Economics Review,* art. cité).

Un projet global

Le système de Herrmann fonctionne très bien sur une île relativement petite comme l'Angleterre, avec une population homogène et des institutions démocratiques qui marchent; mais si nous prenons au sérieux la justice climatique mondiale, il faudrait mettre en œuvre ce système à l'échelle planétaire. Or les conditions institutionnelles préalables font défaut dans de nombreux pays et au niveau mondial: les Nations unies sont dysfonctionnelles et la situation des nations est extrêmement hétérogène. En outre, comme de nombreux pays pauvres se situent en dessous de la limite d'une planète, ils n'ont pas besoin de rationnement, mais d'un programme d'investissement dans leurs infrastructures. Le principe d'un tel transfert financier depuis le Nord, responsable de la majeure partie des émissions de CO_2, a été convenu lors d'une série de conférences internationales, mais n'a jamais été clairement défini et mis en œuvre. À l'heure actuelle, le flux net d'argent du Sud vers le Nord est toujours plus important que le flux en sens inverse.

Il semble évident qu'un mode de vie global doit être établi à l'échelle mondiale et que cet objectif ne peut être pas atteint de manière réaliste par la seule action depuis la base. Il est également évident que le transfert de ressources vers le Sud ne doit pas servir à « rattraper » le développement catastrophique du Nord, mais doit être utilisé pour suivre une voie totalement différente. Le mode de vie impérial n'est pas compatible avec les frontières écologiques, que ce soit dans le Nord ou dans le Sud.

Un scénario politique plausible pour parvenir à une justice climatique mondiale pourrait être une alliance des principaux pays industrialisés (G7? G20?), qui contrôlent également l'ONU, pour mettre en œuvre un plan de commun mondial et coordonner les programmes nationaux. Cela présuppose que les forces politiques de ces pays (partis, syndicats) s'approprient cet objectif et ce programme et engagent leurs gouvernements à agir en conséquence au niveau mondial. Le fait que la plupart des partis politiques de gauche et même les partis verts croient encore à des formes de « croissance verte » n'est pas vraiment encourageant. La gauche continue de mener des batailles perdues d'avance pour défendre le mode de vie impérial (le mode de vie américain, la société de consommation). Mais des discussions ont commencé, notamment grâce aux contributions d'Ulrike Herrmann, de Friederike Habermann, d'Ulrich Brand et d'autres (voir la courte bibliographie ci-dessous).

Un mouvement terrestre

Une stratégie venant « d'en haut » doit nécessairement être complétée par une vague de projets de communs au niveau du glomo-1 et par un mouvement « municipaliste » fort dans les (7 000) grandes villes/régions pour minimiser le risque d'une écodictature (ou d'une dictature utilisant des prétextes écologiques.) Un peuple sans pouvoir propre sera impuissant face au risque de rechutes autoritaires. Les villes sont l'option logique pour devenir ces bases, parce que la plupart d'entre nous y vivent.

Nous imaginons donc un mouvement avec trois composantes, à savoir :

- une intervention étatique coordonnée au niveau mondial de type « anglais » (plan d'urgence écologique) ;
- de nouveaux mouvements municipalistes et territoriaux, en particulier dans les (7 000) grandes villes ;
- un réseau mondial de formes émergentes de communs reproductifs (glomos-1).

Ces trois composantes existent d'ores et déjà (voir ci-dessus) et ont des bases institutionnelles concrètes (États, gouvernements municipaux, coopératives) qui peuvent servir d'échafaudage pour de nouvelles formes d'action. Sans ces mouvements, les partis politiques et les institutions ne pourront pas être contraints à agir au niveau national ou mondial. Ils doivent comprendre que le « tapis » se dérobera sous leurs pieds s'ils ne font pas leur travail. Ce dont nous avons besoin, c'est d'un « mouvement terrestre[13] » à tous les niveaux.

Il est clair que le scénario esquissé ci-dessus est d'un optimisme flagrant. Mais à quoi bon spéculer sur le scénario du pire ? Nous sommes déjà suffisamment déprimés comme ça. Spéculer et comploter en vue d'un bon résultat a la vertu d'inspirer les gens à agir, parce que cela semble soudain possible ou plausible. La spéculation est une forme d'espoir. Et nous avons besoin d'une certaine dose d'espoir pour surmonter la menace d'une résignation paralysante.

13. Cf. Bruno Latour, *Où atterrir ? op. cit.*

Bibliographie

Aydt, Ralf, *Modell Nachbarschaften*, Oekom Verlag, 2023.
Beissinger, Walter, *The Revolutionary City: Urbanization and the Global Transformation of Rebellion*, Princeton University Press, 2022.
Boudet, Dominique (dir.), *New Housing in Zurich: Typologies for A Changing Society*, Park Books, 2017.
Brancaccio, Francesco *et. al.*, *Le Commun comme mode de production*, L'Éclat, 2021.
Brand, Ulrich, *Imperiale Lebensweise*, Oekom Verlag, 2017.
Bregman, Rutger, *Human Kind:* A Hopeful history, Bloomsbury Publishing, 2020.
Daly, Herman, "Growthism: its ecological, economic and ethical limits", *Real-World Economics Review,* n° 87, 2019.
Duflo, Esther et Abhijit V. Banerjee, *Repenser la pauvreté,* Seuil, 2012.
Federici, Silvia, *Re-Enchanting the World: Feminism and the Politcs of the Commons*, PM Press, 2018.
Frohofer, Fred et Werner Vontobel, *Eine Ökonomie der kurzen Wege*, Rotpunktverlag, 2021.
Frohofer, Fred et Werner Vontobel, *Zusammen haushalten*, Volles Haus, 2019.
Gehl, Jan, *Cities For People*, Island Press, 2010.
Gibson-Graham, J. K., *Take Back The Economy: An Ethical Guide for Transforming Our Commubauties*, University of Minnesota Press, 2013.
Habermann, Friederike, *Ausgetauscht!*, Helmer Okt, 2018.
Haraway, Donna J., *Staying with the Trouble: Making Kin in the Chthulucene*, Duke University Press Books, 2016.
Helfrich, Silke (dir.), *The Wealth of the Commons: A World beyond Market aind State*, Levellers Press, 2012.
Henrich, Joseph, *The WEIRDest People in the World? How the West Became Psychologically Peculiar and Particularly Prousperous*, Farrar, Straus & Giroux, 2020.
Herrmann, Ulrike, *Das Ende des Kapitalismus*, Kiepenheuer & Witsch, 2022.
Jackson, Tim, *Prosperity Without Growth: Economics for a Finite Planet*, Routledge, 2011.
Kahneman Daniel, *Système 1, système 2 : les deux vitesses de la pensée*, Flammarion, 2012.
Latour, Bruno, *Où atterrir ? Comment s'orienter en politique,* La Découverte, 2017.
Lefebvre, Henri, *La Révolution urbaine*, Gallimard, 1970..
Martignoni, Jens, *Das Geld neu erfinden*, Versus, 2018.
Mies, Maria, *Patriarchy and Accumulation on a World Scale: Women in the International Division of Labour*, Zed Books, 1986.

Nelson, Anitra, *Beyond Money: A Poscapitalistic Strategy*, Pluto Press, 2022.
Neustart Schweiz, *Nach Hause kommen: mit Nachbarschaften der Klimakrise begegnen*, Volles Haus, 2019.
Owen, David, *Green Metropolis*, Riverhead Books, 2009.
P.M., *"The Power of Neighborhood" and The Commons*, Autonomedia, 2014.
Rosa, Hartmut, *Resonanz*, Suhrkamp, 2021.
Scheidler, Fabian, *La Fin de la mégamachine*, Seuil, 2020.
Seidl, Irmi et Angelika Zahrnt, *Tätigsein in der Postwachstumsgesellschaft*, Metropolis, 2019.
Staab, Philipp, *Digitaler Kapitalismus*, Suhrkamp Verlag, 2019.
Thurnberg, Greta, *Le Grand Livre du climat*, Kero, 2022.
Tiddens, Harris, *Wurzeln für die lebendige Stadt*, Oekom Verlag, 2014.
Widmer, Hans, *Die Andere Stadt*, Paranoia City Verlag, 2017.
Wilkinson, Richard G. *et. al.*, *The Spirit Level: Why Equality is Better for Anyone*, Penguin UK, 2010.

Achevé d'imprimer en décembre 2023
sur les presses de la Nouvelle Imprimerie Laballery
58500 Clamecy
Dépôt légal : janvier 2024
Numéro d'impression : 312383

Imprimé en France

La Nouvelle Imprimerie Laballery est titulaire de la marque Imprim'Vert®